教育部 财政部职业院校教师素质提高计划成果系列丛书
教育部 财政部职业院校教师素质提高计划职教师资培养资源开发项目
"机械设计制造及其自动化"专业职教师资培养资源开发（VTNE007）

机械制造技术应用

主　编　王晓军
副主编　万曼华
参　编　张东升　彭福官　孙洪颖　时虹

机 械 工 业 出 版 社

本书是基于机械加工实际生产过程，按照"项目导向、任务驱动"的思路开发的工学结合教材。本书内容按照教学项目和教学任务进行编排，共7个教学项目，包括轴类零件的加工、套类零件的加工、板类零件的加工、叉类零件的加工、箱体零件的加工、齿轮零件的加工、输出轴机械加工质量控制。本书内容既有针对性，又有普适性。

本书主要作为职业技术师范院校机械设计制造及其自动化专业教材，也可供相关行业的工程技术人员参考。

图书在版编目（CIP）数据

机械制造技术应用/王晓军主编. —北京：机械工业出版社，2017. 12
教育部、财政部职业院校教师素质提高计划成果系列丛书
ISBN 978-7-111-60314-6

Ⅰ.①机…　Ⅱ.①王…　Ⅲ.①机械制造工艺－职业教育－教材
Ⅳ.①TH16

中国版本图书馆 CIP 数据核字（2018）第 129515 号

机械工业出版社（北京市百万庄大街22 号　邮政编码100037）
策划编辑：宋亚东　责任编辑：宋亚东
责任校对：刘雅娜　封面设计：路恩中
责任印制：张　博
三河市宏达印刷有限公司印刷
2018 年 9 月第 1 版第 1 次印刷
184mm×260mm · 18.75 印张 · 491 千字
0 001—3000 册
标准书号：ISBN 978-7-111-60314-6
定价：49.80 元

丛书编委会

主　任： 刘来泉
副主任： 王宪成　郭春鸣
成　员：（按姓氏笔画排列）

序

《国家中长期教育改革和发展规划纲要（2010—2020年）》颁布实施以来，我国职业教育进入到加快构建现代职业教育体系、全面提高技能型人才培养质量的新阶段。加快发展现代职业教育，实现职业教育改革发展新跨越，对职业学校"双师型"教师队伍建设提出了更高的要求。为此，教育部明确提出，要以推动教师专业化为引领，以加强"双师型"教师队伍建设为重点，以创新制度和机制为动力，以完善培养培训体系为保障，以实施素质提高计划为抓手，统筹规划，突出重点，改革创新，狠抓落实，切实提升职业院校教师队伍整体素质和建设水平，加快建成一支师德高尚、素质优良、技艺精湛、结构合理、专兼结合的高素质专业化的"双师型"教师队伍，为建设具有中国特色、世界水平的现代职业教育体系提供强有力的师资保障。

目前，我国共有60余所高校正在开展职教师资培养，但教师培养标准的缺失和培养课程资源的匮乏，制约了"双师型"教师培养质量的提高。为完善教师培养标准和课程体系，教育部、财政部在"职业院校教师素质提高计划"框架内专门设置了职教师资培养资源开发项目，中央财政划拨1.5亿元，用于系统开发本科专业职教师资培养标准、培养方案、核心课程和特色教材等系列资源。其中，包括88个专业项目、12个资格考试制度开发等公共项目。培养资源开发项目由42家开设职业技术师范专业的高等学校牵头，组织近千家科研院所、职业学校、行业企业共同研发，一大批专家学者、优秀校长、一线教师、企业工程技术人员参与其中。

经过三年的努力，培养资源开发项目取得了丰硕成果。一是开发了中等职业学校88个专业（类）职教师资本科培养资源项目，内容包括专业教师标准、专业教师培养标准、评价方案，以及一系列专业课程大纲、主干课程教材及数字化资源；二是取得了6项公共基础研究成果，内容包括职教师资培养模式、国际职教师资培养、教育理论课程、质量保障体系、教学资源中心建设和学习平台开发等；三是完成了18个专业大类职教师资资格标准及认证考试标准开发。在上述成果中，包括出版了共计800多本正式出版物。总体来说，培养资源开发项目实现了高效益，形成了一大批资源，填补了相关标准和资源的空白；凝聚了一支研发队伍，强化了教师培养的"校—企—校"协同；引领了一批高校的教学改革，带动了"双师型"教师的专业化培养。职教师资培养资源开发项目是支撑专业化培养的一项系统化、基础性工程，是加强职教教师培养培训一体化建设的关键环节，也是对职教师资培养培训基地教师专业化培养实践、教师教育研究能力的系统检阅。

自2013年项目立项开题以来，各项目承担单位、项目负责人及全体开发人员做了大量深入细致的工作，结合职教教师培养实践，研发出很多填补空白、体现科学性和前瞻性的成果，有力推进了"双师型"教师专门化培养向更深层次发展。同时，专家指导委员会的各位专家以及项目管理办公室的各位同志，克服了许多困难，按照"两部"对项目开发工作的总体要求，为实施项目管理、研发、检查等投入了大量时间和心血，也为各个项目提供了专业的咨询和指导，有力地保障了项目实施和成果质量。在此，我们一并表示衷心的感谢。

广东技术师范大学非常重视项目研究工作，专门成立了"机械设计制造及其自动化"主要专业课教材编写委员会，由项目负责人李玉忠任主任委员，其成员有：王晓军、姚屏、杨永、罗永顺、阳湘安、宋雷。在专家委员会尤其是在刘来泉、姜大源、吴全全、张元利、韩亚兰、王乐夫等专家的具体指导下，多次召开了编写大纲和书稿审定会议，反复修改教材结构和内容，最终才形成了现在的教材。

另外，邝卫华、候文峰、何七荣、刘晓红、刘修泉等也多次参与各教材书稿的审核工作，并提出了很多建设性的意见。在这里一并表示衷心的感谢。

编写委员会

前　言

本书是基于机械加工实际生产过程，按照"项目导向、任务驱动"的思路开发的工学结合教材。

一、教材开发思路

1. 教材开发核心思想

基于机械加工实际生产过程，选取机械零件中具有代表性的零件作为教学载体，将原课程体系中金属切削机床、金属切削原理与刀具、机械制造工艺与夹具、机械制造实习等课程内容进行碎片化，再依据各典型零件加工过程的顺序进行重构和编排。课程依托校内外实习基地的真实职场环境，采用"教学做一体"的教学模式，完成专业知识的传授、操作技能的训练和职业素养的培养，使学生通过课程学习具备常规机加工工艺编制、生产管理和质量控制、设备操作和维修等工作能力。

2. 项目和任务的确定依据

在学生具备机械图样识读与绘制、机械加工基本技能的基础上，根据岗位能力、职业标准和后续课程要求，结合实训基地在制产品，选取 7 个能代表零件表面加工几何要素的典型零件作为载体，设计了 7 个教学项目。再将每个教学项目按照由简单到复杂、由单一到综合的原则，由易到难循序渐进细化为多个教学任务，共设计了 17 个教学任务。

二、教材内容简介

教材内容按照教学项目和教学任务进行编排，共有 7 个教学项目，教学项目下有多个教学任务。教材内容既有针对性，又有普适性。

三、教材特点

1. 以真实项目为载体，学习生涯与职业生涯相对接

引入校内实训基地研发产品中能够代表机械零件一般加工方法的传动轴、移动套、叉架、减速箱箱体、双联齿轮等典型零件的加工工艺，建立以这些零件加工工艺过程为路线的场景式教学情境，并在教学情境中融入质量管理和生产管理知识。

2. 按照能力递进设计教学任务，必备能力和拓展能力相衔接

在编排教学内容时按岗位能力递进要求设计教学任务，对每个教学情境编排"基本内容"和"拓展内容"，实现学生的"必备能力"和"拓展能力"相衔接。

3. 融合知识讲授与技能训练，知识和技能同步获得

课程的每个任务将知识和技能训练按"工作任务、学习目标、学习内容、训练环节、拓展知识、回顾与练习"进行组织，并以"七步"流程在工作现场实现"教学做一体化"，以提高学生的综合素质。

4. 紧跟行业发展，教学和社会服务同步满足

教师工程实践能力高，所以所编教材既适合教学，又能满足社会上工程技术人员的学习需求。

本书由王晓军任主编，万曼华任副主编，张东升、彭福官、孙洪颖、时虹参加编写。

由于编者水平有限，书中难免有不足之处，请广大读者批评指正！

编者

目　　录

项目一　轴类零件的加工

【学习内容】　本项目的任务是学习机械制造过程、金属切削原理、车削工艺、影响零件质量的因素及解决措施、铣床与铣刀、工件安装知识，以及轴类零件外圆柱面、螺纹、键槽等表面加工及检验的技能和方法。

【基本要求】　通过本项目的学习掌握机械制造的基本知识与传动轴的加工方法。

轴类零件描述

一、轴的功用、结构特点与类型

轴是机器设备中最常见的一类零件，主要起支承传动件（如齿轮、带轮、离合器等）、传递转矩、承受载荷和传递运动的作用。轴是回转体零件，一般长度 L 大于直径 d，若 $L/d \le 12$，称为刚性轴，而 $L/d > 12$ 则称为挠性轴。轴类零件根据结构的不同可分为光轴、空心轴、半轴、阶梯轴、花键轴、十字轴、偏心轴、曲轴及凸轮轴等，如图 1-1 所示。

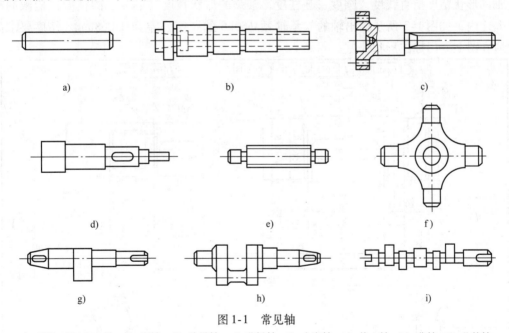

a)　　　　　　　　　　　b)　　　　　　　　　　　c)

d)　　　　　　　　　　　e)　　　　　　　　　　　f)

g)　　　　　　　　　　　h)　　　　　　　　　　　i)

图 1-1　常见轴

a）光轴　b）空心轴　c）半轴　d）阶梯轴　e）花键轴　f）十字轴　g）偏心轴　h）曲轴　i）凸轮轴

二、轴的技术特点

零件的技术要求是根据其功用和工作条件制订的。轴类零件常以某两段外圆表面（轴颈）装配在轴承或基准件上，如图 1-2 所示。因此，与轴承孔相配合的两端轴颈是轴类零件的主要表面，一般也是确定各项技术要求的基准。

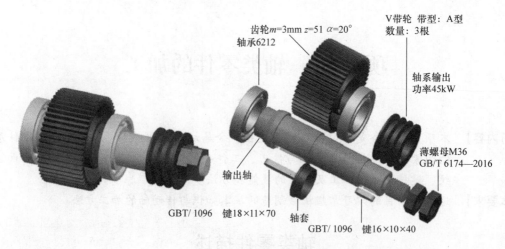

图 1-2　减速器上的轴

1. 尺寸精度

轴颈是轴类零件的重要表面，其加工质量直接影响轴工作时的回转精度。轴颈直径的尺寸精度根据使用要求通常为 IT6，有时可达 IT5，如图 1-3 所示输出轴的支承轴颈 $\phi60k6$，配合轴颈 $\phi65n6$，尺寸精度均为 IT6。

2. 形状精度

轴的形状精度指直线度、圆度、圆柱度，轴颈的形状精度（圆度、圆柱度）应限制在直径公差之内，如图 1-3 所示输出轴的支承轴颈 $\phi60k6$ 的圆度公差为 0.008mm。精度要求高的轴则应在图上专门标注形状公差。

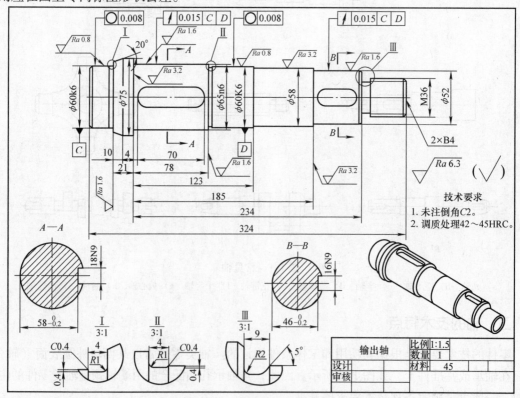

图 1-3　输出轴零件图

3. 位置精度

配合轴颈（装配传动件的轴颈）与支承轴颈（装配轴承的轴颈）的同轴度以及轴颈中心线与支承端面的垂直度通常要求较高。普通精度轴的配合轴颈和支承轴颈的径向圆跳动误差一般为 $0.01 \sim 0.03mm$，精度高的轴为 $0.001 \sim 0.005mm$。端面圆跳动误差为 $0.005 \sim 0.01mm$。如图 1-3 所示输出轴的配合轴颈 $\phi65n6$ 对轴心的跳动公差为 $0.015mm$。

4. 表面粗糙度

轴类零件的各加工表面均有表面粗糙度的要求。一般情况下，支承轴颈的表面粗糙度要求最高，其值为 $Ra0.16 \sim 0.63\mu m$，配合轴颈的表面粗糙度要求次之，其值为 $Ra0.63 \sim 2.5\mu m$。在图 1-3 所示输出轴中，支承轴颈 $\phi60k6$ 的表面粗糙度值为 $Ra0.8\mu m$，轴颈 $\phi65n6$ 的表面粗糙度值为 $Ra1.6\mu m$。

三、轴的材料、毛坯选用和热处理

1. 轴的材料

轴类零件材料常用 45 钢；对于中等精度而转速较高的轴，可选用 40Cr 等合金结构钢；精度较高的轴，可选用 GCr15 轴承钢和 65Mn 弹簧钢等；对于形状复杂的轴，可选用球墨铸铁；对于在高转速、重载荷条件下工作的轴，选用经渗碳处理的 20CrMnTi、20Cr 等合金结构钢或经渗氮处理的 38CrMoAl 钢。

2. 轴的毛坯

轴最常用的毛坯是圆棒料和锻件，有些大型轴或结构复杂的轴采用铸件。钢料经过加热锻造后，可使金属内部纤维组织、杂质的分布比较均匀，从而获得较高强度和韧性，故一般比较重要的轴多采用锻件。

3. 轴的热处理

轴的加工和使用性能除与所选钢材种类有关外，还与所采用的热处理工艺有关。锻造毛坯在加工前，均需安排正火或退火处理（碳质量分数大于 0.7% 的碳钢和合金钢），使钢材内部晶粒细化、消除锻造应力、降低材料硬度、改善切削加工性。

为了获得较好的综合力学性能，轴常需要进行调质处理。毛坯余量大时，调质一般安排在粗车之后、半精车之前，以消除粗车时产生的残余应力；毛坯余量小时，调质可安排在粗车之前进行。如要进行表面淬火，一般安排在精加工之前，以纠正淬火引起的局部变形。对精度要求高的轴，在淬火或粗磨之后，还需进行低温时效处理（在 160℃ 油中进行长时间的低温时效），以保证尺寸精度。

对于渗氮钢，需在渗氮之前进行调质和低温时效处理。对调质的质量要求也很严格，不仅要求调质后索氏体组织均匀细化，而且要求离表面 $8 \sim 10mm$ 层内铁素体的质量分数不超过 5%，否则会造成氮化脆性而影响其质量。

四、轴类零件常用加工方法

轴类零件的加工表面主要由圆柱面、圆锥面、螺纹、键槽等组成。其中圆柱面、圆锥面的加工方法主要有车削加工和磨削加工，螺纹采用车削加工，键槽采用铣削加工。

任务一　轴类零件外圆柱面的车削加工

一、工作任务

要求在车床上完成阶梯轴外圆的车削加工，经粗车和半精车后，外圆尺寸达到 IT7 级精度，留 0.3mm 磨削余量，长度车至尺寸。

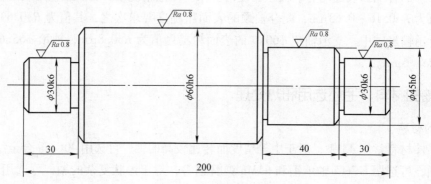

图 1-4　阶梯轴简图

二、学习目标

1）认识轴类零件。
2）了解机械制造过程、切削运动与切削参数的概念。
3）掌握车刀的材料、结构及几何参数。
4）熟悉车床附件的选用，掌握基本车削加工方法。
5）了解金属切削规律，初步掌握运用切削规律完成加工任务。
6）熟练操作车床完成阶梯轴的车削加工。
7）熟练刃磨车刀。

三、学习内容

（一）机械制造过程

机械产品的制造过程是包括产品设计、生产、经销、用户服务、信息反馈和设计改造等环节和过程的一个系统。其中产品的生产是机械制造过程的核心，是机械产品由设计图样向实际产品转化的过程。零件的加工、产品的装配等环节在这一过程中完成，这一过程将直接影响产品质量，这个过程中的技术问题是机械制造技术研究的主要内容。

1. 生产过程

工业产品的生产过程是指由原材料到成品之间的各个相互联系的劳动过程的总和。这些过程包括：

（1）生产技术准备过程　包括产品投产前的市场调查分析、产品研制、技术鉴定等。

（2）生产工艺过程　包括毛坯制造，零件加工，部件和产品装配、调试、喷漆和包装等。

（3）辅助生产过程　为保证基本生产过程能正常进行所必经的辅助过程，包括工艺装备的设计制造、能源供应、设备维修等。

（4）生产服务过程　包括原材料采购、运输、保管、供应及产品包装、销售等。

由于市场全球化、需求多样化以及新产品开发周期越来越短，随着信息技术的发展，企业间采用动态联盟，实现异地协同设计与制造的生产模式是目前制造业发展的重要趋势。

2. 生产系统

（1）系统的概念　任何事物都是由数个相互作用和相互依赖的部分组成的并具有特定功能的有机整体，这个整体就是"系统"。

（2）机械加工工艺系统　机械加工工艺系统由金属切削机床、刀具、夹具和工件四个要素组成，它们彼此关联、互相影响，该系统的整体目的是在特定的生产条件下，适应环境的要求，在保证机械加工工序质量的前提下，采用合理的工艺过程，降低该工序的加工成本。

（3）机械制造系统　机械制造系统是在工艺系统基础上以整个机械加工车间为整体的更高一级的系统，该系统的整体目的就是使该车间能最有效地全面完成全部零件的机械加工任务。

（4）生产系统　生产系统是以整个机械制造厂为整体，为了最有效地经营，获得最高经济效益，一方面把原材料供应、毛坯制造、机械加工、热处理、装配、检验与试运行、喷漆与包装、运输与保管等因素作为基本物质因素来考虑；另一方面把技术情报、经营管理、劳动力调配、资源和能源利用、环境保护、市场动态、经营政策、社会问题和国际因素等信息作为影响系统效果更重要的要素来考虑。

3. 工艺过程

在生产过程中，与原材料转变为产品直接相关的过程称为工艺过程。它包括毛坯制造、零件加工、热处理、质量检验和机器装配等。而为保证工艺过程正常进行所需要的刀具、夹具制造，机床调整维修等则属于辅助过程。在工艺过程中，以机械加工方法按一定顺序逐步地改变毛坯形状、尺寸、相对位置和性能等，直至成为合格零件的过程称为机械加工。

4. 机械加工工艺过程

为了便于工艺规程的编制、执行和生产组织管理，需要把工艺过程划分为不同层次的单元。它们是工序、安装、工位、工步和工作行程。其中工序是工艺过程中的基本单元。零件的机械加工工艺过程由若干个工序组成。在一个工序中可能包含一个或几个安装，每一个安装可能包含一个或几个工位，每一个工位可能包含一个或几个工步，每一个工步可能包括一个或几个工作行程。

（1）工序　一个或一组工人，在一个工作地或一台机床上对一个或同时对几个工件连续完成的那一部分工艺过程称为工序。划分工序的依据是工作地点是否变化和工作过程是否连续。例如：在车床上加工一批轴，既可以对每一根轴连续地进行粗加工和精加工，也可以先对整批轴进行粗加工，然后依次对它们进行精加工。在第一种情形下，加工只包括一个工序；而在第二种情形下，由于加工过程的连续性中断，虽然加工是在同一台机床上进行的，但却成为两个工序。

（2）安装　在机械加工工序中，使工件在机床上或在夹具中占据某一正确位置并被夹紧的过程，称为装夹。有时，工件在机床上需经过多次装夹才能完成一个工序的工作内容。安装是指工件经过一次装夹后所完成的那部分工序内容。例如：在车床上加工轴，先从一端加工出部分表面，然后调头加工另一端，这时的工序内容就包括两个安装。

（3）工位　工件相对于机床或刀具每占据一个加工位置所完成的那部分工序内容，称为工位。为了减少因多次装夹而带来的装夹误差和时间损失，常采用各种回转工作台、回转夹具或移动夹具，使工件在一次装夹中，先后处于几个不同的位置进行加工。图1-5所示是在一台三工位回转工作台机床上加工轴承盖螺钉孔的示意图。操作者在上下料工位 I 处装上工件，当该工件依次通过钻孔工位 II、扩孔工位 III 后，即可在一次装夹后把四个阶梯孔在两个位置加工完毕。这样，既减少了装夹次数，又因各工位的加工与装卸是同时进行的，从而节约安装时间，使生产率得到极大提高。

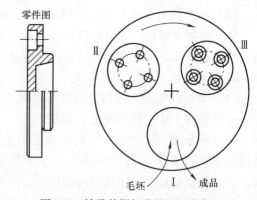

零件图

图 1-5　轴承盖螺钉孔的三工位加工

（4）工步　在加工表面不变、加工工具不变的条件下，所连续完成的那一部分工序内容称为工步。为了提高生产率，用几把刀具同时加工几个加工表面的工步，称为复合工步，也可以看作一个工步，如在组合钻床上加工多孔箱体上的孔。

（5）进给（工作行程）　有些工步由于加工余量较大或其他原因，需要同一把刀具以同一切削用量对同一表面进行多次切削。在切削速度和进给量不变的前提下刀具完成一次进给运动称为一个工作行程。图 1-6 所示是一个带半封闭式键槽阶梯轴两种生产类型的工艺过程实例，从中可看出各自的工序、安装、工位、工步、工作行程之间的关系。

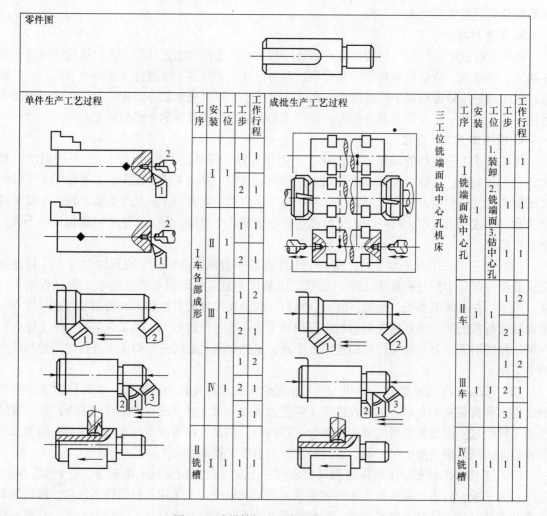

图 1-6　阶梯轴加工工序划分方案比较

5. 生产纲领与生产类型

（1）生产纲领　机械产品结构和技术要求不同，其加工工艺也显然不同，同一产品如果生产的批量不同，其工艺也会有很大区别，因而研究加工技术必须分析产品的生产批量。

1）产品生产纲领。产品生产纲领是企业在计划期内应生产的产品产量。计划期一般定为一年，所以有时称为年产量。

2）零件生产纲领。零件生产纲领是企业根据产品生产纲领在计划期内生产的零件数量。零件生产纲领与产品生产纲领的关系为：

$$N = Qn(1 + \alpha)(1 + \beta)$$

式中　　N——零件的生产纲领（件/年）；

Q——产品的生产纲领（台/年）；

n——每台产品中该零件的数量（件/台）；

α——备品的百分率；

β——废品的百分率。

通常，工厂并不是把全年产量一次投入车间生产，而是根据产品生产周期、销售和库存量以及车间生产均衡情况，分批投入生产车间。每批投入生产的零件数称为批量。

（2）生产类型　生产类型是企业生产专业化程度的分类。根据产品的尺寸大小和特征、年生产纲领、批量及投入生产的连续性，可分为三种生产类型：大量生产、成批生产和单件生产。

1）大量生产。连续地大量生产同一种产品，一般每台生产设备都固定地完成某种零件某一工序的加工，如汽车、拖拉机、轴承、缝纫机、彩电、自行车等的制造就属于这一生产类型。

2）成批量生产。一年中分批量轮流地制造若干不同产品，每种产品都有一定的数量，生产呈周期性重复。按批量大小及产品特征，成批量生产又分为小批量生产、中批量生产及大批量生产三种。对小批量生产来说，零件虽按批量投产，但批量不稳定，生产连续性不明显，其工艺过程及生产组织类似于单件生产。中批量生产是指产品品种规格有限，而且生产有一定周期性的情况，如通用机床、纺织机械等产品的生产。大批量生产是指产品品种较为稳定，零件投产批量大，其中主要零件是连续性生产的情况，如液压元件、水泵等产品的生产。大批生产的工艺特点和生产组织与大量生产相类似。

3）单件生产。单件生产是指产品品种多而很少重复，同一种零件数量很少的生产类型，如重型机器、大型船舶的制造等。

由于小批量生产与单件生产的工艺特点及生产组织形式相似，大批量生产与大量生产的工艺特点及生产组织形式相似，所以实际生产类型分为单件小批量生产、中批量生产及大批大量生产。

在一个企业里，生产类型一般取决于生产纲领、产品尺寸大小及复杂程度。它们之间的大致关系见表1-1。

表 1-1　生产类型与生产纲领的关系　　　　　　　　（单位：件/年）

生产类型	重型机械产品	中型机械产品	小型机械产品
单件生产	<5	<20	<100
小批量生产	5～100	20～200	100～500
中批量生产	—	200～500	500～5000
大批量生产	—	500～5000	5000～50000
大量生产	—	>5000	>50000

注：重型、中型机械产品可分别以轧钢机、柴油机和缝纫机为代表。

　　生产类型还可利用成批性系数 K_c 来划分。成批性系数是指在同一工作地（或机床上）完成的不同工序数。

　　当 $K_c = 1 \sim 3$ 时为大量生产；$K_c = 3 \sim 5$ 时为大批量生产；$K_c = 5 \sim 20$ 时为中批量生产；$K_c > 20$ 时为单件、小批量生产。

　　不同的生产类型具有不同的工艺特点，即毛坯种类、机床及工艺装备、采取的技术措施、达到的技术经济效果不一样。各种生产类型的工艺特点见表1-2。

表1-2　各种生产类型的工艺特点

工艺特点	单件、小批量生产	中批量生产	大批量、大量生产
零件互换性	钳工试配	普遍应用互换性，同时保留某些试配	全部互换，某些精度较高的配合用配磨、配研、选择装配保证
毛坯的制造方法与加工余量	木模手工造型及自由锻造。毛坯精度低，加工余量大	部分采用机器造型及模锻。毛坯精度和加工余量中等	广泛采用机器造型、模锻或其他少无切削及高效率毛坯生产工艺。毛坯精度高，加工余量小
机床布置及生产组织形式	通用机床，机群式布置，工作很少专业化	机床按工艺路线布置成流水线，按周期变换流水生产组织形式	机床严格按生产节拍和工艺路线配置
工艺装备	大多采用通用工具、标准附件、通用刀具和万能量具。靠划线和试切达到精度要求	部分采用专用夹具，部分靠找正达到精度要求。较多采用专用刀具和量具	广泛采用专用夹具、复合刀具、专用量具或自动检验装置。靠调整法达到精度要求
装配组织形式	装配对象固定不动，熟练程度很高的装配工人对一个产品由始至终装配完成	装配对象固定不动，装配工人在同类工种中实行专业化	采用移动式流水装配，每个装配工人只完成某一项或两项装配工作
对工人技术等级要求	高	中等	对操作工技术等级要求低，对调整工技术等级要求高
工艺文件的详细程度	只编制简单的工艺过程卡片	除工艺卡外，重要工序需编制工序卡	详细编制工艺规程所有文件
生产率	低	中	高
生产成本	高	中	低

（二）车床结构与型号编制

　　车床是完成车削加工所必需的装备，在普通精度的卧式车床上，加工外圆表面的精度可达IT6 ~ IT7，表面粗糙度值可达 $Ra0.8 \sim 1.6\mu m$。在精密或高精密车床上利用合适的刀具还可完成高精度零件的超精密加工。

　　车床的种类很多，主要有卧式车床、立式车床、仿形车床、仪表车床、数控车床、车削中心等，其中卧式车床是车床中应用最普遍、工艺范围最广的一种类型，占车削总量的50% ~ 70%。可以加工圆柱面、圆锥面、回转体成形面、环形槽、端面及螺纹，还可进行钻孔、扩孔、铰孔、滚花等加工，如图1-7所示。

1. 车床结构与组成

　　卧式车床主要由主轴箱、进给箱、溜板箱、交换齿轮架、刀架、拖板、尾座、床身、丝杠、光杠和操纵杆等部分组成。图1-8所示为 CA6140 型卧式车床。

　　（1）主轴箱　主轴箱固定在床身的左上部，内装主轴及部分变速齿轮，它将电动机的旋

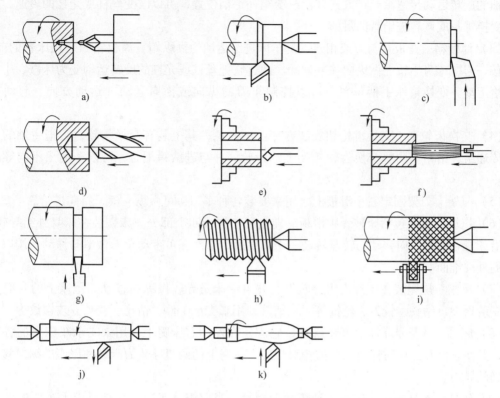

图 1-7　卧式车床加工范围

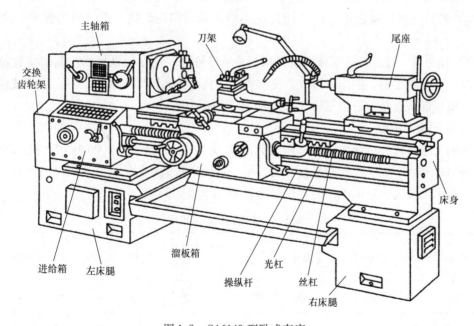

图 1-8　CA6140 型卧式车床

转运动传递给主轴，并通过夹具带动工件一起旋转。改变箱外手柄位置，可使主轴得到正转24 级、反转12 级转速。

（2）进给箱　进给箱固定在床身的左前下侧，内装进给运动的变速齿轮，通过交换齿轮把主轴的旋转运动传递给丝杠或光杠。改变箱外手柄位置，可以改变丝杠或光杠的转速，进而达到变换螺距或调整进给量的目的。

（3）溜板箱　溜板箱与刀架相连，是车床进给运动的操纵箱。溜板箱固定在床鞍的前侧，随床鞍一起在床身导轨上做纵向往复运动。通过它把丝杠或光杠的旋转运动变为床鞍、中滑板的进给运动。变换箱外手柄位置，可以控制车刀的纵向或横向运动（运动方向、起动或停止）。

（4）交换齿轮架　交换齿轮架安装在床身的左侧，其上装有交换齿轮，它把主轴的旋转运动传递给进给箱。调整交换齿轮轮架上的齿轮，并与进给箱配合，可以车削出不同螺距的螺纹。

（5）刀架　刀架固定在小滑板上，用来安装各种车刀，可做纵、横、斜向进给。

（6）拖板　拖板包括床鞍、中滑板、转盘和小滑板四个部分。床鞍装在床身外组导轨上，并可沿床身导轨做纵向移动，转盘转动一个角度后，小滑板可带动车刀做斜向移动，用以车削较短的外圆锥面。

（7）尾座　尾座装在床身内组导轨上，并可沿床身导轨做纵向移动。尾座上的套筒锥孔内可安装顶尖、钻头、铰刀、丝锥等刀、辅具，用来支承工件、钻孔、铰孔、攻螺纹等。

（8）床身　床身是车床的基础部件，它固定在左、右床腿上，用来支承车床上的各主要部件，并使它们在工作时保持准确的相对位置。床身上的两组导轨为床鞍和尾座的纵向移动提供准确的导向。

（9）丝杠　丝杠主要将进给运动传给溜板箱，完成螺纹车削。它是车床上主要的精密件之一，为长期保持丝杠的精度，一般不用丝杠做自动进给。

（10）光杠　光杠将进给箱的运动传递给溜板箱，实现床鞍、中滑板的纵向、横向自动进给。

（11）操纵杆　操纵杆是车床控制机构的主要零件之一。在操纵杆的左端和溜板箱的右侧分别装有一个操纵手柄，操作者可以方便地操纵手柄以控制车床主轴的正转、反转或停机。

以上概括起来就是：三箱三杠（杆）两架，一板一座一身。

2. 车床的型号编制

机床的型号是按一定规律赋予每种机床的代号。GB/T 15375—2008 规定：机床的型号由汉语拼音字母和数字按一定规律组合而成，每一台机床的型号必须反映出机床的类别、结构特性和主要技术参数等。通用机床的类代号见表1-3。

表1-3　通用机床的类代号

类别	车床	钻床	镗床	磨床			齿轮加工机床	螺纹加工机床	铣床	刨插床	拉床	锯床	其他机床
代号	C	Z	T	M	2M	3M	Y	S	X	B	L	G	Q
读音	车	钻	镗	磨	二磨	三磨	牙	丝	铣	刨	拉	割	其

通用机床的型号用下列方式表示：

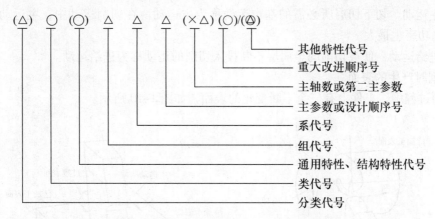

注：1）有"（ ）"的代号或数字，当无内容时，则不表示。若有内容则不带括号。

2）有"○"符号的，为大写的汉语拼音字母。

3）有"△"符号的，为阿拉伯数字。

4）有"◎"符号的，为大写的汉语拼音字母，或阿拉伯数字，或两者兼有之。

如：CA6140 型卧式车床中的代号和数字的含义为：

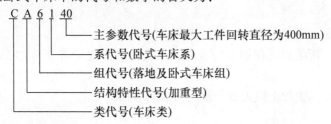

（三）切削运动与切削表面

1. 切削运动

在切削加工过程中，刀具和工件之间的相对运动称为切削运动（图1-9）。按其所起的作用，切削运动分为两类：

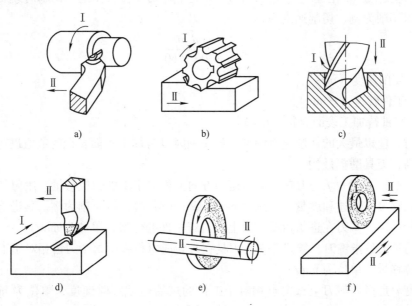

图 1-9　切削运动

a）车外圆　b）铣平面　c）钻内孔　d）刨平面　e）磨外圆　f）磨平面

（1）主运动　切下切屑所必需的基本运动称为主运动。在切削运动中，主运动的速度最高，消耗的功率也最大。

（2）进给运动　使被切削的金属层不断投入切削的运动称为进给运动。

2. 切削时产生的表面

在切削过程中，工件上有三个不断变化的表面，如图1-10所示。

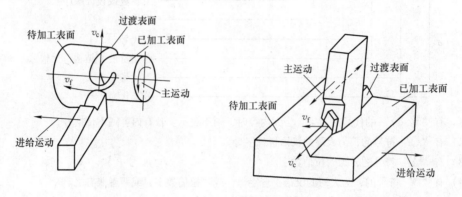

图1-10　工件上的表面

（1）待加工表面　工件上有待切除的表面。

（2）过渡表面　切削刃正在切削的表面。该表面的位置始终在待加工表面和已加工表面之间不断变化。

（3）已加工表面　工件上经刀具切削后形成的表面。

3. 切削要素

切削要素可以分为两大类，即切削用量要素和切削层横截面要素。

（1）切削用量要素　切削用量是切削速度、进给量和背吃刀量的总称，也称为切削用量三要素，它是调整机床，计算切削力、切削功率、时间定额及核算工序成本等所必需的参数。

1）切削速度 v_c。切削速度 v_c 是切削刃上选定点相对于工件主运动的瞬时速度，即主运动的线速度。以车削为例，切削速度为

$$v_c = \frac{\pi d_w n}{1000 \times 60} \tag{1-1}$$

式中　v_c——切削速度（m/s）；

　　　n——工件转速（r/min）；

　　　d_w——工件待加工表面直径（mm）。

在计算时，应以最大的切削速度为准，如车削时以待加工表面直径的数值进行计算，因为此处速度最高，刀具磨损最快。

2）进给量 f。进给量 f 是刀具在进给运动方向上相对于工件的位移量，用刀具或工件每转或每行程的位移量来表述和度量，单位为 mm/r 或 mm/行程。以车削为例，其进给量是指主轴带动工件每转一周，车刀在进给运动方向上相对于工件的位移，单位为 mm/r。

每齿进给量 f_z 是指铣刀、铰刀等多齿刀具在每转或每行程中每个刀齿相对于工件在进给运动方向上的位移量，单位为 mm/z。

进给速度 v_f 是指切削刃上选定点相对于工件的进给运动瞬时速度，单位为 mm/s 或 mm/min。显然有

$$v_f = nf = nf_z z \tag{1-2}$$

3）背吃刀量 a_p　背吃刀量 a_p 是指已加工表面和待加工表面间的垂直距离，单位为 mm。车削外圆时：

$$a_p = \frac{d_w - d_m}{2} \tag{1-3}$$

式中　d_w——工件待加工表面直径（mm）；

　　　d_m——工件已加工表面直径（mm）。

（2）切削层横截面要素　切削过程中，刀具的切削刃在一次进给中从工件待加工表面上切除的金属层，称为切削层。切削层参数是在与主运动方向相垂直的平面内度量的切削层截面尺寸。如图 1-11 所示，在纵车外圆时，主轴带动工件转一转，刀具沿进给方向移动的距离为进给量 f，切削刃由位置 Ⅰ 移到位置 Ⅱ，若副切削刃与进给运动方向平行，主切削刃与进给运动方向夹角为 κ_r，则在 Ⅰ、Ⅱ 两位置之间的这层截面为平行四边形的金属层就是切削层。切削层的截面形状和尺寸直接决定切削负荷的大小。

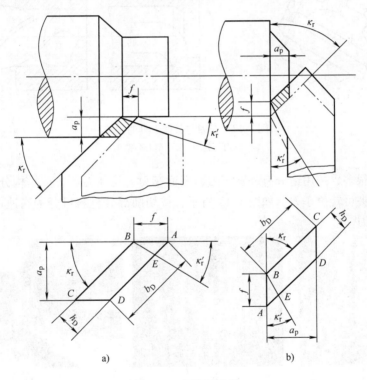

a)　　　　　　　　　b)

图 1-11　切削层参数

切削层的参数有以下几个：

1）切削层公称厚度 h_D。它是过切削刃上的选定点，在与该点主运动方向垂直的平面内，垂直于过渡表面度量的切削层尺寸，单位为 mm。

$$h_D = f\sin\kappa_r \tag{1-4}$$

2）切削层公称宽度 b_D。它是过切削刃上选定点，在与该点主运动方向垂直的平面内，平行于过渡表面度量的切削层尺寸，单位为 mm。

$$b_D = a_p / \sin\kappa_r \tag{1-5}$$

3）切削层公称横截面面积 A_D。它是过切削刃上选定点，在与该点主运动方向垂直的平面内度量的切削层横截面面积，单位为 mm²。

$$A_D = h_D b_D = a_p f \tag{1-6}$$

分析上述公式可知，切削层公称厚度 h_D 与切削层公称宽度 b_D 随主偏角 κ_r 的改变而变化，当 $\kappa_r = 90°$ 时，$h_D = h_{Dmax} = f$，$b_D = b_{Dmin} = a_p$。切削层公称横截面面积只由切削用量 f、a_p 决定，不受主偏角 κ_r 变化的影响。但是切削层公称横截面形状则与主偏角、刀尖圆弧半径大小有关。两块面积相等的切削层公称横截面，由于主偏角、刀尖圆弧半径大小的不同，引起切削层公称厚度 h_D 与切削层公称宽度 b_D 发生很大变化，从而对切削过程产生较大影响。

（四）车刀基础知识

金属切削刀具的种类繁多，构造各异，其中较简单、较典型的是车刀，其他刀具的切削部分都可以看作是以车刀为基本形态演变而成的，如图 1-12 所示。

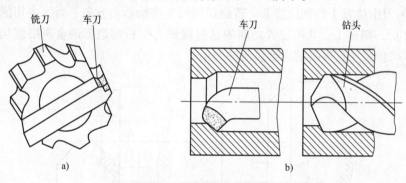

图 1-12　车刀与其他刀具的比较
a）车刀与铣刀　b）车刀与钻头

车刀的种类很多，按用途分有外圆车刀、端面车刀、切断刀等；按结构分有整体式车刀、焊接式车刀、机夹可转位车刀，如图 1-13 所示；按切削部分材料可分为高速钢车刀、硬质合金车刀和陶瓷车刀。

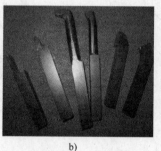

图 1-13　车刀结构
a）整体式车刀　b）焊接式车刀　c）机夹可转位车刀

1. 车刀组成

图 1-14 所示是常见的直头外圆车刀，它由刀杆和刀头（刀体和切削部分）组成。刀头用于切削，刀杆是刀具上的夹持部分。其切削部分（刀头）包括以下几个部分：

前面：刀具上切屑流经的刀面。

主后面：切削过程中，刀具上与过渡表面相对的刀面。

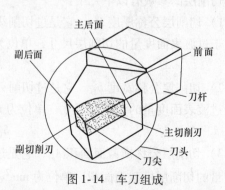

图 1-14　车刀组成

副后面：切削过程中，刀具上与已加工表面相对的刀面。

主切削刃：刀具前面与主后面的交线，它担负着主要的切削工作。至少有一段切削刃用来在工件上切出过渡表面。

副切削刃：刀具前面与副后面的交线。它配合主切削刃完成切削工作，并形成已加工表面。

刀尖：主、副切削刃的连接处相当少的一部分切削刃，它可以是一个点、一条直线或圆弧形状的一小部分切削刃。在实际应用中，为增强刀尖的强度和耐磨性，一般在刀尖处磨出直线或圆弧形的过渡刃，如图 1-15 所示。

2. 车刀几何角度

刀具几何参数是确定刀具几何形状和切削性能的重要参数。通过一组角度值可以确定刀具切削部分各表面的空间位置，可以使刀具的几何形状得到确定。这组角度值和其他必要的参数就是刀具的几何参数。切削刀具的种类很多，但就其单个刀齿而言，都可以看成是由外圆车刀的切削部分演变而来的。现以外圆车刀为例，介绍刀具的几何角度。

为确定刀具切削部分各表面和切削刃的空间位置，需要建立平面参考系，以组成坐标系的基准。参考系可分为刀具静止参考系和刀具工作参考系。

（1）刀具静止角度参考系及其角度标注

1）刀具静止角度参考系。静止角度参考系的建立有两个前提条件：一是不考虑进给运动的大小，只考虑其方向；二是刀具的安装定位基准与主运动方向平行或垂直，刀柄的轴线与进给运动方向平行或垂直。静止角度参考系中最常用的是正交平面参考系，如图 1-16 所示。正交平面参考系由以下三个在空间中互相垂直的平面组成。

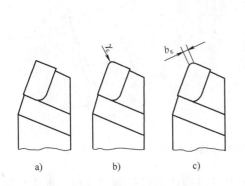

图 1-15　刀尖形状

a）切削刃的实际交点　b）修圆刀尖　c）倒角刀尖

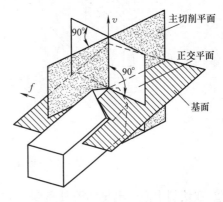

图 1-16　正交平面参考系和法平面参考系

① 基面 P_r。通过切削刃上选定点，垂直于该点主运动方向的平面。通常平行于车刀的安装面（底面）。

② 切削平面 P_s。通过切削刃上选定点，垂直于基面并与主切削刃相切的平面。

③ 正交平面 P_o。通过切削刃上选定点，同时与基面和切削平面垂直的平面。

2）在正交平面参考系标注的刀具角度。建立正交平面参考系的目的，是将构成刀具切削部分的形状要素（刀面、切削刃）在空间的位置确定下来。通常是用刀具几何角度来描述切削刃、刀面在空间的位置。

① 基面中测量的刀具角度。在基面上可以看到刀具切削部分（前面、主切削刃和副切削刃）的正投影。因此，在基面内可以标注或测量主切削刃或副切削刃的偏斜程度。在基面内

可以测量或标注的角度有：

　　a. 主偏角 κ_r：主切削刃在基面上的投影与进给运动速度 v_f 方向之间的夹角。

　　b. 副偏角 κ'_r：副切削刃在基面上的投影与进给运动速度 v_f 反方向之间的夹角。

　　c. 刀尖角 ε_r：主、副切削刃在基面上的投影之间的夹角，它是派生角度，从图 1-17 中可以看出：

$$\varepsilon_r = 180° - (\kappa_r - \kappa'_r) \tag{1-7}$$

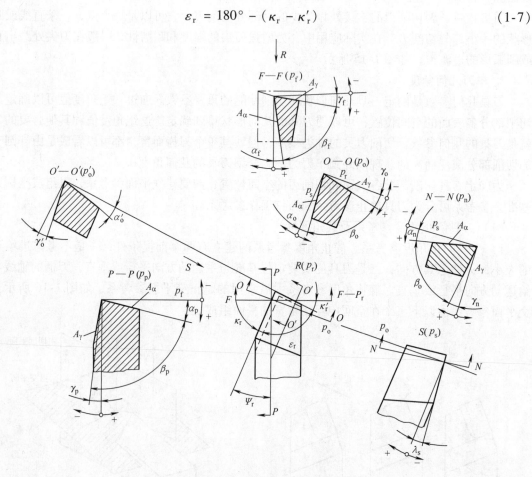

图 1-17　标注角度参考系内的刀具角度标注

　　② 在切削平面中测量的刀具角度。在切削平面上可以描述刃口的倾斜程度，即主切削刃与基面之间的夹角，定义为刃倾角 λ_s。它在切削平面内标注或测量，但有正负之分。如图 1-18 所示，当主切削刃与基面重合时，$\lambda_s = 0°$；当刀尖相对于基面处于主切削刃的最高点时，$\lambda_s > 0°$；反之，$\lambda_s < 0°$。

　　③ 正交平面中测量的刀具角度：

　　a. 前角 γ_o：在正交平面中测量的前面与基面之间的夹角。

　　b. 后角 α_o：在正交平面中测量的主后面与切削平面之间的夹角。

　　c. 楔角 β_o：在正交平面中测量的前面与主后面之间的夹角，它是派生角，与前角、后角有如下关系：

$$\beta_o = 90° - (\gamma_o + \alpha_o) \tag{1-8}$$

　　如图 1-18 所示，前角、后角有正负之分，当前面与基面重合时前角为零；前面与切削平面夹角小于 90° 时，即基面在前面之上时前角为正；反之为负。主后面与基面夹角小于 90° 时，后角为正；反之为负。

对于普通外圆车刀，由主偏角 κ_r、副偏角 κ'_r、前角 γ_o、后角 α_o、副刃后角 α'_o、刃倾角 λ_s 六个角度就可以确定其切削部分的几何形状，这六个角度就是普通外圆车刀的基本角度。

（2）刀具的工作角度　刀具的静止角度参考系是在两个假定条件下建立的，在实际工作中，不仅有主运动还有进给运动，刀具在机床上的安装位置也有变化，则刀具的参考系也会发生变化。为了较合理地表达在切削过程中起作用的刀具角

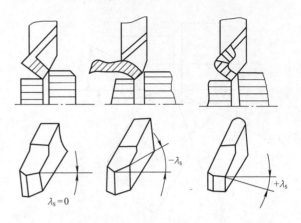

图 1-18　刃倾角正、负的标注

度，应该按合成运动方向来定义和确定刀具的参考系及其角度，即刀具工作参考系和工作角度。

通常进给速度远小于主运动速度，在一般安装情况下，刀具的工作角度近似等于标注角度，因此，在大多数情况下（如普通车削、镗孔、端铣等）不计算工作角度，也不考虑其影响。

在特殊情况下（如车螺纹、车丝杠、铲削加工等角度变化值较大时），才需要计算工作角度。以刀具切削时的合成切削运动方向为依据，建立工作基准坐标平面所组成的参考系，这种参考系称为工作参考系。用工作参考系定义的刀具角度称为工作角度。工作参考系各坐标平面的定义与静止参考系相同，只需要用合成运动方向代替主运动方向，如：

工作基面 P_{re}：通过切削刃选定点，垂直于合成运动方向的平面。

工作切削平面 P_{se}：通过切削刃选定点，与切削刃相切且垂直于工作基面的平面。

工作正交平面 P_{oe}：通过切削刃选定点，同时垂直于工作基面 P_{re} 和工作切削平面 P_{se} 的平面。

1）刀具安装对工作角度的影响。

① 刀杆偏斜对工作主、副偏的影响。如图 1-19 所示，车刀随四方刀架逆时针方向转动 G 角后，工作主偏角将增大：

$$\kappa_{re} = \kappa_r + G \qquad (1\text{-}9)$$

工作副偏角将减小：

$$\kappa'_{re} = \kappa'_r + G \qquad (1\text{-}10)$$

在实际生产中，根据切削工作的需要，在安装刀具时调整主偏角、副偏角的数值。如需要降低径向抗力，应增大主偏角；若要减小表面粗糙度值，应减小副偏角。

② 切削刃安装高、低对工作前、后角的影响。如图 1-20 所示，车刀切削刃选定点 A 高于工件中心 h 时，将引起工作前、后角的变化，工作前角增大 N，工作后角减小 N。其中：

$$\sin N = 2h/d \qquad (1\text{-}11)$$

同理，切削刃选定点 A 低于工件中心时，h 值与 N 值均为负值，将引起工作前角减小、工作后角增大。在实际生产中，粗车外圆时常将车刀刀尖装高一个 h 值（为 $d_w/100 \sim d_w/50$），精车外圆时常将车刀刀尖装低一个 h 值。

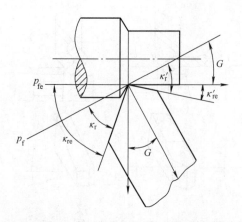

图 1-19　刀杆偏斜对工作主、副偏角的影响

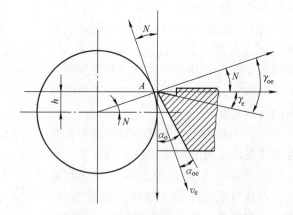

图 1-20　切削时切削刃高于工件中心
对工作前、后角的影响

加工内表面时，情况与加工外表面相反。

2）进给运动对工作角度的影响。

① 横车。如图 1-21 所示，以切断刀为例，在不考虑进给运动时，刀具基面为 P_r，切削平面为 P_s，标注角度为 γ_o 和 α_o；切断时由于进给量较大，切削刃选定点相对于工件的主运动轨迹为一平面的阿基米德螺旋线，工作基面为 P_{re}，工作切削平面为 P_{se}，相应角度变化为 η，此时工作角度 γ_{oe} 和 α_{oe} 分别为

$$\gamma_{oe} = \gamma_o + \eta \tag{1-12}$$

$$\alpha_{oe} = \alpha_o + \eta \tag{1-13}$$

$$\tan\eta = f/(\pi d_w) \tag{1-14}$$

式中　f——进给量；

　　　d_w——切削刃选定点处工件的旋转直径（变值）。

显然，在横向进给切削时，由于进给运动的影响，刀具工作前角增大，刀具工作后角减小。而且，随着进给量的增大和刀具向工件中心接近，η 也在增大。故横向车削时，不宜采用大的进给量，否则易使切削刃崩碎或工件被挤断。同时，应适当增大 α_o，以补偿进给运动的影响。

② 纵车。如图 1-22 所示，在纵向进给车削时，若进给量较大，如车削螺纹，尤其是车削多线螺纹时，进给运动使合成切削运动方向与主运动方向之间形成 μ_f 角。从而使工作基面和工作切削平面转动 μ_f 角。因此在假定工作平面内车刀的工作前角 γ_{fe} 和工作后角 α_{fe} 将发生变化，即

$$\gamma_{fe} = \gamma_f + \mu_f \tag{1-15}$$

$$\alpha_{fe} = \alpha_f - \mu_f \tag{1-16}$$

$$\tan\mu_f = f/(\pi d_w) \tag{1-17}$$

式中　f——进给量；

　　　d_w——切削刃选定点处工件的旋转直径。

显然，随着 f 的增大和 d_w 的减小，μ_f 值随之增大。实际上，一般车削外圆时 $\mu_f = 30' \sim 1°$，故忽略不计。但在车削螺纹，尤其是多线螺纹时，μ_f 角很大，必须进行工作角度的计算。

3. 刀具材料

刀具材料是指刀具切削部分的材料。在金属切削过程中，刀具的切削部分直接承担切削工

作，是在较大的切削压力、较高的切削温度以及剧烈摩擦条件下工作的，受到很大的冲击作用。刀具材料不仅是影响刀具切削性能的重要因素，而且它对切削加工生产率、刀具寿命、刀具消耗和加工成本、加工精度及表面质量等起着决定性的作用。

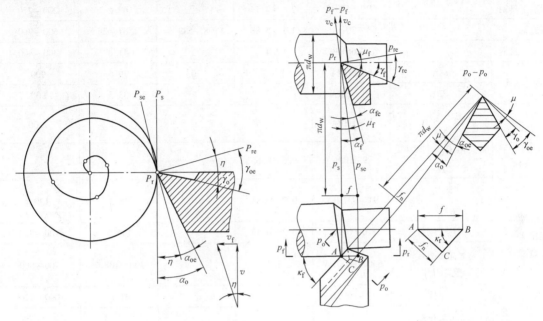

图 1-21　横向进给运动对工作角度的影响　　　　图 1-22　纵向进给运动对工作角度的影响

（1）刀具材料应具备的性能

1）高的硬度和耐磨性。高硬度是刀具材料最基本的性能，要完成切削加工，刀具切削部分材料的硬度应高于工件材料的硬度，在室温下，刀具材料的硬度应高于 60HRC，工件材料的硬度越高，就要求刀具材料的硬度相应提高。

耐磨性是刀具材料抵抗摩擦和磨损的能力，是决定刀具寿命的主要因素。一般来说，硬度越高耐磨性越好，同时，耐磨性的好坏还取决于材料的强度、化学成分和组织结构。材料组织中硬质点的硬度越高、数量越多、晶粒越细、分布越均匀，则耐磨性也越好。

2）足够的强度和韧性。在切削过程中，刀具要承受切削力、冲击和振动。为了防止刀具崩刃和碎裂，必须具有足够的抗弯强度和冲击韧度。

3）高的耐热性和化学稳定性。耐热性是指刀具材料在高温状态保持常温下硬度、耐磨性、强度和韧性的能力。刀具材料耐热性越好，允许的切削速度越高，抵抗塑性变形的能力越强。

化学稳定性是指刀具材料在高温下不易和工件材料及周围介质发生化学反应的能力。化学稳定性越好，刀具的磨损越慢。

4）良好的工艺性和经济性。为了便于制造，刀具材料应具有良好的锻造、焊接、热处理和磨削加工性能，同时又要资源丰富、价格低廉，以降低材料成本。

（2）常用的刀具材料　刀具切削部分的材料主要有工具钢、硬质合金、陶瓷和超硬材料四大类。目前在我国应用较多的是硬质合金和高速钢。各类刀具材料的主要物理力学性能见表1-4。

表 1-4　各类刀具材料的主要物理力学性能

材料种类	材料性能	硬度	抗弯强度/GPa	冲击韧度/(kJ/m^2)	热导率/[W/(m·K)]	耐热温度/℃
碳素工具钢		60~65HRC	2.4~2.74		67.2	200~250
高速钢		63~70HRC	1.9~5.88	98~588	1.67~25	600~700
合金工具钢		63~66HRC	2.4		41.8	300~400
硬质合金	K10	89.5HRA	1.45	30	79.6	900
	P20	90.5HRA	1.2	7	33.5	900
陶瓷	Al$_2$O$_3$ AM	>91HRA	0.4~0.55	5	19.2	1200
	Al$_2$O$_3$ + TiC T8	93HRA	0.5~0.65			
	Si$_3$N$_4$ SM	91~93HRA	0.7~0.85	4	38.2	1300
金刚石	天然金刚石	10000HV	0.2~0.49		146.5	700~800
	聚晶金刚石复合刀片	650~8000HV	2.8		100~108.7	700~800
立方氮化硼	烧结体	600~8000HV	1.0		41.8	1000~1200
	立方氮化硼复合刀片 FD	>5000HV	1.5			>1000

　　1) 高速钢。高速钢是含有较多的 W、Mo、Cr、V 等元素的高合金工具钢。高速钢具有较高的强度和韧性,抗弯强度为 3~3.4GPa,为硬质合金的 2~3 倍;冲击韧度为 180~320kJ/m^2,为硬质合金的几十倍;其常温硬度为 62~66HRC,耐热温度为 600~660℃,因此切削速度可比碳素工具钢高 1~3 倍,这也是高速钢名称的来由。又因高速钢刃磨时切削刃易锋利,故在生产中常称为"锋钢",磨光的高速钢也称作"白钢"。因为综合性能较好,适用于制造各种结构复杂的刀具,如成形车刀、铣刀、钻头、拉刀、齿轮刀具等。

　　高速钢按化学成分可分为钨系高速钢和钼系高速钢(钼质量分数在 2% 以上);按切削性能可分为普通高速钢和高性能高速钢;按制造工艺方法不同可分为熔炼高速钢和粉末冶金高速钢。

　　① 普通高速钢。用来加工普通工程材料的高速钢。普通高速钢具有一定的硬度和耐磨性、较高的强度和韧性、较好的塑性,可用于制造各类复杂刀具,切削钢料时速度一般为 50~60m/min,不适用于高速切削和硬材料切削。常用的牌号有 W18Cr4V 和 W6Mo5Cr4V2 等。

　　W18Cr4V 属钨系高速钢,是最常用的牌号之一。其性能稳定,刃磨及热处理工艺控制较方便,适用于制造各种复杂刀具,但不适合制造大截面刀具。

　　W6Mo5Cr4V2 属钼系高速钢,具有比 W18Cr4V 更高的强度和韧性,同时具有热塑性、磨削性能好的优点,但其热处理工艺较难掌握,适于制造尺寸较大、需要抗冲击的刀具,如麻花钻。

　　② 高性能高速钢。在普通高速钢的基础上,通过增大 C、V 的质量分数和添加 Co、Al 等合金元素而得到的耐热性、耐磨性更好的新钢种。它使用 50~150m/min 的切削速度;具有高的热稳定性,在 630~650℃时仍保持 60HRC 的硬度;其耐磨性是普通高速钢的 1.5~3 倍。高性能高速钢典型的牌号有:高钒高速钢 W6Mo5Cr4V3、钴高速钢 W6Mo5Cr4V2Co8、铝高速钢

W6Mo5Cr4V2Al 等。其中铝高速钢 W6Mo5Cr4V2Al 又称为超硬高速钢，是我国独创新钢种，具有良好的综合性能，其性能接近钴高速钢而价格低廉，但其热处理工艺较难掌握。

③ 粉末冶金高速钢。将在高频感应炉中炼成的钢液置于保护气罐中，用高压惰性气体雾化成粉末，然后用高温（1100℃）、高压（100MPa）压制成钢坯，最后将钢坯锻轧而成的高速钢材料。采用粉末冶金的工艺，得到了细小均匀的金相组织，使材料的力学性能得到很大的提高。因而粉末冶金高速钢具有高的强度和韧性，良好的磨削加工性和热处理工艺性能。适用于制造切削难加工材料的刀具和大尺寸刀具，如滚刀、插齿刀等。

2）硬质合金。硬质合金是用粉末冶金方法制造的合金材料，它是由高硬度、高熔点的金属碳化物（WC、TiC 等）粉末，用钴等金属粘结剂在高温下烧结而成。

硬质合金的硬度较高，常温下可达 89～93HRA，耐磨性和耐热性均高于工具钢，在 800～1000℃时仍能进行正常切削，其切削速度是高速钢的几倍，刀具寿命也提高了几十倍，并能加工高速钢刀具难以切削加工的材料，因此被广泛应用。但是它也存在抗弯强度和冲击韧度比高速钢低，刃口不能磨得象高速钢刀具那样锋利等不足之处。

切削工具用硬质合金牌号按使用领域的不同分成 P、M、K、N、S、H 六类，具体见表 1-5。

表 1-5 切削工具用硬质合金牌号的使用领域

类别	使用领域
P	长切屑材料的加工，如钢、铸钢、长切削可锻铸铁等的加工
M	通用合金，用于不锈钢、铸钢、锰钢、可锻铸铁、合金钢、合金铸铁等的加工
K	短切屑材料的加工，如铸铁、冷硬铸铁、短切屑可锻铸铁、灰铸铁等的加工
N	有色金属、非金属材料的加工，如铝、镁、塑料、木材等的加工
S	耐热和优质合金材料的加工，如耐热钢，含镍、钴、钛的各类合金等的加工
H	硬切削材料的加工，如淬硬钢、冷硬铸铁等材料的加工

切削工具用硬质合金牌号由类别代码、分组号、细分号（需要时使用）组成。如：

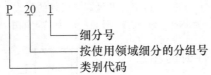

3）新型刀具材料。

① 涂层刀具材料。在韧性较好的刀具基体上，涂覆一层耐磨性好的难熔金属化合物，既能提高刀具的耐磨性，又不降低其韧性。涂层材料的基体一般为粉末冶金高速钢或新牌号硬质合金。常用的涂层材料有 TiC、TiN、Al$_2$O$_3$ 和超硬涂层材料。

② 陶瓷刀具材料。陶瓷刀具材料是以 Al$_2$O$_3$ 或 Si$_3$N$_4$ 为基体再添加少量金属，在高温下烧结而成的一种刀具材料，其硬度可达 91～95HRA，耐磨性、耐热性能好。有良好的抗氧化性和稳定性，切削速度比硬质合金高 2～10 倍。其缺点是脆性大、抗弯强度低、冲击韧度差、易崩刃。适合钢、铸铁类零件的车、铣削加工。

③ 金刚石刀具材料。金刚石是炭的同素异形体，有天然的和人造的两类。除少数超精密和特殊用途外，工业上多使用人造金刚石作为刀具和磨具材料。金刚石有极高的硬度（可达 10000HV），耐磨性好，切削刃口锋利，可在纳米级稳定切削。其缺点是热稳定性差、强度低、脆性大，适合微量切削；与铁元素有强烈的化学亲和力，不能用于加工钢材。主要用于加工高硬度的非金属材料、有色金属以及复合难加工材料的精加工和超精加工，如激光扫描仪和高速摄影机的扫描棱镜等。

④ 立方氮化硼。立方氮化硼（CBN）是一种人工合成的新型刀具材料，有很高的硬度和耐磨性，仅次于金刚石。热稳定性比金刚石高一倍，可以高速切削高温合金。有良好的化学稳定性，适合于加工钢铁材料，如淬硬钢、冷硬铸铁等。

（五）车削加工方法

车床的主运动为工件的旋转运动，进给运动常由刀具的直线移动来实现。

1. 轴类零件装夹

在机械加工之前，应使工件相对于车床主轴轴线有一个确定的位置，并能使工件在受到外力（如重力、切削力和离心力等）的作用时，仍能保持其既定位置不变，此过程称为工件的安装或者装夹。在车削加工中，常用自定心卡盘和顶尖装夹轴类零件。

（1）自定心卡盘的应用　自定心卡盘的夹紧力较小，一般仅适用于夹持表面光滑的圆柱形、六角形截面的工件。自定心卡盘装夹工件的形式如图 1-23 所示。它夹持圆棒料比较牢固，一般也无须找正。利用卡爪反支承内孔以及利用反爪夹持大直径工件时，一般应使端面贴紧卡爪端面。当夹持外圆而左端又不能贴紧卡爪端面时，应对工件进行找正，用锤轻击，直至工件径向圆跳动和端面圆跳动符合要求时，再夹紧工件。已粗车过端面和外圆的工件夹紧时，可采用图 1-24 所示的方法找正。在刀架上夹一铜棒（或铝棒等软金属），将工件轻轻夹持在自定心卡盘上，开动车床低速旋转，使铜棒接触工件端面或外圆，并略加压力，使工件表面与铜棒完全接触为止，停机后再夹紧工件。

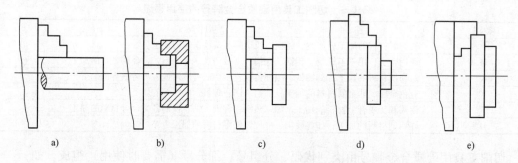

图 1-23　自定心卡盘装夹工件的形式

a）夹持棒料　b）利用卡爪反支承内孔　c）夹持小外圆　d）夹持大外圆　e）利用反爪夹持大直径工件

（2）自定心卡盘装夹工件时的注意事项

1）毛坯上的飞边、凸台应避开三爪的位置。

2）卡爪夹持毛坯外圆面长度一般不应小于 10mm，不宜夹持长度较短又有明显锥度的毛坯外圆。

3）工件找正后必须夹牢。

4）夹持棒料或圆筒工件时，悬伸长度一般不宜超过直径的三倍，以防止工件弯曲、顶落而造成打刀事故。

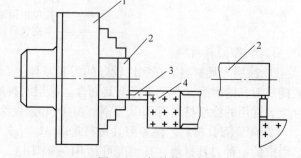

图 1-24　铜棒找正法

1—卡盘　2—工件　3—铜棒　4—刀架

5）工件装夹后，卡盘扳手必须随即取下，以防开机后扳手撞击床面后飞出，造成人身事故。

2. 车刀安装

车刀的安装正确与否，直接影响到切削能否顺利进行和工件的加工质量。如果车刀安装不正确，即使车刀的各个角度刃磨是合理的，在切削过程中，其工作角度也会发生改变。所以在安装车刀时，必须遵守以下几点：

1）安装前擦净刀架安装面与刀具表面，准备好尺寸合适、平整的垫刀片。

2）车刀悬伸部分要尽量缩短。一般悬伸长度为车刀厚度的 1~1.5 倍。悬伸过长，车刀切削时刚性差，容易产生振动、弯曲甚至折断，影响加工质量。

3）车刀一定要夹紧，否则，车刀飞出将造成难以想象的后果，车刀固定应注意两螺钉交替拧紧，必要时可加套管扳紧。

4）车刀刀尖一般应与工件旋转轴线等高，否则，将使车刀工作时的前角和后角发生改变。车外圆时，如果车刀刀尖高于工件旋转轴线，则使前角增大，后角减小，从而加剧后面与工件之间的摩擦；如果车刀刀尖低于工件旋转轴线，则使后角增大，前角减小，从而使切削不顺利。在车削内孔时，其角度的变化情况正好与车外圆时相反。刀尖高度用垫刀片调整来实现，一般少于三片。

5）车刀刀杆中心线应与进给运动方向垂直，否则将使车刀工作时的主偏角和副偏角发生改变。主偏角减小，进给力增大；副偏角减小，加剧摩擦。

3. 车外圆与端面

（1）刀架极限位置检查　刀架用来夹持车刀并使其做纵向、横向或斜向进给运动，拖板与溜板箱相连，带动车刀沿床身导轨做纵向移动。切削之前，检查刀架的极限位置，保证工件在被切削尺寸范围内，车刀切至工件左端极限位置时，卡盘或卡爪不会碰撞刀架或车刀；反向退刀时拖板不与尾座相碰。车刀切至工件小外圆根部时，卡爪撞及小刀架导轨，检查方法是当工件和车刀安装好之后，手摇刀架将车刀移至工件左端应切削的极限位置；用手缓慢转动卡盘，检查卡盘或卡爪有无撞及刀架、车刀或刀尖的可能。检查反向移动拖板至工件右极端加工位置时，有无刀架与尾座碰撞。若无碰撞，即可开始加工；否则，应对工件、小刀架或车刀的位置做适当的调整。

（2）试切　试切可以避免由于机床本身存在的误差、切削用量选择不当或刀具刃磨、安装等原因造成失误，使车削操作顺利进行。

车削开始先试切，以确定背吃刀量，然后可以合上自动进给手柄进行切削。试切过程为：试切→测量→调整→再试切，反复进行直至达到加工尺寸要求。外圆车削时的试切方法与步骤如图 1-25 所示。

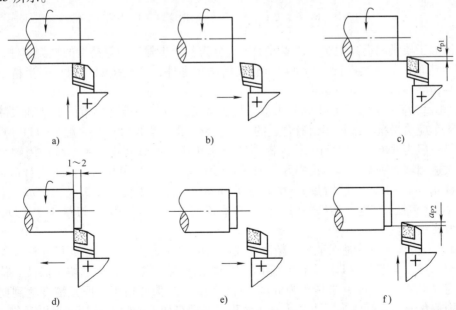

图 1-25　试切步骤

a）开机对接触点　b）向右退出车刀　c）横向进刀（背吃刀量 a_{p1}）

d）纵向车削 1~2mm　e）退刀、停机、测量　f）如未至尺寸，再进背吃刀量 a_{p2}

（3）车端面　车端面时应注意以下事项：

1）工件装夹在卡盘上，必须找正它的平面和外圆，可用划线盘找正。

2）安装端面车刀时，刀尖必须准确对准工件的旋转中心，否则将在端面中心处车出凸台，并易崩坏刀尖。

3）可用45°、60°、75°、90°车刀加工，加工时一般由工件外圆向工件中心进给，对于有孔的工件，常用90°右偏刀由中心向外进给。

4）粗车时背吃刀量为 2～4mm，精车时为 0.2～1mm。粗车时进给量为 0.3～0.5mm/r，精车时为0.1～0.2mm/r，粗车时切削速度低，精车时切削速度高。

5）由于切削速度由外向中心逐渐减小，会影响端面的表面粗糙度，因此，其切削速度应取得比车外圆时略高。

6）车端面时应先倒角，尤其是铸件表面的硬皮极易损坏刀尖，所以，首次背吃刀量要大于工件的硬皮深度。

7）零件结构不允许用右偏刀车削时，可用左偏刀车端面。

8）车削大的端面时，应注意防止因刀架移动而产生凸凹现象，应将方刀架、床鞍与床身紧固。其测量可用金属直尺或刀口尺。

（4）车外圆　如图1-26所示，圆柱形表面是构成各种零件形状最基本表面之一，外圆车削是最基本、最常见的工作。

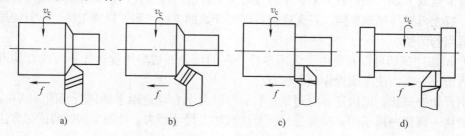

图 1-26　车外圆

a）尖刀车外圆　b）弯头刀车外圆　c）右偏刀车外圆　d）左偏刀车外圆

为保证加工质量和提高生产率，零件加工应分为若干步骤。中等精度的轴类零件，一般按照"粗车→精车"的方案进行；精度要求较高的轴类零件，一般按照"粗车→半精车→精车或粗磨→半精磨→精磨"的方案进行。

1）粗车。为高效地从毛坯上切除大部分加工余量，使工件接近要求的形状和尺寸，需进行粗车，粗车应给半精车或精车留有合适的加工余量。粗车后尺寸公差一般为 IT11～IT14，表面粗糙度值一般为 $Ra6.3～12.5\mu m$。为提高生产率和减小刀具磨损，粗车应选用较大的背吃刀量，其次适当增大进给量，选用中等或偏低的切削速度。使用硬质合金车刀进行粗车时，推荐背吃刀量 $a_p = 2～4mm$，进给量 $f = 0.15～0.4mm/r$，切削速度 $v_c = 0.8～1.2m/s$（钢）或 0.7～1.0m/s（铸铁）。粗车铸铁件时，因工件表面有硬皮，第一背吃刀量应大于硬皮厚度，可以避免刀具损坏。

2）精车。精车的关键是保证加工精度和表面粗糙度的要求。精车后的尺寸标准公差等级一般为 IT6～IT8，半精车为 IT9～IT10，精车尺寸标准公差等级主要靠试切来保证。精车表面粗糙度值为 $Ra0.8～3.2\mu m$，半精车为 $Ra3.2～6.3\mu m$，为保证精车表面粗糙度达到要求，常适当减小副偏角或刀尖圆弧半径以减小残留面积；或适当增大前角，使切削刃更锋利；用磨石细研刀具前、后面，使其值达 $Ra0.1～0.2\mu m$，可以有效减小工件表面粗糙度值。选用较小的背吃刀量 $a_p = 0.3～0.5mm$（高速精车）或 0.05～0.1mm（低速精车），进给量 $f = 0.05～0.2mm/r$，也可以减小残留面积，使表面粗糙度值减小。用硬质合金车刀高速精车钢件时，切

削速度 $v_c = 1.7 \sim 3.3 \text{m/s}$；精车铸铁件时，切削速度比粗车时稍高即可。切削液的合理选用也是降低表面粗糙度值的主要措施，低速精车钢件时使用乳化液，低速精车铸铁件时使用煤油，高速精车钢件时一般不使用切削液。

（六）"6S" 基础知识

"6S" 活动是指对生产各要素（主要是物的要素）所处的状态不断进行整理、整顿、清洁、清扫、加强安全和提高素养的活动。由于整理、整顿、整洁、清扫、安全和素养这五个词的日文用拉丁字母拼音时，头一个字母都是 S，所以简称 "6S"。"6S" 活动在日本的企业中广泛实行，它相当于我国工厂里开展的文明生产活动。近年来，我国企业也开始注意学习和推广 "6S" 活动。

1. 整理

整理是改善生产现场管理的第一步，其主要内容是对生产现场的各种物品进行整理，分清哪些是现场所需要的，哪些是不需要的。经过整理以后，应达到如下要求：①不用的东西放在生产现场，出现了就坚决清除掉；②不常用的东西也不放在生产现场，可放到企业库房中，待使用时再取来用，用毕立即送回库房；③偶尔用的东西可以集中放在生产现场一个指定的地点；④经常使用的东西放在生产现场，这些物品（包括机器设备）都应处于马上就能用上的状态。通过整理，可以改善和增加生产面积；使通道顺畅，没有杂物，减少磕碰，利于安全；减少由于物品乱放、好坏不分而造成的差错；使库存最合理，消除浪费，节约资金。经过整理以后的工作现场，会使人感到舒心，追求精干、务实，避免繁杂的现场对人精神的影响。创造一个良好的生产和工作环境很重要。

2. 整顿

在整理的基础上，对生产现场需要留下的物品进行整顿。整顿不仅是摆放整齐的问题，更主要的是使物品摆放科学、合理、规范，有利于生产，为提高效率服务。经过整顿应达到以下要求：①物品在生产现场都有固定的位置，同时，要用时该物品应在这个位置，不乱丢乱放，不需要花费时间去寻找，随手就可以把物品拿到；②物品要按一定规则进行定量化摆放，实行规格化、统一化，一看便知数量情况；③物品要便于取出和放回，在摆放上有顺序，到什么地方去取什么，用毕能尽快恢复原状，做到先进先出等。

3. 清扫

清扫就是对工作地的设备、工具、物品以及地面进行维护打扫，保持整齐和干净。清扫应达到如下要求：①明确分工，自己用的东西、自己的辖区，自己清扫，不依赖别人，每个人都把自己的事情做好了，大家的事也就好办了，在此基础上设置必要的专职清扫人员，清扫公共部分，整个清扫工作就落实了；②在对设备进行擦拭、清扫的同时，要检查设备有无异常和故障，加强对设备的润滑、维护和保养工作，保持设备的良好状态。清扫活动不仅清除了脏物，创建了明快、舒畅的工作环境，而且保证了安全、优质、高效的工作。

4. 清洁

清洁是对经过整理、整顿、清扫以后的生产现场的状态进行保持，这是第四项 S 活动，这里的保持是指良好状态的持之以恒、不变、不倒退。清洁应达到如下要求：①生产现场环境整齐、清洁、美观，保证职工健康，增进职工工作热情、劳动积极性、自觉性；②生产现场设备、工具、物品干净整齐，工作场地无烟尘、粉尘、噪声、有害气体，劳动条件好；③不仅环境美，而且生产现场各类人员着装、仪表、仪容清洁、整齐、大方，使人一看上去就感觉训练有素；④不仅要做到仪表、仪容美，还要做到精神美、语言美、行为美，形成一种团结向上、朝气蓬勃、相互尊重、互助友爱、催人奋进的气氛。做到清洁绝不可搞突击，要始终如一，长此以往。

5. 安全

建立一个良好的安全生产环境和秩序是企业各项工作的重中之重，为认真贯彻执行国家《安全法》和各项安全管理制度，保障职工的安全与身心健康，杜绝违章作业，杜绝事故的发生，企业要对安全生产工作实行全员、全面、全过程、全方位的精细化管理。安全管理应达到如下要求：①严格按要求穿戴好劳动防护用品；②严格执行各工种安全操作规程；③各类设备安全防护装置齐全；④安全通道宽敞、安全警戒线分明；⑤车间设专职安全员巡回检查，发现安全隐患及时处理。

6. 素养

素养是一种职业习惯和行为规范，这是"6S"活动的核心。要在"6S"活动中，始终着眼于人们素养的提高。提高素养就是逐步形成良好的作业习惯和行为规范、高尚的道德品质，素养要求做到以下几点：①在生产现场工作时，不要别人督促，不需要人提醒、催促；②不要领导检查，那种听说领导来检查了才去动动，不推不动，迫于检查的压力，无奈地去干事，是不会长久的；③自觉执行各项规章制度、标准，改善人际关系，加强集体主义意识，提高自身修养。

对一线员工，在工作前，按时到岗，做好一系列精神、物质准备，搞好交接班，形成一种模式，认真地一步一步去做，不需要领导在一旁指挥着、说教着去做，这就是一种素养。这就要求生产现场的每个员工都明白自己该做什么、达到的目标是什么以及好的标准是什么，在此基础上，经过反复的实践，形成良好的素养。

（七）金属切削规律及应用

金属切削过程是刀具与工件间相互作用又相对运动的过程。金属变形是切削过程的基本问题。切削过程中产生的各种物理现象，如切削力、切削热和刀具磨损等，都是由于切削过程中金属变形和摩擦引起的。研究金属切削过程中的物理现象，对提高加工质量、生产率和减少生产成本都有重要意义。

1. 切屑的形成与种类

（1）切屑的形成过程　切屑的形成过程，其实质是一种挤压过程。在挤压过程中，被切削的金属主要经历剪切滑移变形而形成切屑。切削弹塑性材料时，当工件受到刀具挤压后，在接触处开始产生弹性变形。随着刀具继续切入，材料内部的应力、应变逐渐增大。当与切削速度方向成一定夹角的 OA 晶面上（约 $45°$）产生的应力达到材料的屈服点时，开始产生滑移即塑性变形，如图 1-27 所示。随着刀具连续切入，原来处于始滑移面 OA 上的金属不断

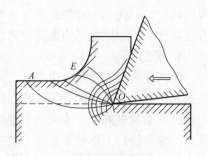

图 1-27　切削变形

向刀具靠近，当滑移过程进入终滑移面 OE 位置时，应力应变达到最大值，当切应力超过材料的强度极限时，材料被挤裂。越过 OE 面后切削层脱离工件，沿着前面流出而形成切屑。

（2）切屑的种类　切削时，由于被加工材料性能与切削条件的不同，切削层金属将产生不同程度的变形，从而形成不同类型的切屑。常见的切屑有以下三种，如图 1-28 所示。

1）带状切屑。带状切屑外形连绵不断，与前面接触的面很光滑，背面呈毛茸状。用较大前角、较高的切削速度和较小的进给量切削弹塑性材料时，容易得到带状切屑。形成带状切屑时，切削过程较平稳，切削力波动较小，加工表面较光洁。但切屑连续不断，易缠绕在工件上，不利于切屑的清除和运输，生产上常采用在车刀上磨断屑槽等方法断屑。

2）节状切屑。节状切屑的背面呈锯齿形，底面有时出现裂纹。采用较低的切削速度和较

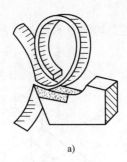 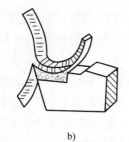 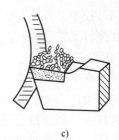

a)　　　　　　　　　　　b)　　　　　　　　　　c)

图 1-28　常见的切屑
a）带状切屑　b）节装切屑　c）崩碎切屑

大的进给量切削中等硬度的钢件时，容易得到节状切屑。这种切屑的形成过程是典型的金属切削过程，由于切削力波动较大，切削过程不平稳，工件表面较粗糙。

3）崩碎切屑。切削铸铁等脆性材料时，切削层产生弹性变形后，一般不经过塑性变形就突然崩碎，形成不规则的碎块状屑片，称为崩碎切屑。产生崩碎切屑的过程中，切削热和切削力都集中在主切削刃和刀尖附近，刀尖易磨损，切削过程不平稳，影响表面质量。

切屑形状随着切削条件不同而变化。例如：加大前角、提高切削速度或减小进给量可将节状切屑变成带状切屑。因此，生产上常根据具体情况采取不同措施得到所需的切屑，以保证切削顺利进行。

2. 滞流层和积屑瘤

切削弹塑性材料时，由于切屑底面与前面的挤压和剧烈摩擦，使切屑底层的流动速度低于上层的流动速度，形成滞流层。当滞流层金属与前面之间的摩擦力超过切屑本身分子间结合力时，滞流层的部分新鲜金属就会粘附在切削刃附近，形成楔形的积屑瘤，如图 1-29 所示。

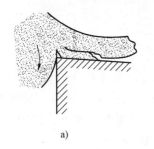 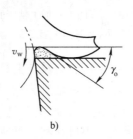 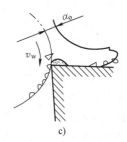

a)　　　　　　　　　　b)　　　　　　　　　　c)

图 1-29　积屑瘤的形成及对加工的影响
a）积屑瘤形成　b）增大前角　c）影响表面质量

积屑瘤经过强烈的塑性变形而被强化，其硬度远高于被切金属，能代替切削刃进行切削，起到保护切削刃和减小刀具磨损的作用。积屑瘤的产生增大了刀具的工作前角，易使切屑变形和减小切削力。所以，粗加工时产生积屑瘤有一定好处。但积屑瘤是不稳定的，它时大时小，时有时无，其顶端伸出刀尖之外，使背吃刀量和切削厚度不断变化，影响尺寸精度，并导致切削力变化，引起振动。此外，积屑瘤会在已加工表面刻划出不均匀的沟痕，并有一些积屑瘤碎片粘附在已加工表面上，影响到表面粗糙度。所以精加工时应避免产生积屑瘤。生产实践表明，高速或低速切削都不易形成积屑瘤。

3. 切削力

在切削过程中，刀具上所有参与切削的各切削部分所产生的总切削力的合力称为刀具的总切削力。在进行工艺分析时，常将总切削力分解成三个相互垂直的力，如图 1-30 所示。

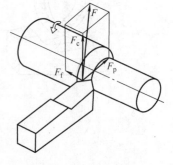

总切削力在主运动方向上的正投影，称为切削力，用符号 F_c 表示。切削力的大小占总切削力的 90% 以上。F_c 是计算机床动力、夹具强度和刚度，设计主传动系统零件的主要依据，也是计算刀杆、刀体强度和选择切削用量的依据。

总切削力在进给方向上的正投影，称为进给力，用符号 F_f 表示。进给力是设计和验算进给机构各零件强度和刚度的主要依据，影响零件的几何精度。

图 1-30　总切削力的分解

总切削力在垂直于工作平面上的分力，称为背向力，用符号 F_p 表示。背向力对工件的加工精度影响最大。切削加工时，易使工件产生弹性弯曲，引起振动。对于刚度差的细长轴类工件，背向力对其加工精度的影响如图 1-31 所示。采用双顶尖装夹时，加工后工件易呈鼓形；使用自定心卡盘装夹时，加工后工件呈喇叭形。

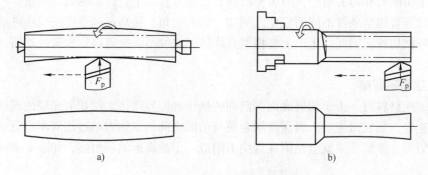

图 1-31　背向力对加工精度的影响

a）双顶尖装夹　b）自定心卡盘装夹

在切削过程中，切削力能使工件、机床、刀具与夹具变形，影响加工精度。为提高加工精度，应减小切削力，增大工艺系统刚度。影响切削力的因素很多，其中工件材料、切削用量、刀具角度影响较大。材料的强度、硬度越高，则变形抗力越大，切削力也越大；切削用量增大，将导致切削力增大；刀具前角增大、刃口锋利，可使切削力减小。

4. 切削热与切削温度

在切削过程中所消耗的功，绝大部分转变为热，即切削热。切削热的主要来源是被切削层金属的变形、切屑与前面的摩擦和工件与刀具后面的摩擦。切削热的产生和传散，影响切削区域的温度。切削区域的平均温度称为切削温度。

切削热通过切屑、工件、刀具以及周围介质传散。传入切屑和介质的切削热越多，对加工越有利。传入工件的热会引起工件的热变形，影响尺寸和形状精度。特别是加工薄壁零件、细长杆零件和精密零件时，热变形的影响最大。传入刀具的热会使刀头的温度升高，高速切削时，刀头的温度最高处可达 1000℃ 以上。刀头的温度过高，将加快刀具的磨损。

工件材料是影响切削温度的重要因素。材料的强度、硬度越高，切削时消耗的功越多，切削温度就越高。在强度、硬度大致相同的条件下，塑性、韧性好的金属材料切削时塑性变形严重，产生的切削热较多，切削温度升高。材料的热导性好，可降低切削温度。刀具前角和主偏角对切削温度也有较大影响。一般来说，前角增大会使切削温度降低；主偏角减小也会使切削温度降低。切削速度、进给量、背吃刀量对切削温度的影响中，切削速度影响最大，背吃刀量影响最小。从降低切削温度的角度考虑，优先采用大的背吃刀量和进给量，再确定合理的切削速度。切削液既能迅速从切削区带走大量的热，又能减小摩擦，使切削温度明显下降。

5. 刀具磨损和刀具寿命

在切削过程中，刀具在高压、高温和强烈摩擦条件下工作，切削刃由锋利逐渐变钝以致失去正常切削能力。刀具磨损超过允许值后，须及时刃磨，否则会引起振动，并使加工质量下降。

（1）刀具的磨损　刀具正常磨损时，按磨损部位不同，可分为主后面磨损、前面磨损、前面和主后面同时磨损三种形式，如图1-32所示。

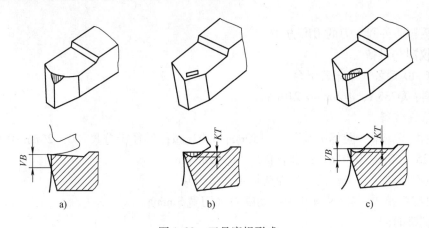

图1-32　刀具磨损形式

a）主后面磨损　b）前面磨损　c）前面和主后面同时磨损

1）主后面磨损。切削脆性材料或以较低的切削速度和较小的切削层公称厚度切削弹塑性材料时，前面上的摩擦力不大，温度较低，这时磨损主要发生在主后面上，磨损程度用平均磨损高度 VB 表示。

2）前面磨损。以较高的切削速度和较大的切削层公称厚度切削弹塑性材料时，切屑对前面的压力大，摩擦剧烈，温度高，在前面附近出现月牙洼，月牙洼扩大到一定程度，刀具就会崩刃。前面磨损程度用月牙洼最大深度 KT 表示。

3）前面和主后面同时磨损。以中等切削速度和中等切削层公称厚度切削弹塑性材料时，常会发生这种磨损。

（2）刀具寿命　刀具两次刃磨之间实际切削的时间，称为刀具寿命。在实际生产中，不可能经常测量刀具的磨损程度，而是规定刀具的使用时间。调查表明：硬质合金车刀的使用时间为60～90min，钻头为80～120min，硬质合金铣刀为90～180min，齿轮刀具为200～300min。有经验的操作者常根据切削过程中出现的异常现象，来判断刀具是否已经磨钝，如切屑变色发毛、切削力突然增大、振动与噪声以及表面粗糙度值显著增大等。

刀具寿命的选择与生产率、成本有直接关系。选择高的刀具寿命，会限制切削用量的提高，特别是要限制切削速度，这就影响到生产率；若选择过低的刀具寿命，则会增加磨刀次数、辅助时间和刀具材料消耗，仍然影响到生产率和成本。所以应根据切削条件选用合理的刀具寿命。

影响刀具寿命的因素很多，主要有工件和刀具材料、刀具角度、切削用量以及是否使用切削液等。在切削用量中，切削速度对刀具寿命影响最大。

四、训练环节

训练项目 1：阶梯轴车削加工

（一）训练目标

1）学会根据零件图分析加工要求。

2）熟悉 CA6140 型车床的结构，掌握工件的装夹与车床操作，培养安全意识，养成良好的职业素养。

3）了解阶梯轴检测项目，掌握检测方法。

4）了解"6S"相关规定，并能按照"6S"要求对机床进行保养，对场地进行清理、维护。

5）熟悉普通外圆车刀的刃磨方法。

（二）仪器与设备

1）CA6140 型卧式车床若干台。

2）棒料：Q235A，$\phi66\mathrm{mm} \times 210\mathrm{mm}$。

3）工量具准备。

① 量具准备清单：游标卡尺：$0 \sim 150\mathrm{mm}/0.02\mathrm{mm}$；外径千分尺：$0 \sim 25\mathrm{mm}/0.01\mathrm{mm}$；外径千分尺：$25 \sim 50\mathrm{mm}/0.01\mathrm{mm}$；金属直尺：$0 \sim 200\mathrm{mm}$。

② 工具准备清单：卡盘扳手、刀架扳手、垫刀片。

③ 刀具准备清单：45°外圆车刀、切断刀（刀宽3mm）。

（三）训练时间

训练时间为 2h。

（四）训练内容

毛坯为 $\phi66\mathrm{mm} \times 210\mathrm{mm}$ 的圆棒料，完成图 1-4 所示零件的加工。

（1）零件图工艺分析　零件最大外圆表面尺寸为 $\phi60\mathrm{mm}$，整个零件要加工部分长 200mm，需要加工的表面有外圆 $\phi30\mathrm{k6}$、$\phi45\mathrm{h6}$、$\phi60\mathrm{h6}$ 及沟槽、端面，加工时要求达到尺寸精度和表面粗糙度要求。

（2）确定装夹方案　短轴类零件以轴线和端面为工艺基准，用自定心卡盘夹持外圆，端面靠紧卡盘。另一端用顶尖，采用一夹一顶的方案装夹。

（3）确定加工步骤

1）制订阶梯轴加工路线，见表 1-6。

表 1-6　阶梯轴加工路线

工序号	工序内容	工作地点
1	车端面、钻中心孔、倒角；调头、车端面、钻中心孔、倒角	车床
2	粗车 $\phi30\mathrm{k6}$、$\phi45\mathrm{h6}$ 外圆留余量、车槽；调头粗车 $\phi30\mathrm{k6}$、$\phi60\mathrm{h6}$ 外圆留余量、车槽	车床
3	半精车 $\phi30\mathrm{k6}$、$\phi60\mathrm{h6}$ 外圆留余量；调头半精车 $\phi30\mathrm{k6}$、$\phi45\mathrm{h6}$ 外圆留余量	车床
4	精车 $\phi30\mathrm{k6}$、$\phi45\mathrm{h6}$ 外圆；调头精车 $\phi30\mathrm{k6}$、$\phi60\mathrm{h6}$ 外圆	车床
5	检验	检验台

支承轴颈 $\phi30\mathrm{k6}$ 是阶梯轴的装配基准，它的制造精度直接影响主轴部件的回转精度，所以对这两段轴颈提出了较高的精度要求。

配合轴颈 ϕ60h6 也有很高的加工精度，且其轴线必须与支承轴颈的轴线严格同轴，否则会产生定位误差。

支承轴颈轴线与支承端面要保证较高的垂直度，否则会使阶梯轴回转时产生周期性的轴向窜动。

2）光轴装夹。

3）车刀选取。

4）车刀安装。

5）车端面、倒角、钻中心孔。

6）粗车外圆。

7）精车外圆。

（4）确定切削用量　确定切削用量时主要考虑加工精度要求并兼顾提高刀具寿命、机床寿命等因素。

车端面：主轴转速为 305r/min，进给量为 0.3mm/r，背吃刀量为 2mm。

粗车外圆：主轴转速为 305r/min，进给量为 0.3mm/r，背吃刀量为 2mm。

精车外圆：主轴转速为 600r/min，进给量为 0.2mm/r，背吃刀量为 0.3mm。

车槽：主轴转速为 305r/min，进给量为 0.3mm/r。

（5）设备保养和场地整理　加工完毕，清理切屑、保养车床和清理场地。

（6）写出本任务完成后的训练报告　具体内容有：训练目的、训练内容、训练过程、注意事项。

训练项目 2：车刀刃磨

（一）训练目的与要求

1）学会根据刀具材料选择砂轮。

2）学会车刀刃磨方法。

（二）仪器与设备

1）氧化铝和碳化硅砂轮。

2）90°焊接式硬质合金车刀。

（三）训练时间

训练时间为 2h。

（四）训练内容

1）先磨去车刀前面、后面和副后面等处的熔渣，并磨平车刀的底平面。磨削时应采用粗粒度的氧化铝砂轮。

2）粗磨后面和副后面的刀杆部分，其后角应比刀片处的后角大 2°～3°，以便刃磨刀片处的后角。仍用氧化铝砂轮磨削。

3）粗磨刀片上的后面和副后面，粗磨出来的后角、副后角应比所要求的后角大 2°左右。

4）磨前面，磨出车刀的前角和刃倾角，磨削时应采用碳化硅砂轮。

5）精磨后面和副后面。将车刀底平面靠在调整好角度的台板上，并使切削刃轻轻靠住砂轮的端面进行刃磨。刃磨过程中，车刀应左右缓慢移动，使砂轮磨损均匀。

五、拓展知识：细长轴的车削加工

（一）细长轴概述

一般长径比大于 25 的轴称为细长轴。由于其本身刚性差，故在切削过程中会显示以下现象和特点：工件受热伸长产生弯曲变形，从而引起振动，影响工件加工精度和表面粗糙度，甚至会使工件卡死在顶尖之间而无法加工；由于工件受自重、变形、振动的影响，其圆柱度也受到影响；在离心力作用下，加剧工件弯曲和振动，其切削速度的提高受到限制。

（二）细长轴车削方法与分析

根据其加工特点，主要从增强系统刚性、减小热变形等方面考虑，采取相应措施以改善其工艺性。

1. 使用中心架支承工件车削细长轴

如图 1-33 所示，中心架固定在床身导轨上，有三个可以独立移动的支承软爪，并可用紧定螺钉固定。当工件可以分段车削时，中心架直接支承在工件中间。这样，其长径比小于1/2，系统刚性大为提高。采用此法，在工件装上中心架之前，必须在工件毛坯中间车出一段中心架支承爪支承的沟槽，沟槽表面粗糙度值和圆柱度公差要小；在支承爪和工件接触处可加一层砂布或研磨剂，进行研磨抱合；同时，经常加润滑油，以提高工件加工精度。若上述方法在工件中段加工支承中心架沟槽有困难，可采用在工件与支承爪之间加过渡套筒的方法（图1-34），使支承爪与过渡套筒光整的外表面接触。过渡套筒的两端各有四个螺钉，用这些螺钉夹紧毛坯工件，并调整过渡套筒的轴线与主轴旋转轴线重合，即可车削。

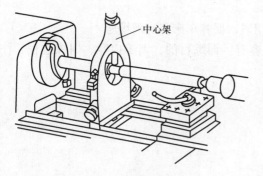
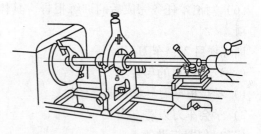

图 1-33　中心架的应用（一）　　　　　　图 1-34　中心架的应用（二）

2. 使用跟刀架支承工件车削细长轴

跟刀架固定在床鞍台面固定安装处，跟随刀架做纵向移动。其一般有两个独立的支承软爪，车刀刀尖相当于一个支承点。实际加工过程中，细长轴工件往往因离心力作用瞬时离开支承爪或接触支承爪，从而产生振动。如果采用三个支承爪的跟刀架支承工件（图1-35），一面由车刀抵住，使工件上下左右不能移动，车削时稳定，不易产生振动。

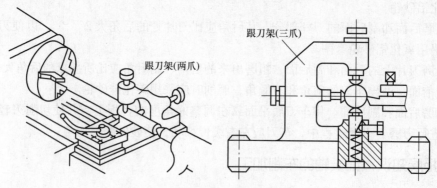

图 1-35　跟刀架的使用

使用跟刀架时，其三个支承爪与工件表面保持良好接触，压力要适中，过大工件会产生"竹节形"变形，过小则起不到跟刀架的作用。在使用过程中，注意支承爪的磨损，应及时调整。同时还要注意跟刀架的安装位置：精加工时安装在工件前面，粗加工时安装在工件后面。

3. 减小工件热变形伸长对加工精度的影响

车削时，由于切削热的影响，细长轴随温度升高而逐渐产生伸长变形，由于工件一端夹住，一端顶住，无法伸长，只能自身弯曲，要保证加工精度，一定要考虑此因素。减小工件热变形的主要措施有：使用弹性回转顶尖，达到如同 MA1432 万能外圆磨床尾座的类似功能，有效地适应工件的热变形伸长，工件不易弯曲。加注充足的切削液，减小由于工件升温而引起的热变形，同时可以防止跟刀架支承爪拉毛工件。经常保持刀具的锋利状态，减小刀具与工件的摩擦发热。

4. 合理选择刀具的几何参数

车刀的几何参数对车削细长轴工件时的振动有明显的影响。选择刀具的几何参数时主要考虑以下几个方面：在不影响刀具强度的前提下，采用大主偏角、大前角和较小的刀尖圆弧半径，通常取：$\kappa_r = 80° \sim 90°$；$\gamma_o = 15° \sim 30°$；$r_o \leqslant 0.3\,\text{mm}$，$\lambda_s = 3°$，使切屑易卷曲折断并流向待加工表面；使刀具经常保持锋利，切削刃表面粗糙度值 $\leqslant Ra0.4\,\mu\text{m}$。

六、回顾与练习

1）金属切削过程中的切削要素有哪些？各要素对切削过程有何影响？

2）常用刀具材料有哪些？刀具材料应具备的性能是什么？

3）试述 YG 和 YT 类硬质合金的常用牌号、主要成分和用途。

4）按下面给定的几何角度画出各车刀正交平面标注系的参考平面及相应的几何角度：

① 90°外圆车刀几何角度：$\kappa_r = 90°$，$\gamma_o = 15°$，$\alpha_o = 8°$，$\lambda_s = 5°$，$\alpha'_o = 8°$，$\kappa'_r = 15°$。

② 75°内孔车刀几何角度：$\kappa_r = 75°$，$\kappa'_r = 15°$，$\gamma_o = 10°$，$\alpha_o = 8°$，$\alpha'_o = 8°$，$\lambda_s = -5°$。

5）卧式车床能加工哪些表面？

6）试分析自己刃磨外圆车刀的方法及各角度正确与否。

7）使用 CA6140 型车床加大背吃刀量时，求刻度盘转过 40 格时，工件直径减小多少？若多转过 2 格，如何处理？为什么？

任务二　轴类零件圆锥面的车削加工

一、工作任务

如图 1-36 所示，要求在车床上车削加工轴的圆锥面部分，保证尺寸精度和表面粗糙度要求。

二、学习目标

1）了解圆锥面的作用。

2）掌握内、外圆锥面的加工方法。

3）进一步熟悉车床工艺装备、量具的选用。

4）操作车床进行圆锥面的加工。

5）学会圆锥面质量检验方法。

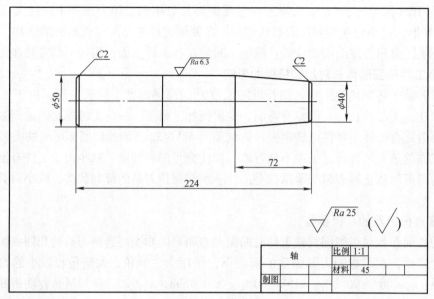

图 1-36　轴零件图

三、学习内容

（一）轴上圆锥面的技术要求

1. 圆锥面的作用

在机械工程中常使用圆锥面配合，圆锥面通常有外圆锥面与内圆锥面。圆锥面具有传递较大的转矩、配合紧密、拆卸方便、多次拆装仍能保持准确的对中性的特点。因此，圆锥面广泛用于要求定位准确、能传递一定转矩和经常拆卸的配件上。例如：车床主轴孔与顶尖的配合；车床尾座锥孔和麻花钻锥柄的配合。如图 1-37 所示，加工圆锥面时，除了尺寸精度、几何精度和表面粗糙度外，还有角度或锥度的精度要求。

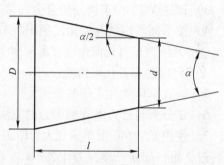

图 1-37　圆锥体主要尺寸

2. 圆锥面的技术要求（以车床主轴上的圆锥面为例）

1）圆锥面要与支承轴轴颈同轴，否则将会造成齿轮啮合不良。

2）内圆锥面主要是用于安装顶尖或刀具锥柄的定心表面，必须与支承轴轴颈严格同轴，并具有较高的接触精度，否则将造成主轴轴线漂移或前后顶尖轴线不重合而影响加工精度。

（二）圆锥面的车削方法

1. 小刀架转位法

如图 1-38 所示，在车削大角度短小的外圆锥时，可用转动小刀架转位法。

当内、外圆锥面的圆锥角为 α 时，将小刀架下的转盘顺时针或逆时针方向扳转 $\alpha/2$ 角后再锁紧。切削时采用手动进给，当缓慢而均匀地转动小刀架手柄时，刀尖沿着圆锥面的素线移动，使车刀的运动轨迹和所要车

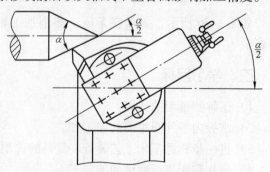

图 1-38　转动小滑板法车圆锥面

削的圆锥素线平行,从而加工出所需要的圆锥面。用小刀架转位法车圆锥面操作简单,可加工任意锥角的内、外圆锥面。但圆锥面素线长度受小刀架行程的限制。这种方法行程短,只能手动进给,劳动强度大,加工出工件的表面粗糙度较差,表面粗糙度值为 $Ra3.2 \sim 6.3\mu m$,只适用于单件小批生产中精度要求较低和长度较短的圆锥面。

2. 偏移尾座法

如图 1-39 所示,用两顶尖装夹工件车削圆柱体时,床鞍进给是平行于主轴轴线移动,当尾座横向移动一个距离 S 后,工件旋转轴线跟纵向进给相交成一个角度 $\alpha/2$,因此,工件就成了外圆锥。为保证顶尖与中心孔有良好的接触状态,最好使用球顶尖。

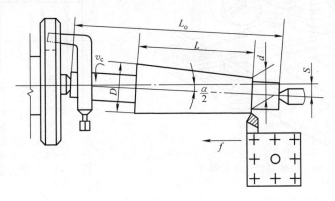

图 1-39　偏移尾座法车圆锥面

偏移尾座法有如下优点:

1)任何卧式车床都可使用。

2)微量偏移尾座即可实现轴类零件或安装在心轴上的盘套类零件的圆锥面加工。

3)既可手动进给又可自动进给,自动进给时,表面粗糙度值可达 $Ra1.6 \sim 6.3\mu m$,加工精度较高。

4)能车长的圆锥(可达车床规格规定的长度)。

其缺点如下:

1)因顶尖在中心孔中歪斜,接触不良,所以中心孔磨损快。

2)因受尾座偏移量的限制,只适合加工锥度较小($\pm10°$ 内)、长度较长的工件。

后顶尖偏移方法:松开固定螺钉,拧松(紧)调节螺钉,即可使尾座体沿尾座导轨向左(右)移动。

尾座体沿尾座导轨向左(右)移动的移动量 S 为

$$S = L\tan\frac{\alpha}{2}$$

式中　L——工件总长度;

　　　α——锥面的圆锥角。

3. 机械靠模法

如图 1-40 所示,对于长度较长、精度要求较高的圆锥体,一般可用靠模法车削。靠模装置能使车刀在纵向进给的同时,还横向进给,从而使车刀的移动轨迹与被加工零件的圆锥面素线平行。

机械靠模法的优点如下:用锥度靠板调整锥度准确、方便,自动进给,锥面质量好,可加工内、外圆锥;缺点如下:靠模装置调节范围较小,一般在 $12°$ 以下。

4. 宽刀法

如图 1-41 所示，宽刀法适用于加工圆锥面较短、精度要求不高且批量大的零件内、外圆锥面，但要求工艺系统刚性好，否则容易引起振动。刃磨宽刃车刀时保证切削刃平直，安装车刀时应使切削刃与工件回转轴线的夹角为圆锥半角 $\alpha/2$，且刀尖与工件轴线等高。工件加工表面的表面粗糙度值较低，可达 $Ra1.6 \sim 3.2\mu m$。

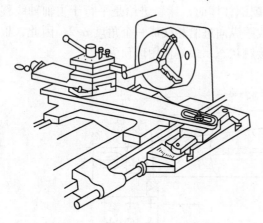

图 1-40　机械靠模法车圆锥面

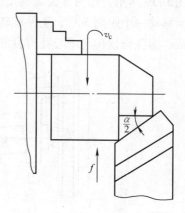

图 1-41　宽刀法车圆锥面

（三）圆锥面加工质量分析

1. 锥度不准确

锥度不准确的原因有：①计算上的误差；②小滑板转动角度和床尾偏移量偏移不精确；③车刀、拖板、床尾没有固定好，在车削中移动；④工件表面的表面粗糙度值太大，量规或工件上有毛刺或没有擦干净，造成检验和测量的误差。

2. 锥度准确而尺寸不准确

锥度准确而尺寸不准确的原因是粗心大意，测量不及时不仔细，进给量控制不好，尤其是最后一刀没有掌握好进给量而造成误差。

3. 圆锥面素线不直

圆锥面素线不直是指圆锥面素线不是直线，圆锥面上产生凹凸现象或中间低、两头高，主要原因是车刀安装没有对准中心。

4. 表面粗糙度不符合要求

配合圆锥面不但精度要求较高，而且表面粗糙度要求较低，造成表面粗糙度不符合要求的原因如下：①切削用量选择不当、车刀磨损或刃磨角度不对；②没有进行表面抛光或者抛光余量不够；③用小拖板车削圆锥面时，手动进给不均匀；④机床的间隙大、工件刚性差也会影响工件的表面粗糙度。

四、训练环节

训练项目：锥面车削

（一）训练目的与要求

1）学会根据零件图分析加工要求。

2）进一步熟悉 CA6140 型卧式车床工艺装备的选用。

3）掌握在 CA6140 型卧式车床上加工圆锥面的方法与步骤，学会保证圆锥面加工质量的方法。

4）了解圆锥面检测要素，掌握检测方法。

5）熟悉"6S"相关规定，按照"6S"要求对机床进行保养，对场地进行清理、维护。

（二）仪器与设备

1）CA6140 型卧式车床若干台。

2）棒料：Q235A，$\phi54mm \times 228mm$。

3）工量具准备：

① 量具准备清单：游标卡尺：0~150mm/0.02mm；金属直尺：0~200mm。

② 工具准备清单：卡盘扳手、刀架扳手、垫刀片。

③ 刀具准备清单：45°硬质合金外圆车刀。

（三）训练时间

训练时间为 2h。

（四）训练内容

毛坯为 $\phi54mm \times 228mm$ 的圆棒料，完成图 1-36 所示轴的加工。

（1）零件图工艺分析　此零件最大外圆表面尺寸为 $\phi50mm$，整个零件要加工部分长 224mm，需要加工的表面有外圆 $\phi50mm$、$\phi40mm$ 及端面，加工时要求达到尺寸精度和表面粗糙度要求。

（2）确定装夹方案　轴类零件以轴线和端面为工艺基准，用自定心卡盘夹持外圆，端面靠紧卡盘。另一端用顶尖，采用一夹一顶的方案装夹。

（3）加工步骤确定

1）轴加工路线制订，见表 1-7。

表 1-7　轴加工路线

工序号	工序内容	工作地点
1	车端面、钻中心孔、倒角；调头、车端面、钻中心孔、倒角	车床
2	车外圆 $\phi50mm$	车床
3	车锥面	车床
4	检验	检验台

2）轴装夹。

3）车刀选取。

4）车刀安装。

5）车端面、倒角、钻中心孔。

6）车外圆。

7）车锥面。

（4）确定切削用量　确定切削用量时主要考虑加工精度要求并兼顾提高刀具寿命、机床寿命等因素。

车端面：主轴转速为 305r/min，进给量为 0.1mm/r，背吃刀量为 0.3mm。

粗车外圆：主轴转速为 305r/min，进给量为 0.3mm/r，背吃刀量为 2mm。

精车外圆：主轴转速为 600r/min，进给量为 0.1mm/r，背吃刀量为 0.3mm。

粗车圆锥面：主轴转速为 305r/min，进给量为 0.2mm/r，背吃刀量为 0.5mm。

精车圆锥面：主轴转速为 600r/min，进给量为 0.1mm/r，背吃刀量为 0.3mm。

（5）设备保养和场地整理　加工完毕，清理切屑、保养车床和清理场地。

（6）写出本任务完成后的训练报告　　具体内容有：训练目的、训练内容、训练过程、注意事项。

任务三　轴类零件的螺纹车削

一、工作任务

如图 1-42 所示，要求在车床上车削 M50×2—6g 螺纹。

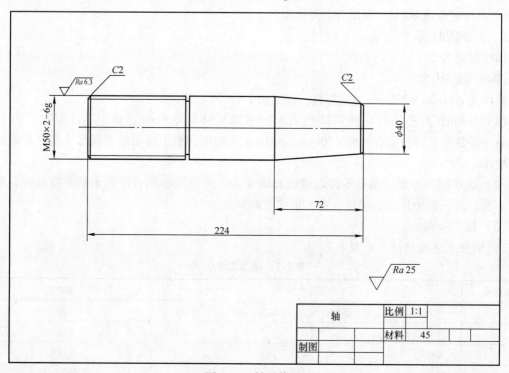

图 1-42　轴零件图

二、学习目标

1）了解螺纹的作用与种类。
2）掌握螺纹的车削加工方法。
3）进一步熟悉车床工艺装备、量具的选用。
4）熟练操作车床完成螺纹的加工。
5）掌握螺纹加工质量检验方法。

三、学习内容

（一）螺纹描述

1. 螺纹作用与分类

螺纹是指在圆柱面（或圆锥面）上，沿着螺旋线所形成的，具有相同剖面的连续凸起和沟槽。在圆柱体表面上形成的螺纹称为外螺纹，在圆孔壁上形成的螺纹称为内螺纹。按螺纹在圆柱面上绕行方向又分右旋与左旋两种，从左向右升高称为右旋螺纹，按顺时针方向旋进；与此相反称为左旋螺纹。根据线数划分，螺纹又可分为单线、双线或多线螺纹。螺纹线数越多，传递速度越快。

螺纹连接是利用螺纹零件将两个或两个以上的零件相对固定起来的一种可拆连接，故用途之一为连接，如普通螺纹。用途之二为传递运动和动力，如梯形螺纹、矩形螺纹等，大多数螺纹件已标准化，并由专业工厂生产。

标准螺纹都有很好的互换、通用性。矩形螺纹、梯形螺纹、锯齿螺纹等一般用在传动上，因此精度要求较高，且它们的螺距和螺纹升角较大，所以比普通螺纹难加工。

普通螺纹因其规格、用途不同，分普通螺纹、寸制螺纹和管螺纹。普通螺纹（米制）是我国应用最广泛的一种，牙型角为60°。

2. 普通螺纹的标注和尺寸计算

（1）普通螺纹标注　粗牙普通螺纹用字母"M"及公称直径表示，如M16、M20等。细牙螺纹用字母"M"及公称直径×螺距表示，如M16×1.5、M10×1等。螺纹旋向用"左""右"表示，未注明旋向的为右旋螺纹。

螺纹五要素包括：牙形、直径、螺距（或导程）、旋向、线数。

当螺纹配合时，必须以上五要素相同。

（2）螺纹计算　普通螺纹的基本牙型如图1-43所示，该图为螺纹轴向截面，既可看作外螺纹，也可看为内螺纹的基本牙型。螺纹的牙型是在高为 H 的正三角形（称为原始三角形）上截去顶部和底部形成的。

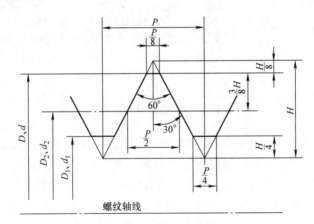

图1-43　普通螺纹各部分的名称

D—内螺纹的大径（公称直径）　　d—外螺纹的大径（公径直径）　　D_2—内螺纹中径　　d_2—外螺纹中径

D_1—内螺纹小径　　d_1—外螺纹小径　　P—螺距　　H—原始三角形高度

公称尺寸是设计给定的尺寸。螺纹各直径的公称尺寸由螺纹的基本牙型、公称直径与螺距来确定。

1）原始三角形高度 H：

$$H = \frac{P}{2\cot\frac{\alpha}{2}} = \frac{P}{2\cot 30°} = 0.866P$$

2）实际高度 h：

$$h = H - H/8 - H/8 = 0.866P - 0.22P \approx 0.65P$$

螺纹在加工时，螺距不同，背吃刀量也不同，用实际高度 h 计算。背吃刀量必须遵守由多到少的原则。

例　计算 M24 的螺纹背吃刀量。

解　M24 为粗牙普通螺纹，其螺距为标准螺距，经查表可知为 2mm，则实际高度 $h = 0.65P = 0.65 \times 2mm = 1.3mm$。

（二）车床调整

1. 表面成形所需运动

机床在加工过程中，必须形成一定形状的发生线（素线和导线），才能获取所需的工件表面形状。因此，机床必须完成一定的运动，这种运动称为表面成形运动。此外，还有多种辅助运动。

（1）表面成形运动　表面成形运动按其组成情况不同，可分为简单成形运动和复合成形运动两种。

如果一个独立的成形运动是由单独的旋转运动或直线运动构成的，则此成形运动称为简单成形运动。例如：用车刀车削外圆柱面时，如图 1-44a 所示，工件的旋转运动 B_1 产生圆导线，刀具纵向直线运动 A_2 产生直线素线，即加工出圆柱面。运动 B_1 和 A_2 是两个相互独立的表面成形运动，因此，用车刀车削外圆柱时属于简单成形运动。

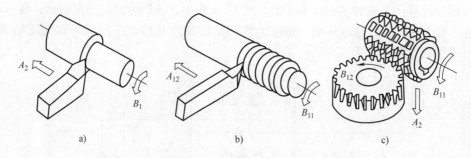

图 1-44　表面成形运动

如果一个独立的成形运动，是由两个以上的旋转运动或（和）直线运动，按某种确定的运动关系组合而成的，则此成形运动称为复合成形运动。例如：用螺纹车刀车削螺纹表面时，如图 1-44b 所示，工件的旋转运动 B_{11} 和车刀的直线运动 A_{12} 按规定做相对运动，形成螺旋线导线，三角形素线（由切削刃形成，不需成形运动）沿螺旋线运动，形成了螺旋面。形成螺旋线导线的两个简单运动 B_{11} 和 A_{12}，由于螺纹导程限定而不能彼此独立，它们必须保持严格的运动关系，从而 B_{11} 和 A_{12} 这两个简单运动组成了一个复合成形运动。又如：用齿轮滚刀加工直齿圆柱齿轮时，如图 1-44c 所示，它需要一个复合成形运动 B_{11}、B_{12}（展成运动），形成渐开线素线，又需要一个简单直线成形运动 A_2，才能得到整个渐开线齿面。

（2）辅助运动　机床在加工过程中还需要一系列辅助运动，其功能是实现机床的各种辅助动作，为表面成形运动创造条件。它的种类很多，如进给运动前后的快进和快退；调整刀具和工件之间正确相对位置的调位运动；切入运动；分度运动；工件夹紧、松开等操纵控制运动。

2. 传动链的概念

机械加工中的各种运动都是由机床实现的，机床的功能决定了所需的运动，反过来一台机床所具有的运动决定了它的功能范围。运动部分是一台机床的核心部分。

（1）机床传动的基本组成部分　机床的传动必须具备以下的三个基本部分：

1）运动源。为执行件提供动力和运动的装置，通常为电动机，如交流异步电动机、直流

电动机、直流和交流伺服电动机、步进电动机、交流变频调速电动机等。

2）传动件。传递动力和运动的零件，如齿轮、链轮、带轮、丝杠、螺母等，除机械传动件外，还有液压传动件和电气传动件等。

3）执行件。夹持刀具或工件执行运动的部件。常用的执行件有主轴、刀架、工作台等，是传递运动的末端件。

（2）机床的传动链　为了在机床上得到所需要的运动，必须通过一系列的传动件把运动源和执行件，或把执行件与执行件联系起来，以构成传动联系。构成一个传动联系的一系列传动件，称为传动链。根据传动链的性质，传动链可分为两类：

1）外联系传动链。联系运动源与执行件的传动链，称为外联系传动链。它的作用是使执行件得到预定速度的运动，并传递一定的动力。此外，还起执行件变速、换向等作用。外联系传动链传动比的变化，只影响生产率或表面粗糙度，不影响加工表面的形状。因此，外联系传动链不要求两末端件之间有严格的传动关系。例如：在卧式车床中，从主电动机到主轴之间的传动链，就是典型的外联系传动链。

2）内联系传动链。联系两个执行件，以形成复合成形运动的传动链，称为内联系传动链。它的作用是保证两个末端件之间的相对速度或相对位移保持严格的比例关系，以保证被加工表面的性质。例如：在卧式车床上车螺纹时，连接主轴和刀具之间的传动链，就属于内联系传动链。此时，必须保证主轴（工件）每转一转，车刀移动工件螺纹一个导程，才能得到要求的螺纹导程。又如：滚齿机的展成运动传动链也属于内联系传动链。

（3）机床传动原理图　在机床的运动分析中，为了便于分析机床运动和传动联系，常用一些简明的符号来表示运动源与执行件、执行件与执行件之间的传动联系，这就是传动原理图。图 1-45 所示为传动原理图常用的部分符号。

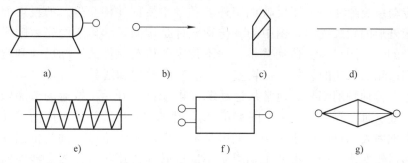

图 1-45　传动原理图常用的部分符号

a）电动机　b）主轴　c）车刀　d）定比传动机构　e）滚刀　f）合成机构　g）换置机构

如图 1-46 所示，从电动机至主轴之间的传动属于外联系传动链，它是为主轴提供运动和动力的。即从电动机—1—2—u_v—3—4—主轴，这条传动链也称为主运动传动链，其中 1—2 和 3—4 段为传动比固定不变的定比传动结构，2—3 段是传动比可变的换置机构 u_v，调整 u_v 值可以改变主轴的转速。从主轴—4—5—u_f—6—7—丝杠—刀具，得到刀具和工件间的复合成形运动（螺旋运动），这是一条内联系传动链，其中 4—5 和 6—7 段为定比传动机构，5—6 段是换置机构 u_f，调整 u_f 值可得到不同的螺纹导程。在车削外圆面或端面时，主轴和刀具之间的传动联系无严格的传动比要求，两者的运动是两个独立的简单成形运动，因此，除了从电动机到主轴的主传动链外，另一条传动链可视为由电动机—1—2—u_v—3—5—u_f—6—7—刀具（通过光杆），此时这条传动链是一条外联系传动链。

传动原理图表示了机床传动的最基本特征。因此，用它来分析、研究机床运动时，最容易

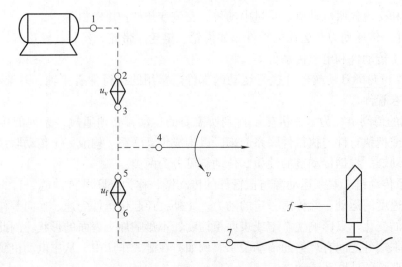

图 1-46　卧式车床传动原理图

找出两种不同类型机床的最根本区别，对于同一类型的机床来说，不管它们的具体结构有何明显的差异，它们的传动原理图却是完全相同的。

3. 机床传动系统图和运动计算

（1）机床传动系统图　机床的传动系统图是表示机床全部运动传动关系的示意图。它比传动原理图更准确、更清楚、更全面地反映了机床的传动关系。在图中用简单的规定符号代表各种传动元件。我国的机床传动系统图规定符号详见 GB/T 4460—2013《机械制图 机械运动简图用图形符号》。

机床的传动系统画在一个能反映机床外形和各主要部件相互位置的投影面上，并尽可能绘制在机床外形的轮廓线内。图中的各传动元件是按照运动传递的先后顺序，以展开图的形式画出来的。该图只表示传动关系，并不代表各传动元件的实际尺寸和空间位置。在图中通常注明齿轮及蜗轮的齿数、带轮直径、丝杠的导程和线数、电动机功率和转数、传动轴的编号等。传动轴的编号，通常从运动源（电动机）开始，按运动传递顺序，依次用罗马数字 Ⅰ、Ⅱ、Ⅲ、Ⅳ……表示。图 1-47 所示为 CA6140 型卧式车床的传动系统图。图中左上方的方框内表示机床的主轴箱，框中是从主电动机到车床主轴的主运动传动链。传动链中的滑移齿轮变速机构，可使主轴得到不同的转速；片式摩擦离合器换向机构，可使主轴得到正、反向转速。左下方的方框表示进给箱，右下方的方框表示溜板箱。从主轴箱中下半部分传动件，到左外侧的交换齿轮机构、进给箱中的传动件、丝杠或光杠以及溜板箱中的传动件，构成了从主轴到刀架的进给传动链。进给换向机构位于主轴箱下部，用于切削左旋或右旋螺纹，交换齿轮或进给箱中的变换机构，用来决定将运动传给丝杠还是光杠。若传给丝杠，则经过丝杠和溜板箱中的开合螺母，把运动传给刀架，实现切削螺纹传动链；若传给光杠，则通过光杠和溜板箱中的转换机构传给刀架，形成机动进给传动链。溜板箱中的转换机构用来确定是纵向进给还是横向进给。

（2）传动路线表达式　为便于说明及了解机床的传动路线，通常把传动系统图数字化，用传动路线表达式（传动结构式）来表达机床的传动路线。

1）主运动传动链。运动由主电动机经 V 带轮传动副 $\phi130\text{mm}/\phi230\text{mm}$ 传至主轴箱中的轴 Ⅰ，轴 Ⅰ 上装有双向多片离合器 M_1，使主轴正转、反转或停止。CA6140 型卧式车床主运动传动链的传动路线表达式为：

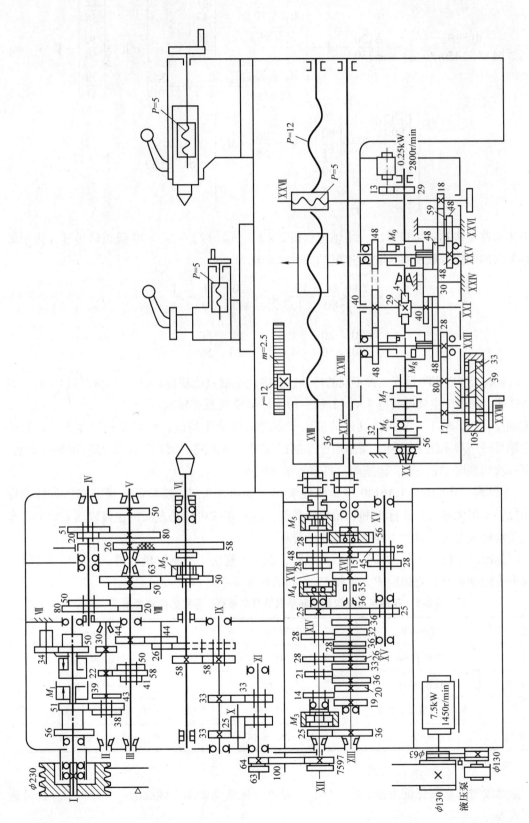

图 1-47　CA6140 型卧式车床的传动系统图

$$
电动机\atop(7.5\mathrm{kW},1450\mathrm{r/min}) - \frac{\phi130}{\phi230} - \mathrm{I} - \begin{bmatrix} \dfrac{M_1\ 左接合}{(正转)} - \begin{bmatrix} \dfrac{51}{43} \\[4pt] \dfrac{56}{38} \end{bmatrix} \\[20pt] \dfrac{M_1\ 右接合}{(反转)} - \dfrac{50}{34}\ \mathrm{VII}\ \dfrac{34}{30} \end{bmatrix} - \mathrm{II} - \begin{bmatrix} \dfrac{22}{58} \\[4pt] \dfrac{30}{50} \\[4pt] \dfrac{39}{41} \end{bmatrix} - \mathrm{III} -
$$

$$
\begin{bmatrix} \begin{bmatrix} \dfrac{20}{80} \\[4pt] \dfrac{50}{50} \end{bmatrix} - \mathrm{IV} - \begin{bmatrix} \dfrac{20}{80} \\[4pt] \dfrac{51}{50} \end{bmatrix} - \mathrm{V} - \dfrac{26}{58} - M_2 \\[26pt] \dfrac{63}{50} \end{bmatrix} - \mathrm{VI}(主轴)
$$

由传动路线表达式可以看出，主轴可获得 $2\times3\times[(2\times2)+1]=30$ 级正转转速，由于轴 III 至轴 V 间的两组双联滑移齿轮变速组的四种传动比为

$$
u_1 = \frac{20}{80}\times\frac{20}{80} = \frac{1}{16},\ u_2 = \frac{20}{80}\times\frac{51}{50}\approx\frac{1}{4}
$$

$$
u_3 = \frac{50}{50}\times\frac{20}{80} = \frac{1}{4},\ u_4 = \frac{50}{50}\times\frac{50}{50} = 1
$$

其中，$u_2=u_3$，所以实际只有三种不同的传动比，因此主轴只能获得 $2\times3\times[(2\times2-1)+1]=24$ 级正转转速。同理，主轴可获得 $3\times[(2\times2-1)+1]=12$ 级反转转速。

主轴反转时，轴 I – II 间传动比的值大于正转时传动比的值，所以反转转速大于正转转速。主轴反转一般不用于切削，而是用于车削螺纹时，切削完一刀后，使车刀沿螺旋线退回，以免下一次切削时"乱牙"。转速高，可节省辅助时间。

2）车削螺纹传动链。CA6140 型车床能够车削米制、寸制、模数制和径节制四种标准螺纹，还能够车削大导程、非标准和较精密的螺纹，这些螺纹可以是左旋的也可以是右旋的。车削螺纹传动链就是为了得到上述各种螺纹的导程。

不同标准的螺纹用不同的参数表示其螺距，表1-8列出了米制、模数制、寸制和径节制四种螺纹的螺距参数及其与螺距 P、导程 P_h 之间的换算关系。

表1-8　各种标准螺纹的螺距参数及其与螺距、导程的换算关系

螺纹种类	螺距参数	螺距/mm	导程/mm
米制	螺距 P/mm	P	$P_\mathrm{h} = nP$
模数制	模数 m/mm	$P_\mathrm{m} = \pi m$	$P_\mathrm{hm} = nP_\mathrm{m} = n\pi m$
寸制	每英寸牙数 a/(牙/in)	$P_\mathrm{a} = 25.4/a$	$P_\mathrm{ha} = nP_\mathrm{a} = 25.4n/a$
径节制	径节 DP/(牙/in)	$P_\mathrm{DP} = 25.4\pi/DP$	$P_\mathrm{hDP} = nP_\mathrm{DP} = 25.4n\pi/DP$

注：表中 n 为螺纹线数。

车削螺纹时，必须保证主轴每转一转，刀具准确地移动被加工螺纹的一个导程 $P_\mathrm{h\text{工}}$，其运动平衡式为

$$
1_{(主轴)} \times uP_\mathrm{h丝} = P_\mathrm{h工}
$$

式中 u——从主轴到丝杠之间的总传动比；

　　$P_{h丝}$——机床丝杠的导程（mm），CA6140 型车床 $P_{h丝}=12mm$；

　　$P_{h工}$——被加工螺纹的导程（mm）。

　　在这个平衡式中，通过改变传动链中的传动比 u，就可以得到要加工的螺纹导程。CA6140 型车床车削米制螺纹时传动路线表达式为：

$$主轴 \text{VI} — \frac{58}{58} — \text{IX} — \left[\begin{array}{c} \frac{33}{33}（右旋螺纹） \\[2mm] \frac{33}{25}—\text{XI}—\frac{25}{33}（左旋螺纹） \end{array}\right] — \text{X} — \frac{63}{100}\times\frac{100}{75} — \text{XII} — \frac{25}{36} — \text{XIII} — u_j — \text{XIV} —$$

$$\frac{25}{36}\times\frac{36}{25} — \text{XV} — u_b — \text{XVII} — M_5 — \text{XVIII}（丝杠）—刀架$$

　　表达式中 u_j 代表轴 VIII 至 XIV 间的八种可供选择的传动比 $\left(\frac{26}{28}、\frac{28}{28}、\frac{32}{28}、\frac{36}{28}、\frac{19}{14}、\frac{20}{14}、\frac{33}{21}、\frac{36}{21}\right)$；

u_b 代表轴 XV 至 XVII 间的八种可供选择的传动比 $\left(\frac{28}{35}\times\frac{35}{28}、\frac{18}{45}\times\frac{35}{28}、\frac{28}{35}\times\frac{15}{48}、\frac{18}{45}\times\frac{15}{48}\right)$。

　　（3）运动计算　机床运动计算通常有两种情况：其一是根据传动路线表达式提供的有关数据，确定某些执行件的运动速度或位移量；其二是根据执行件所需的运动速度、位移量，或有关执行件之间需要保持的运动关系，确定相应传动链中换置机构的传动比，以便进行调整。

　　对机床传动系统的分析计算实际上是对每条传动链的计算。其一般步骤如下：

　　1）根据对成形运动的分析，找出传动链的两端件。例如：在卧式车床上车螺纹时，其成形运动是螺旋线运动，传动链的两端件分别是主轴和刀架。

　　2）断定两端件之间的运动关系，并由此确定计算位移量。例如：车螺纹时，计算位移量为主轴一转，刀架移动一个导程。

　　3）根据计算位移，按照运动传递顺序，从首端件向末端件一次分析各传动轴之间的运动方式和运动传递关系，确定传动比，列出运动平衡方程式。

　　例1　根据图 1-48 所示的主传动系统，计算主轴转速。

　　解　主轴各级转速数值可应用下列运动平衡式进行计算：

$$n_主 = n_电\frac{D}{D'}(1-\varepsilon)\frac{z_{\text{I}-\text{II}}}{z'_{\text{I}-\text{II}}}\frac{z_{\text{II}-\text{III}}}{z'_{\text{II}-\text{III}}}\frac{z_{\text{III}-\text{IV}}}{z'_{\text{III}-\text{IV}}}$$

式中　$n_主$——主轴转速（r/min）；

　　　$n_电$——电动机转速（r/min）；

　$D、D'$——分别为主动、被动带轮直径（mm）；

　　　ε——三角带传动的滑动系数，可近似地取 $\varepsilon=0.02$；

$z_{\text{I}-\text{II}}、z_{\text{II}-\text{III}}、z_{\text{III}-\text{IV}}、z'_{\text{I}-\text{II}}、z'_{\text{II}-\text{III}}、z'_{\text{III}-\text{IV}}$——分别为 I—II、II—III、III—IV 轴之间主动和被动齿轮的齿数。

　　主轴各级转速均可由上述运动平衡式计算出来，如计算所得主轴最高转速和最低转速分别为：

$$n_{\pm max} = 1440\text{r/min} \times \frac{126}{256} \times (1 - 0.02) \times \frac{36}{36} \times \frac{42}{42} \times \frac{60}{30} = 1440\text{r/min}$$

$$n_{\pm min} = 1440\text{r/min} \times \frac{126}{256} \times (1 - 0.02) \times \frac{24}{48} \times \frac{22}{62} \times \frac{18}{72} = 31.5\text{r/min}$$

例2　根据图 1-49 所示的车削螺纹进给传动链，确定交换齿轮变速机构的换置公式。

解　由图示得到的运动平衡式为：

$$1 \times \frac{60}{60} \times \frac{40}{40} \times \frac{a}{b}\,\frac{c}{d} \times 12 = P_{h\text{工}}$$

式中　$P_{h\text{工}}$——被加工螺母的导程（mm）。

将上式化简后，得到交换齿轮的换置公式：

$$u_{交} = \frac{a}{b}\,\frac{c}{d} = \frac{P_{h\text{工}}}{12}$$

应用此换置公式，适当地选择交换齿轮的齿数，就可车削出导程为 $P_{h\text{工}}$ 的螺纹。

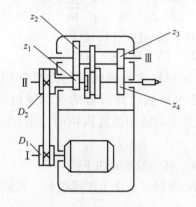

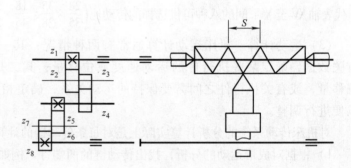

图 1-48　变速车床主传动系统　　　　　　　图 1-49　车削螺纹进给传动链

4. 车床调整

1）保证工件螺距 P：根据工件螺距大小，查找车床铭牌，选定进给箱手柄更换齿轮，即可获得所需螺距。

2）加工螺纹时必须由丝杠传动。

3）避免乱牙：车螺纹时，需经过多次进给才能车成，在加工中，必须保证车刀总落在已车出的螺纹槽内，否则就"乱牙"，工件成为废品。为了避免乱牙，应注意：螺纹加工时，车床丝杠螺距 $P_{丝}$ 与工件螺距 P 是整数倍，才能用开合手柄，如不是整数倍，须用正反车切削加工。加工之前，调整中小刀架间隙不要过紧或过松，以移动均匀，平稳为好。切削过程中，如果换刀，应重新对刀。

4）车削螺纹时的注意事项

① 车削螺纹时背吃刀量要小，每次进给后应记刻度，作为下次进给基数。

② 按螺纹车削长度及时退刀。

③ 为了避免乱牙，必须确定工件是否乱牙，如乱牙用正反车切削。

（三）螺纹刀具及其安装

1. 螺纹车刀的结构要求

螺纹车刀是一种成形刀具，车刀刃磨是否正确，直接影响螺纹的加工质量。因此对车刀具有几点要求：

1）车刀的刀尖角直接影响螺纹的牙型角，当车刀的纵向前角（$v_纵$）为零时，刀尖角应等于螺纹的牙型角。

2）车刀的左右切削刃必须是直线。

3）车刀切削部分应具有较低的表面粗糙度值。

在用高速车刀低速切削螺纹时，如果纵向前角为0°，切屑排出困难，车出螺纹表面粗糙。因此常采用$v_纵 =5°～10°$的螺纹车刀使切削顺利。

在螺纹加工时，螺纹截面形状靠车刀来保证。不同形状的螺纹必须用不同形状的刀具。

螺纹车刀安装是否正确，对车出螺纹的质量有很大影响，为了使螺纹牙型半角相等，必须用样板对刀。车刀刀尖必须与工件中心等高，否则螺纹截面将有改变。

2. 螺纹车刀的安装

1）安装螺纹车刀时，车刀的刀尖角等于螺纹牙型角（$α=60°$），其前角$γ_o=0°$时才能保证工件螺纹的牙型角，否则牙型角将产生误差。只有粗加工或螺纹精度要求不高时，其前角可取$γ_o=5°～2°$。安装螺纹车刀时刀尖对准工件中心，并用样板对刀，以保证刀尖角的角平分线与工件的轴线相垂直，车出的牙型角才不会偏斜，如图1-50所示。

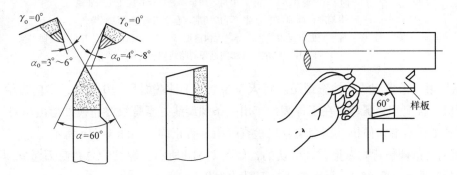

图1-50　螺纹车刀的几何角度与用样板对刀

2）按螺纹规格车螺纹外圆，并按所需长度刻出螺纹长度终止线。先将螺纹大径车至尺寸，然后用刀尖在工件上的螺纹终止处刻一条微可见线，以它作为车螺纹的退刀标记。

3）根据工件的螺距P，查机床上的铭牌，然后调整进给箱上手柄位置及配换交换齿轮箱齿轮的齿数以获得所需要的工件螺距。

4）确定主轴转速。初学者应将车床主轴转速调到最低。

（四）螺纹的加工方法和测量

1. 螺纹的加工方法

车削螺纹常分低速车削和高速车削两种方法。

（1）低速车削普通螺纹　低速车削常用高速钢车刀，并且粗车、精车分开。低速车削螺纹精度高，表面粗糙度值小，但车削效率低。低速车削时，应根据机床和工件的刚性、螺距的大小，选择不同的进给方法。低速车削普通螺纹的方法主要有直进法、左右切削法和斜进法三种。

1）直进法。车螺纹时，用中滑板垂直进给，两个切削刃同时进行切削，如图1-51所示。具体操作步骤为：

①确定车螺纹背吃刀量的起始位置，将中滑板刻度调到零位，开机，使刀尖轻微接触工件表面，然后迅速将中滑板刻度调至零位，以便于进给记数。

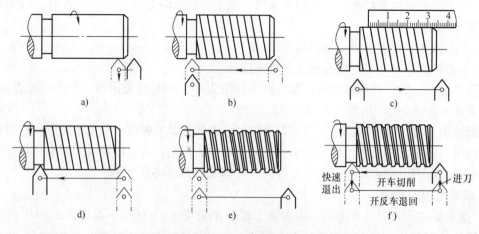

图 1-51　方法和步骤

a）开车，使车刀与工件轻微接触，记下刻度盘读数，向右退出车刀

b）合上对开螺母，在工件表面车出一条螺旋线，横向退出车刀，停机

c）开反车使车刀退到工件右端，停机。用金属直尺检查螺距是否正确

d）利用刻度盘调整背吃刀量，开机切削，车钢料时加机油润滑

e）车刀将至行程终了时，应做好退刀停机准备。先快速退出车刀，然后停机，开反车退回刀架

f）再次横向切削，其切削过程的路线如图所示

② 试切第一条螺旋线并检查螺距。将床鞍摇至离工件端面 8～10 牙处，横向进给 0.05mm 左右。开机，合上开合螺母，在工件表面车出一条螺旋线，至螺纹终止线处退出车刀，开反车把车刀退到工件右端；停机，用金属直尺检查螺距是否正确，如图 1-51a 所示。

③ 用刻度盘调整背吃刀量，开机切削，如图 1-51d 所示。螺纹的总背吃刀量 a_p 与螺距的关系按经验公式 $a_p \approx 0.65P$，每次的背吃刀量约为 0.1mm。

④ 车刀将至终点时，应做好退刀停机准备，先快速退出车刀，然后开反车退出刀架，如图 1-51e 所示。

⑤ 再次横向进给，继续切削至车出正确的牙型，如图 1-51f 所示。

采用直进法车削，容易获得准确的牙型，但车刀两切削刃同时切削，切削力较大，容易产生振动和扎刀现象，因此常用于脆性材料、螺距小于1mm 或最后精车的普通螺纹。

（2）左右切削法　车螺纹时，除了用中滑板进给外，同时利用小滑板的刻度把车刀左、右微量进给，经重复切削几次工作行程即车好螺纹，因只有一个切削刃切削，故车削比较平稳。此方法适用于弹塑性材料和大螺距螺纹的粗、精车。

采用左右切削法车削，车刀单刃车削，不仅排屑顺利，而且还不易扎刀。精车时，车刀左右进给量 $f < 0.05mm$，否则易造成牙底过宽或牙底不平。

（3）斜进法　粗车螺纹时，除中滑板横向进给外，小滑板可只向一个方向微量进给，这样重复几次行程即把螺纹车削成形。

斜进法也是单刃车削，不仅排屑顺利，不易扎刀，且操作方便，但只适用于粗车，精车时必须用左右切削法，才能保证加工精度，且切削速度小于 0.8m/s，车刀左右进给量小于 0.05mm，并加注切削液，使螺纹两侧面获得较低的表面粗糙度值。为避免"扎刀"现象，应优先选用弹性刀柄。

高速车削普通螺纹时，生产率比低速切削可提高 10 倍以上，精度高，表面粗糙度值低，应用较广泛。车削时用硬质合金车刀，只能采用直进法，而不能采用左右切削法，使切屑垂直于螺纹轴线方向排出或卷成球状较好，否则高速排出的切屑会把螺纹另一侧拉毛。高速直进法车削，切削力较大，为防止振动和扎刀，应优先选用弹性刀柄。另外高速车削普通螺纹时，由于车刀的挤压，易使工件胀大，所以车削外螺纹前的工件直径一般比公称直径要小（约小 $0.13P$）。

2. 螺纹的测量

在普通螺纹的测量中常用的量具为螺纹样板和螺纹量规，如图 1-52 所示。

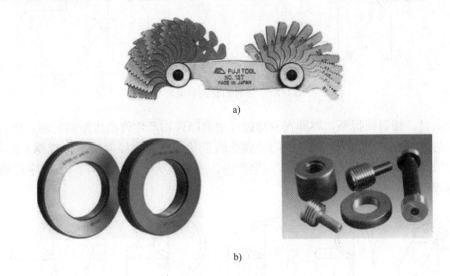

图 1-52　螺纹量具

a）螺纹样板　b）螺纹量规

（1）螺纹样板：用来测量螺纹螺距的量具。

（2）螺纹量规：分塞规和环规两种，塞规用于检验内螺纹，环规用于检验外螺纹，塞规和环规由通规和止规两件组成一副。螺纹加工完成后通规过去、止规过不去为合格，否则工件为废品。这种方法除检验中径外，还同时检验牙型和螺距，称为综合测量法。

（五）切屑控制

在长时间切除塑性金属材料的加工中形成的切屑，有可能缠绕在刀具、工件或机床的构件上。若不加控制，就会危害操作者，导致刀具损坏或工件报废，以及使自动机床停止运转。因此，在切屑流出时，要求可靠地控制它的流向。

1. 切屑的卷曲和流向

如图 1-53 所示，切屑在流出过程中，受到前面的挤压和摩擦作用，切屑底层的金属变形最为严重。沿前面产生滑移时，切屑底层的伸长量较上层大，因而使得在沿切屑厚度 h_{ch} 方向出现变形速度差，于是切屑一边流出，一边向上卷曲，最后从 C 点离开前面。

在切削加工时，经常需要控制切屑流出方向，切屑的流向与加工条件有关。实验证明，切屑流出方向与正交平面形成一个出屑角度 ϕ_λ，这个角度的大小与主偏角 κ_r、刃倾角 λ_s 等有密切关系。

2. 断屑的原因和屑形

卷曲的切屑流出时，碰到刀具的后面或工件上，切屑因受阻而应变增加，当某断面应力超

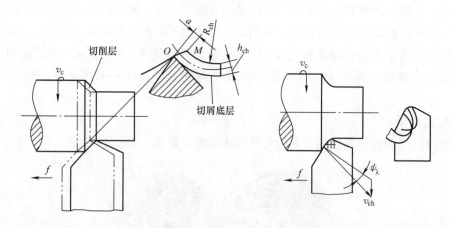

图 1-53　切屑的卷曲和流向

过其强度极限时，切屑便折断，亦即在流动过程中遇障碍物产生弯曲力矩而折断。切屑若在流动过程中未与刀具或工件相碰，则有可能形成长的带状切屑，或经卷屑槽形成螺旋形切屑后，靠自身重力甩断，如图 1-54 所示。在实际生产中，通常认为"C"形屑、"6"字形屑和短螺旋形屑较为理想。

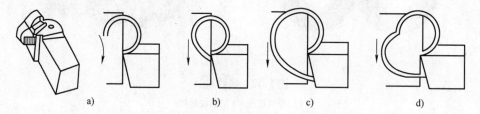

图 1-54　断屑过程

a）开始卷曲　b）再卷曲　c）碰到后面　d）折断

3. 影响断屑的因素

（1）断屑器尺寸参数　断屑器是指在刀具前面上做出的槽、台阶或固定一个附加挡块，其中常用的是断屑槽（卷屑槽），断屑槽的形式有折线形、直线圆弧形和全圆弧形三种，它们的法向剖面形状如图 1-55 所示。

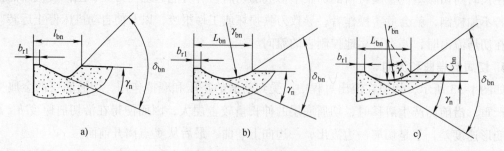

图 1-55　断屑槽的形式

a）折线形　b）直线圆弧形　c）全圆弧形

在槽的尺寸参数中，宽度 L_{bn} 和反屑角 δ_{bn} 是影响断屑的主要因素。宽度 L_{bn} 减小，反屑角 δ_{bn} 增大，均能使切屑更容易折断。但宽度 L_{bn} 太小，反屑角 δ_{bn} 太大，均使切屑易堵塞，使切削力、切削温度升高。通常 L_{bn} 按下式初选：

$$L_{bn} = (10 \sim 13) a_c, \quad a_c = f \sin \kappa_r。$$

反屑角 δ_{bn} 按断屑槽的形式选：折线形 $\delta_{bn} = 60°$、直线圆弧形 $\delta_{bn} = 40° \sim 50°$、全圆弧形 $\delta_{bn} = 30° \sim 40°$，当背吃刀量为 $2 \sim 6mm$ 时，一般取断屑槽的圆弧半径为 $(0.4 \sim 0.7) L_{bn}$。上述数值试切后再修正。

（2）刀具角度

1）前角。刀具前角越小，切屑变形越大，越容易折断。反之，前角越大，切屑越不易折断。

2）主偏角。在进给量 f 与背吃刀量 a_p 已选定的条件下，主偏角越大，切削厚度越大，切屑在卷曲时弯曲半径越小，弯曲应力越大，切屑越易折断。所以在生产中要求断屑性能好的车刀，应选较大的主偏角，例如 $\kappa_r = 75° \sim 90°$。

3）刃倾角。刃倾角是控制切屑流向的重要参数。当刃倾角为负值时，切屑流向已加工表面或过渡表面，然后受碰后断成"C"形或"6"字形屑；当为正值时，切屑流向待加工表面或背离工件后与刀具后面相碰成"C"形屑，也可能成螺旋屑后而甩断。

（3）切削用量　切削速度提高时，断屑效果降低。进给量 f 增大，切削厚度也按比例增大，切屑卷曲时产生的弯曲应力增大，切屑易折断。背吃刀量减小，过渡刃与副切削刃的切削作用比例增大，使出屑角增大，切屑易流向待加工表面碰断。如果 a_p 增大、f 减小，切屑薄而宽，断屑较困难。反之，较易断屑。所以，增大进给量是断屑的一个较有效的措施。

（4）工件材料　工件材料的屈服强度越低，则弹性恢复越小，切屑易折断。工件材料的弹性模量越大、塑性越低，越容易断屑。

在生产中，为解决切屑的流向、切屑的形状和断屑的问题，可综合考虑上述各因素间的主次关系。一般规律是，根据加工材料和已选定的刀具角度与切削用量，确定断屑槽的尺寸参数，只有当其他条件不受限制时，才辅以改变主偏角、刃倾角和进给量等参数。

（六）切削液

1. 切削液的作用

在生产实践中，为了有效地降低切削温度，经常使用切削液，切削液能带走大量的热，对降低切削温度的效果显著，同时还能起到润滑、清洗和排屑及防锈的作用。

2. 切削液的种类与选用

（1）水溶液　水溶液的主要成分是水，加入缓蚀剂即可，主要用于磨削。水溶液的主要作用是冷却。

（2）乳化液　乳化液是由水和油再加乳化剂均匀混合而成的。

乳化液既能起冷却作用，又能起润滑作用。浓度低的乳化液冷却、清洗作用较强，适合于粗加工和磨削时使用；浓度高的乳化液润滑作用较强，适合于在精加工时使用。

（3）切削油　切削油主要是由矿物油，再加入动、植物油和油性或极压添加剂配制而成的混合油。

切削油的主要作用是润滑，它可大大减小切削时的摩擦热，降低工件的表面粗糙度值。加入添加剂后，油膜能耐高温、高压，润滑作用可显著增强。

切削液应根据工件材料、刀具材料、加工方法和技术要求等具体情况进行选择，见表1-9。

表 1-9 切削液的种类和选用

序号	名称	组成	主要用途
1	水溶液	以硝酸钠、碳酸钠等溶于水的溶液，用 100 ~ 200 倍的水稀释而成	磨削
2	乳化液	以很少矿物油，主要为表面活性剂的乳化油，用 30 ~ 40 倍的水稀释而成，冷却和清洗性能好	车削、钻孔
		以矿物油为主，少量表面活性剂的乳化油，用 10 ~ 20 倍的水稀释而成，冷却和润滑性能好	车削、攻螺纹
		在乳化液中加入极压添加剂	高速车削、钻削
3	切削油	矿物油（10 号或 20 号机械油）单独使用	滚齿、插齿
		矿物油加植物油或动物油形成混合油，润滑性能好	精密螺纹车削
		矿物油或混合油中加入极压添加剂形成极压油	高速滚齿、插齿、车螺纹等
4	其他	液态 CO_2	主要用于冷却
		用二硫化钼 + 硬脂酸 + 石蜡做成蜡笔涂于刀具表面	攻螺纹

　　高速钢刀具耐磨性较差，需采用切削液。通常粗加工时，以冷却为主，可采用质量分数为 3% ~ 5% 的乳化液；精加工时，主要改善加工表面质量，降低刀具磨损，减小表面粗糙度值，可采用质量分数为 15% ~ 20% 的乳化液或极压切削油。硬质合金刀具耐热性好，通常不使用切削液。若使用切削液，需连续、充分地供给，以防因骤冷骤热，导致刀片产生裂纹。

　　切削铸铁时一般不使用切削液；切削铜合金和有色金属时，一般不用含硫的切削液，以免腐蚀工件表面；切削铝合金时不用切削液；切削镁合金时，严禁使用乳化液作为切削液，以防止发生燃烧事故，但可使用煤油或含 4%（质量分数）的氟化钠溶液作为切削液。

3. 切削液的用法

　　普遍的使用方法是浇注法，如图 1-56 所示。但其流速慢、压力低、难以直接进入高温区域，影响切削液的效果。切削时应尽量直接浇注在切削区，浇注时应流量充足。车、铣时，切削液流量为 10 ~ 20L/min。车削时，从后面喷射切削液比在前面上直接浇注时刀具的寿命要高一倍以上。深孔加工时，应采用高压冷却法，把切削液直接喷射到切削区，并带走碎断的切屑。一般工作压力为 1 ~ 10MPa，流量为 50 ~ 150L/min。高速钢车刀切削难加工材料时，也可用高压冷却法，以改善渗透性，提高切削效果。

　　采用喷雾法时，高速气流带着雾化成微小液滴的切削液渗入切削区，在高温下迅速汽化，吸收大量热量，达到较好的冷却效果。这种方法可用于难加工材料的切削和超高速切削，也可用于普通切削加工，能显著提高刀具寿命。

四、训练环节：螺纹车削加工

（一）训练目的与要求

1）学会根据零件图分析加工要求。

2）进一步熟悉车床工艺装备、量具的选用，掌握螺纹的车削加工方法。

3）熟练操作车床完成螺纹的加工。

4）了解"6S"相关规定，并能按照"6S"要求对机床进行保养，对场地进行清理、维护。

5）掌握学习螺纹车刀的刃磨方法。

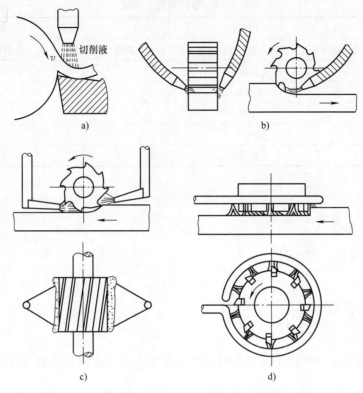

图 1-56　切削液的使用方法

a）车削　b）、c）、d）铣削

（二）仪器与设备

1）CA6140 型卧式车床若干台。

2）棒料：Q235A，$\phi54\text{mm} \times 228\text{mm}$。

3）工量具准备：

① 量具准备清单：游标卡尺：$0 \sim 150\text{mm}/0.02\text{mm}$；外径千分尺：$0 \sim 25\text{mm}/0.01\text{mm}$；外径千分尺：$25 \sim 50\text{mm}/0.01\text{mm}$；金属直尺：$0 \sim 200\text{mm}$。

② 工具准备清单：卡盘扳手、刀架扳手、垫刀片。

③ 刀具准备清单：45°硬质合金外圆车刀、切断刀、螺纹车刀。

（三）训练时间

训练时间为 2h。

（四）训练内容

毛坯为 $\phi54\text{mm} \times 228\text{mm}$ 的圆棒料，完成图 1-42 所示零件的加工。

（1）零件图工艺分析　此零件最大外圆表面尺寸为 $\phi50\text{mm}$，整个零件要加工部分长 224mm，需要加工的表面有外圆 $\phi50\text{mm}$、$\phi40\text{mm}$，端面，螺纹 M50×2。加工时要求达到尺寸精度和表面粗糙度要求。

（2）确定装夹方案　轴类零件以轴线和端面为工艺基准，用自定心卡盘夹持外圆、端面靠紧卡盘，另一端用顶尖，采用一夹一顶的方案装夹。

（3）加工步骤确定

1）制订轴加工路线，见表 1-10。

表1-10 阶梯轴加工路线

工序号	工序内容	工作地点
1	车端面、钻中心孔、倒角；调头、车端面、钻中心孔、倒角	车床
2	车外圆$\phi 50$mm	车床
3	车锥面	车床
4	车槽	车床
5	车螺纹	车床
6	检验	检验台

2）装夹轴。

3）车刀选取。

4）车刀安装。

5）车端面、倒角、钻中心孔。

6）车外圆。

7）车锥面。

8）车槽。

9）车螺纹。

（4）确定切削用量 确定切削用量时主要考虑加工精度要求并兼顾提高刀具寿命、机床寿命等因素。

车端面：主轴转速为305r/min，进给量为0.1mm/r，背吃刀量为0.3mm。

粗车外圆：主轴转速为305r/min，进给量为0.3mm/r，背吃刀量为2mm。

精车外圆：主轴转速为600r/min，进给量为0.1mm/r，背吃刀量为0.3mm。

车螺纹：主轴转速为19r/min。

（5）设备保养和场地整理 加工完毕，清理切屑、保养车床和清理场地。

（6）写出本任务完成后的训练报告 具体内容有：训练目的、训练内容、训练过程、注意事项。

五、拓展知识：单动卡盘与花盘的应用

（一）单动卡盘

1. 单动卡盘的结构

单动卡盘的外形如图1-57所示。卡盘体上有四条径向槽，四个卡爪安置在槽内，卡爪背面以螺纹与螺杆相配合。螺杆端部设有一方孔，当用卡盘扳手转动某一螺杆时，相应的卡爪即可移动。将卡爪调转180°安装即成反爪，也可根据需要使用一个或两个反爪，而其余的仍用正爪。

2. 单动卡盘的应用

单动卡盘不能自动定心，用其装夹工件时，为了使定位基面的轴线对准主轴旋转中心线，必须进行找正。找正精度取决于找正工具和找正方法。

用划线盘按工件内、外圆找正，如图1-58a所示；按工件已划的加工线找正，如图1-58b所示。这两种方法的定心精度较低，为0.2~0.5mm。

用百分表按工件已精加工过的表面找正，其定心精度可达0.01~0.02mm。用百分表找正轴类工件，如图1-59a所示，工件装夹用单动卡盘。先找靠卡盘一端的外圆表面，旋转卡盘及

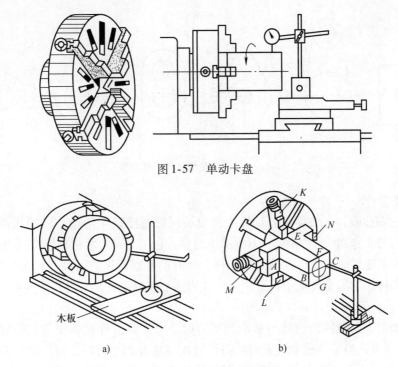

图 1-57　单动卡盘

图 1-58　划线盘找正工件

a）按外圆表面找正　b）按已划的加工线找正

调整卡爪，使百分表读数在 0.02mm 之内；然后移动床鞍，将百分表移至工件另一端，再旋转卡盘并用铜棒敲动此端的外表面，使百分表读数在 0.02mm 之内；最后，复找靠卡盘一端的外圆表面和另一端的外圆表面，经过反复多次找正，直至符合要求为止。

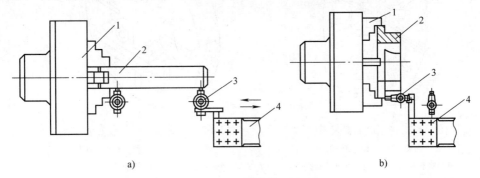

图 1-59　百分表找正法

a）轴类工件找正情况　b）盘类工件找正情况

1—单动卡盘　2—工件　3—百分表　4—刀架

图 1-59b 所示是用百分表找正盘类工件端面圆跳动的情况。用百分表找正时，百分表指针的压入量一般在 0.5mm 内，否则会影响灵敏度，降低找正精度。

3. 单动卡盘的适用范围

四爪单动卡盘可装夹截面为方形、长方形、椭圆以及其他不规则形状的工件，如图 1-60 所示。由于其夹紧力比自定心卡盘大，也常用来安装较大圆形截面的工件。由于找正精度较高，常用来装夹位置精度较高又不宜在一次装夹中完成加工的工件，但找正费时，找正效率低，因而只适用于单件、小批量生产中工件的装夹。

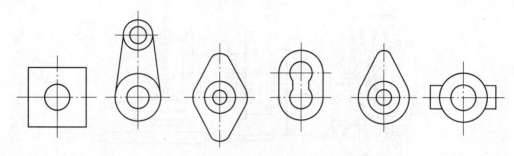

图 1-60　单动卡盘可装夹工件实例

（二）花盘

花盘装在主轴前端，它的盘面上有几条长短不同的通槽和 T 形槽，以便用螺栓、压板等将工件压紧在它的工作面上，如图 1-61 所示。通常，它用于安装形状比较特别的工件。

在花盘上安装工件时，应根据预先在工件上划好的基准线来进行找正，最后将工件压紧。对于不规则的工件，应加平衡块予以平衡，以免因重心偏移而使加工过程产生振动，甚至出现意外事故。

当工件被加工表面的回转轴线与基准面垂直时，可以将工件直接安装在花盘的工作平面上，如图 1-61 所示；当工件被加工表面的回转轴线与基准面平行时，可以借助角铁来固定工件，如图 1-62 所示。通常在花盘上安装的工件应该有一个较大平面（基准平面）能与花盘或角铁的工作平面贴合或间接贴合。花盘安装工件实例如图 1-63 所示。

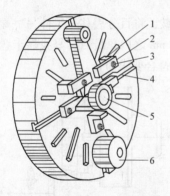

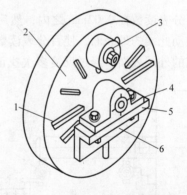

图 1-61　在花盘上安装零件　　　　图 1-62　在花盘上用弯板安装零件

1—垫铁　2—压板　3—螺栓　　　　1—螺栓槽　2—花盘　3—平衡铁

4—螺栓槽　5—工件　6—平衡铁　　4—工件　5—安装基面　6—角铁

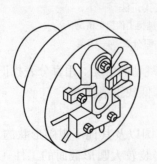

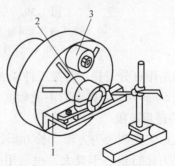

图 1-63　花盘安装工件实例

1—角铁　2—工件　3—平衡铁

六、回顾与练习

1）查阅相关轴上螺纹加工技术资料。

2）切削液的主要作用有哪些？

3）常见切削液的种类有哪些？如何选用？

4）精车钢件螺纹时，选用切削液的主要作用是什么？

5）分析 CA6140 型卧式车床传动系统图，写出主运动传动路线表达式。

6）列出图 1-64 所示传动系统的传动结构式，并求出齿条移动速度。

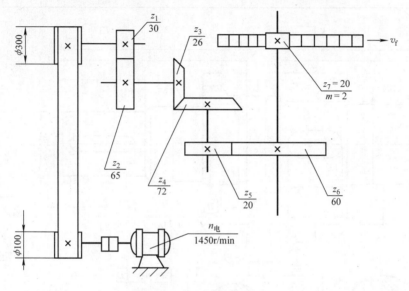

图 1-64　传动系统图（一）

7）在图 1-65 所示的传动系统中，计算车刀的运动速度及主轴转一转时车刀移动的距离。

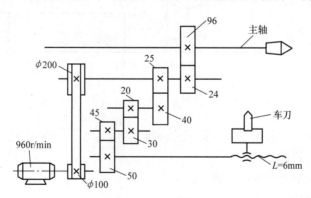

图 1-65　传动系统图（二）

8）什么是内联系传动链？什么是外联系传动链？

9）在车床上车螺纹时，如何保证螺纹截形角、螺距和中径符合要求？

10）在车床丝杠螺距 $P_{丝}=12\text{mm}$，车削螺距 $P=3.5\text{mm}$、4mm、12mm、24mm 时，是否会产生乱牙？如何克服？

11）所有螺距的螺纹在车削过程中都不得脱开进给传动系统中的任何齿轮，这种说法对吗？为什么？

任务四　轴上键槽的铣削加工

工作条件不同，传动零件在轴上的定位方式和配合性质的要求也不相同，齿轮与轴一般采用平键连接，这就要求在轴上应有键槽，轴上键槽的加工一般采用铣削。

一、工作任务

如图1-66所示，要求在铣床上加工轴上的两个键槽，保证尺寸精度和对称度要求。

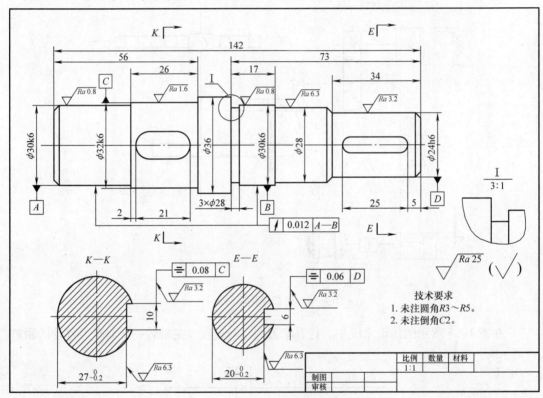

图1-66　零件图

二、学习目标

1）了解铣床结构，学会根据加工要求选择铣削方式。
2）熟悉铣削工艺装备。
3）能熟练操作铣床进行键槽的加工。
4）学会检验键槽的加工质量。

三、学习内容

（一）铣削概述

铣削加工是以铣刀的旋转运动为主运动，与工件或铣刀的进给运动相配合，切去工件上多余材料的一种切削加工。

1. 铣削工艺的范围与特点

（1）铣削工艺的范围　铣床在金属切削机床中所占的比重很大，约占金属切削机床总台数的 1/4。常见的可进行铣削加工的零件如图 1-67 所示。

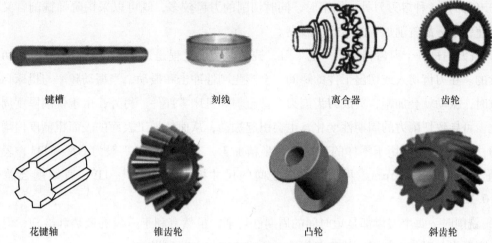

键槽　　　　　　　刻线　　　　　　　离合器　　　　　　齿轮

花键轴　　　　　锥齿轮　　　　　　凸轮　　　　　　斜齿轮

图 1-67　常见的可进行铣削加工的零件

　　铣削加工之所以在金属切削加工中占有较大的比重，主要是因为在铣床上配以不同的附件及各种各样的刀具，可适用于平面、台阶面、成形面、沟槽、键槽、螺旋槽、分度零件（齿轮、花键轴等）、切断等加工，如图 1-68 所示。此外，配上其他附件和专用夹具，在铣床上还可以进行钻孔、铰孔以及铣削球面等加工。

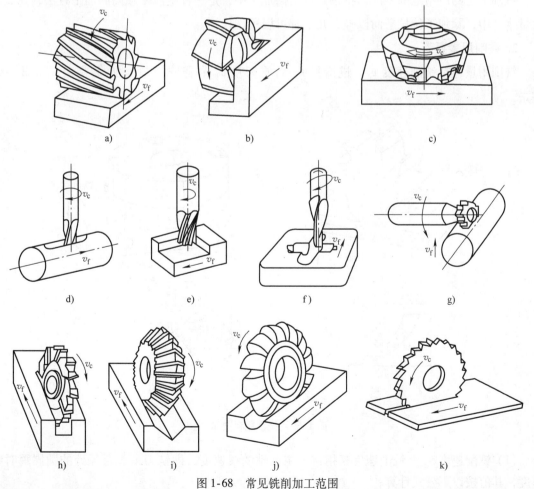

图 1-68　常见铣削加工范围

（2）铣削的特点

1）铣刀是一种多刃刀具，加工时，同时切削的刀齿较多，既可以采用阶梯铣削，又可以采用高速铣削，故铣削加工的生产率较高。

2）铣刀的每一个刀齿相当于一把车刀，铣削时切削过程是连续的，但每个刀齿的切削都是断续的。在刀齿切入或切出工件的瞬间，会产生刚性冲击和振动，当振动频率与机床自振频率一致时，振动就会加剧，造成刀齿崩刃，甚至损坏机床零部件。另外，由于铣削厚度周期性地变化，可导致切削力的周期性变化，也会引起振动，从而使加工表面的表面粗糙度值增大。

3）铣削加工主要用于零件的粗加工和半精加工，其精度范围一般为 IT8 ~ IT11，表面粗糙度值为 $Ra0.4 ~ 12.5\mu m$。两平行平面之间的尺寸精度可达 IT7 ~ IT9，直线度公差可达 $0.08 ~ 0.12mm/m$。

4）铣削时，每个刀齿都是短时间的周期性切削，虽然有利于刀齿的散热和冷却，但周期性的热变形将会引起切削刃的热疲劳裂纹，造成切削刃剥落和崩碎。

5）铣刀每个刀齿的切削都是断续的，切屑比较碎小，加之刀齿之间又有足够的容屑空间，故铣削加工排屑容易。

综上所述，铣削加工具有较高的生产率、适应性强、排屑容易，但冲击振动较大。

铣削加工的应用范围广泛，特别是在平面加工中，是一种生产率较高的加工方法，在成批大量生产中，除加工狭长平面以外，几乎都可以用铣代刨。

2. 铣削用量要素

铣削用量包括铣削速度 v_c、进给量 f、背吃刀量 a_p 和侧吃刀量 a_e 四个要素，如图 1-69 所示。

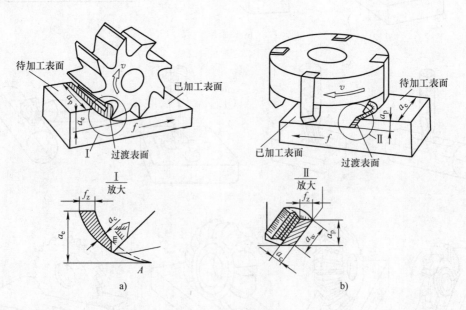

图 1-69　铣削用量要素

（1）铣削速度 v_c　铣削速度是指铣刀主运动的线速度，即铣刀最大直径处的圆周瞬时线速度，其值按以下公式计算：

$$v_c = \frac{\pi d n}{1000}$$

式中　　d——铣刀直径（mm）；

　　　　n——铣刀转速（r/min）。

（2）铣削进给量　铣削进给量是指工件在进给运动方向上相对刀具的移动量。由于铣刀为多刃刀具，因此，可分为每齿进给量f_z、每转进给量f和每分总进给量或进给速度v_f。

1）每齿进给量f_z。每转一个刀齿时，在进给方向上工件相对于铣刀的移动量。

2）每转进给量f。铣刀每转一转时，在进给方向上工件相对于铣刀的移动量。

3）每分钟进给量或进给速度v_f。它表示每分钟时间内，在进给方向上工件相对于铣刀的移动量，单位为 mm/min。

一般铣床铭牌上所指出的进给量为每分钟进给量v_f，它表示每分钟时间内，工件相对铣刀的移动量，单位为 mm/min。

（3）背吃刀量a_p　背吃刀量为平行于铣刀轴线方向测量的切削层尺寸，单位为 mm。端铣时为切削层深度，周铣时为被加工表面的宽度。

（4）侧吃刀量a_e　侧吃刀量是垂直于铣刀轴线方向测量的切削层尺寸，单位为 mm。端铣时，为被加工表面的宽度，周铣时为切削层深度。

选择铣削用量的一般原则如下：在保证加工质量和工艺系统刚性允许的条件下，首先选择较大的背吃刀量和侧吃刀量，其次是较大的进给量，最后才是较大的铣削速度。

3. 铣削方式

圆周铣削时，因铣刀与工件的相对运动方向不同，分为顺铣和逆铣两种方式，如图 1-70 所示。

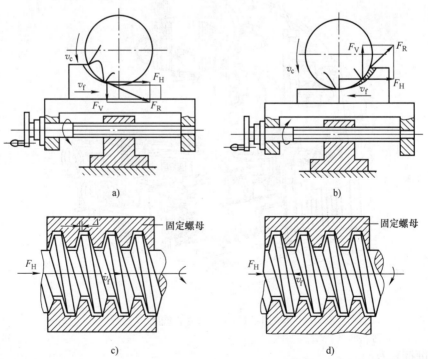

图 1-70　顺铣、逆铣及丝杠螺母间隙

a）顺铣　b）逆铣　c）顺铣时的丝杠螺母间隙　d）逆铣时丝杠螺母间隙

（1）顺铣　铣刀切削方向与工件的进给方向相同的铣削称为顺铣。

顺铣时，每个刀齿的切削厚度由最大变为零，避免了逆铣时刀齿的挤压、滑行现象，同时切削力始终压向工作台，避免了工件的上下振动，因而可提高工件的表面质量，铣刀寿命比逆铣可提高 2～3 倍。但由于工作台纵向进给丝杠与螺母间存在间隙，使铣削过程产生振动和进给量不均匀，严重时还会出现扎刀等现象，故顺铣的应用受到局限。在没有丝杠螺母间隙消除装置的一般铣床上，宜采用逆铣加工。另外，顺铣不适用于加工带硬皮的工件。

（2）逆铣　在铣刀与工件已加工面的切点处，铣刀切削速度方向与工件的进给方向相反的铣削，称为逆铣。

逆铣时每个刀齿的切削厚度都是从零逐渐增大，过程较平稳，铣刀刃口钝圆半径大于瞬时切削厚度时，刀具实际切削前角为负值，刀齿在接触工件时总要先滑行一段距离，使刀具磨损加剧，并增加了已加工表面的硬化程度。由主切削刃直接形成加工表面，加工后的表面是由许多近似的圆弧组成的，表面粗糙度值较大。

（二）立式铣床的结构

铣床的种类很多，常用的有：立式万能升降台铣床、卧式万能升降台铣床、仿形铣床、工具铣床和龙门铣床等。其中铣键槽常用立式铣床。

立式铣床的主要特点是其主轴与工作台面垂直，如图 1-71 所示。它的主轴可以通过手动在一个不大的范围内（一般为 60～100mm）做轴向移动。这种铣床刚性好、生产率高，只是加工范围要小一些。有的立式铣床的主轴与床身之间有一个回转盘，盘上有刻度，主轴可在垂直平面内左右转动 45°，因此加工范围扩大了。

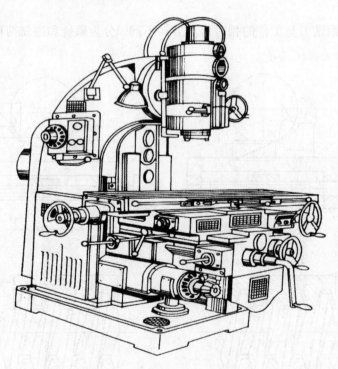

图 1-71　X52 型立式铣床

（三）键槽铣刀

如图 1-72 所示，键槽铣刀主要用来铣轴上的键槽。它在圆周上只有两个螺旋刀齿，其端面刀齿的切削刃延伸至中心，因此在铣两端不通的键槽时，可以做适量的轴向进给。还有一种圆形键槽铣刀,专门用于铣削轴上的半圆形键槽,如图 1-73 所示。

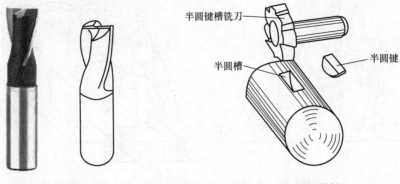

图 1-72 平键铣刀 　　　　　　　　图 1-73 半圆键槽铣刀

　　(1) 直柄铣刀的安装　直柄铣刀常用弹簧夹头来安装,如图 1-74a 所示。安装时,收紧螺母,使弹簧套做径向收缩而将铣刀的柱柄夹紧。

　　(2) 锥柄铣刀的安装　当铣刀锥柄尺寸与主轴端部锥孔相同时,可直接装入锥孔,并用拉杆拉紧,否则要用过渡锥套进行安装,如图 1-74b 所示。

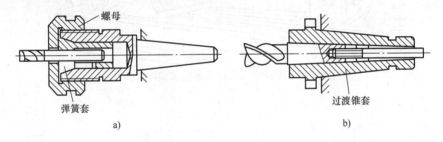

a) 　　　　　　　　　　　　　　　b)

图 1-74 带柄铣刀的安装

a) 直柄铣刀的安装　b) 锥柄铣刀的安装

(四) 键槽铣削方法

1. 铣键槽时轴的安装方法

　　轴类零件上的键槽有的在轴向贯穿,有的两端封闭或一端封闭。贯穿的键槽可以用三面刃铣刀加工,一端封闭的可用立铣刀或键槽铣刀加工,两端均封闭的只能用键槽铣刀加工。

　　加工键槽时不但要保证槽宽的精度,而且还要保证键槽的位置精度。批量生产时工件安装位置一般由夹具保证,加工前刀具与夹具的相对位置调整好后,不再变动。但由于工件直径有差异,安装方法不当就会使不同直径的工件中心偏离原来调整好的位置,结果使键槽位置也产生了偏差。轴类工件加工时的方法有多种,图 1-75 所示是用机用虎钳和 V 形块安装的方法,还可用分度头卡盘与尾座顶尖配合安装,如图 1-76 所示。当轴径不同时,如用机用虎钳 (图 1-77a) 或用 V 形块 (图 1-77b) 的安装方法使加工后键槽有中心位置偏差,如按图 1-77c 安装则没有中心位置偏差。铣刀直径 (或宽度) 应等于键槽宽度的最小尺寸,并应使铣刀刀齿偏摆量小于 0.01mm,防止刀齿偏摆量过大而引起槽宽尺寸增大。单件加工时一般采用直径 (或宽度) 较小的铣刀分别对槽的两个侧面进行加工。

2. 铣敞开式键槽

　　这种键槽多在卧式铣床上用三面刃铣刀进行加工,如图 1-78 所示。注意:在铣削键槽前,要做好对刀工作,以保证键槽的对称度,如图 1-79 所示。

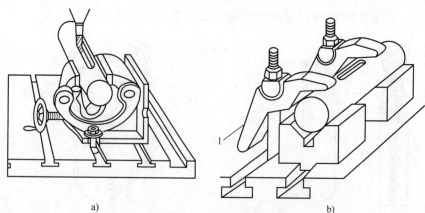

a)　　　　　　　　　　　　　b)

图 1-75　铣键槽时轴的安装方法和键槽位置

a）用机用虎钳安装　b）用 V 形块安装

图 1-76　用分度头卡盘和尾座顶尖配合安装

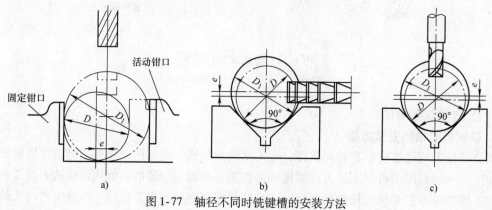

a)　　　　　　　　b)　　　　　　　　c)

图 1-77　轴径不同时铣键槽的安装方法

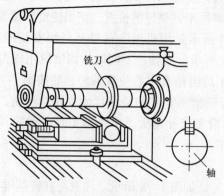

图 1-78　铣敞开式键槽

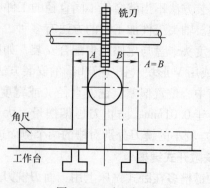

图 1-79　对刀方法

3. 铣封闭式键槽

在轴上铣封闭式键槽，一般用立式铣刀加工。因键槽铣刀一次轴向进给不能太大，切削时要注意逐层切下，如图 1-80 所示。

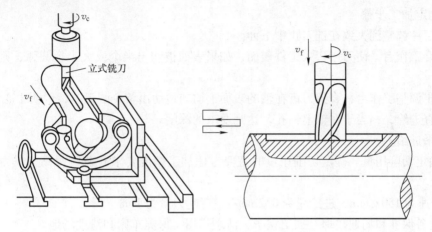

图 1-80　在立式铣床上铣封闭式键槽

四、训练环节：轴上键槽的加工

（一）训练目的与要求

1）学会根据零件图分析加工要求。

2）熟悉 X52 立式铣床的结构，掌握运用机用平口钳装夹工件，培养安全意识，养成良好的职业素养。

3）掌握在 X52 立式铣床上加工键槽的方法与步骤，学习键槽宽度尺寸与键槽对轴中心线对称度的保证方法。

4）了解键槽检测项目，掌握检测方法。

5）了解"6S"相关规定，并能按照"6S"要求对机床进行保养，对场地进行清理、维护。

（二）仪器与设备

1）X52 型立式铣床若干台。

2）圆棒料：Q235A，$\phi 40mm \times 146mm$。

3）工量具准备：

① 量具准备清单：游标卡尺：$0 \sim 150mm/0.02mm$；百分表：$0 \sim 10mm/0.01mm$。

② 工具准备清单：卡盘扳手、刀架扳手、垫刀片。

③ 刀具准备清单：$\phi 6mm$、$\phi 10mm$ 键槽铣刀。

（三）训练时间

训练时间为 2h。

（四）训练内容

毛坯为 $\phi 40mm \times 146mm$ 的圆棒料，完成图 1-66 所示轴上键槽的加工。

（1）零件图工艺分析　此阶梯轴上有两个键槽，方向一致，键槽尺寸分别为 6mm、$20_{-0.2}^{\ 0}$ mm 和 10mm、$27_{-0.2}^{\ 0}$ mm，加工时要求达到尺寸精度、位置精度和表面粗糙度要求。

（2）确定装夹方案　以轴中心线为主要基准，先用百分表找正机用平口钳位置，使钳口工作平面与铣床工作台移动方向平行。装夹工件时，应使工件被加工面高于钳口，否则应用垫铁垫高工件；应防止工件与垫铁间有间隙；为保护工件的已加工表面，可以在钳口与工件之间垫软金属片。

（3）确定加工步骤

1）将工件调整到大致在铣刀正中下面。

2）上升工作台，使刀齿切入工件表面，如果表面被切出半个或大半个圆弧，则说明没有对准中心。

3）逐步调整工作台，直到刀齿在轴的表面上均匀地切出整个圆弧时，说明中心已对正。

4）垂直进给，相当于在轴上钻孔，达到要求的深度。

5）水平进给。

（4）确定切削用量　确定切削用量时主要考虑加工精度要求并兼顾提高刀具寿命、机床寿命等因素。

主轴转速为150r/min，进给量为0.2mm/r，背吃刀量为1mm。

（5）设备保养和场地整理　加工完毕，清理切屑、保养车床和清理场地。

（6）写出本任务完成后的训练报告　具体内容有：训练目的、训练内容、训练过程、注意事项。

五、拓展知识：凸轮的铣削

凸轮的种类比较多，常用的有圆盘凸轮、圆柱凸轮等。

通常在铣床上铣削加工的是等速凸轮，等速凸轮就是当凸轮周边上某一点转过相等的角度时，便在半径方向上（或轴线方向上）移动相等的距离。等速凸轮的工作型面一般都采用阿基米德螺旋面。

（一）垂直铣削法等速圆盘凸轮的铣削

等速圆盘凸轮的铣削方法通常有两种，即垂直铣削法和扳角度铣削法。

1）这种方法用于仅有一条工作曲线，或者虽然有几条工作曲线，但它们的导程都相等，并且所铣凸轮外径较大，铣刀能靠近轮坯而顺利切削的场合（见图1-81a）。

2）立铣刀直径应与凸轮推杆上的小滚轮直径相同。

3）分度头交换齿轮轴与工作台丝杠的交换齿轮传动比i的计算公式如下：

$$i = \frac{40P_{丝}}{P_z}$$

式中　40——分度头定数；

　　　$P_{丝}$——工作台丝杠螺距；

　　　P_z——凸轮导程。

4）圆盘凸轮铣削时的对刀位置必须根据从动件的位置来确定。若从动件是对心直动式的圆盘凸轮（图1-81b），对刀时应将铣刀和工件的中心连线调整到与纵向进给方向一致；若从动件是偏置直动式的圆盘凸轮（图1-81c），则应调整工作台，使铣刀对中后再偏移一个距离，这个距离必须等于从动件的偏距e，并且偏移的方向也必须和从动件的偏置方向一致。

（二）等速圆柱凸轮的铣削

等速圆柱凸轮分螺旋槽凸轮和端面凸轮两种，其中螺旋槽凸轮铣削方法和铣削螺旋槽基本相同。所不同的是，圆柱螺旋槽凸轮工作型面往往是由多个不同导程的螺旋面（螺旋槽）所组成，它们各自所占的中心角是不同的，而且不同的螺旋面（螺旋槽）之间还常用圆弧进行

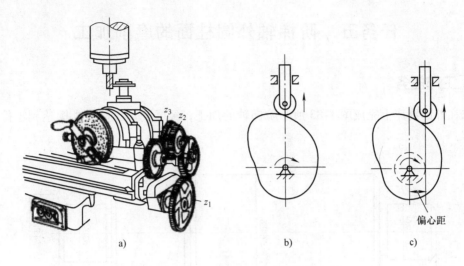

图 1-81　等速圆盘凸轮垂直铣削法

连接，因此导程的计算就比较麻烦。在实际生产中应根据图样给定的不同条件，采用不同的方法来计算凸轮曲线的导程。

若加工图样上给定了螺旋角 β，则导程计算公式为：

$$P_z = \pi d \cot \beta$$

等速圆柱凸轮一般采用垂直铣削法加工：

1）铣削等速圆柱凸轮的原理与铣削等速圆盘凸轮相同，只是分度头主轴应平行于工作台（如图 1-82a）。

2）铣削时的调整计算方法与用垂直铣削法铣削等速圆盘凸轮相同。

3）圆柱凸轮曲线的上升和下降部分需分两次铣削。如图 1-82b 所示，AD 段是右旋，BC 段是左旋。铣削中以增减中间轮来改变分度头主轴的旋转方向，即可完成左、右旋工作曲线。

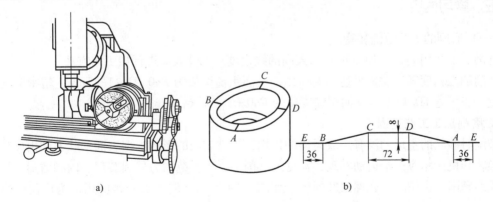

图 1-82　等速圆柱凸轮的铣削垂直铣削法

六、回顾与练习

1）简述铣削加工的工艺特点及应用。

2）试分析顺铣与逆铣的特点及应用。

3）试比较车削加工与铣削加工的主运动和进给运动。

任务五　阶梯轴外圆柱面的磨削加工

一、工作任务

要求在外圆磨床上完成图 1-83 所示阶梯轴的加工，经磨削加工后，外圆达到零件图上的设计要求。

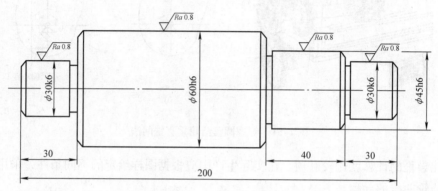

图 1-83　阶梯轴简图

二、学习目标

1) 了解磨削的工艺范围和特点。
2) 了解磨床的结构、技术参数及运动方式。
3) 掌握砂轮的构造、特性及安装与修正方法。
4) 熟练操作磨床完成阶梯轴的磨削加工。

三、学习内容

（一）磨削的工艺范围和特点

磨削加工是用磨具（如砂轮）以较高的线速度对工件表面进行加工的方法。

磨削加工精度等级通常可达 IT4～IT6，表面粗糙度值为 $Ra0.02～1.25\mu m$。精密磨削时标准公差等级可达 IT5 以上，表面粗糙度值为 $Ra0.01～0.16\mu m$。

1. 磨削加工工艺范围

磨削时砂轮的主运动没有形成运动的作用，工件表面的形成根据表面形状不同由砂轮工作部分形状和机床相应进给运动实现，常见的磨削加工工艺范围为外圆磨削、内圆磨削、平面磨削、成形磨削、齿轮磨削、螺纹磨削等，如图 1-84 所示。磨削加工是应用最为广泛的精加工方法。

2. 磨削特点

1) 能经济地获得高的加工精度和低的表面粗糙度值。磨削时的切削量极少，磨床一般具有较高的精度，并有精确控制微量进给的功能，所以能使工件获得高的加工精度。由于磨削的切除能力较低，因此一般要求零件在磨削之前，要用其他切削方法先切除毛坯上的大部分加工余量。

2) 砂轮磨料具有很高的硬度和耐热性，因此，能够磨削一些硬度很高的金属和非金属材

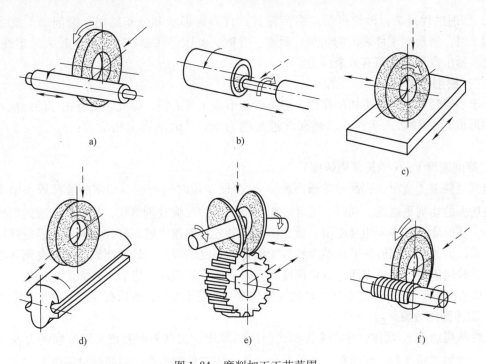

图 1-84　磨削加工工艺范围

a) 外圆磨削　b) 内圆磨削　c) 平面磨削　d) 成形磨削　e) 齿轮磨削　f) 螺纹磨削

料，如淬火钢、硬质合金、高强度合金、陶瓷材料和各种宝石等。这些材料用一般金属切削刀具是难以加工甚至无法加工的。但是，磨削不宜加工软质材料，如纯铜、纯铝等，因为磨屑易将砂轮表面的孔隙堵塞，使之丧失切削能力。

3）磨削速度大、磨削温度高。磨削时砂轮的圆周速度可达 35~50m/s，磨粒对工件表面的切削、刻划、滑擦、熨压等综合作用，会使磨削区在瞬间产生大量的切削热。由于砂轮的热导率很低，热量在短时间内难以从磨削区传出，所以该处的温度可达 800~1000℃，有时甚至高达 1500℃。磨削时看到火花，就是炽热的微细磨屑飞离工件时，在空气中急速氧化、燃烧的结果。

磨削区的瞬时高温会使工件表层力学性能发生改变，如烧伤、脱碳、淬硬工件表面退火、改变金相组织等，影响加工表面质量；还会使导热差的工件表层产生很大的磨削应力，甚至由此产生细小的裂纹。因此，在磨削过程中，必须进行充分的冷却，以降低磨削温度。

4）径向磨削分力较大。磨削力与其他切削力一样，也可以分解为径向、轴向、切向三个互相垂直的分力。由于砂轮与工件间的接触宽度大，同时参与切削的磨粒多，加之磨粒的负前角切削等影响，径向切削分力很大（为切向分力的 1.5~3 倍）。在其作用下，机床—夹具—砂轮—工件构成的工艺系统会产生弹性变形，从而影响加工精度。为消除这一变形所产生的工件形状误差，可在磨削加工最后进行一定次数无径向进给的光磨行程。

5）砂轮有自锐性。在车、铣、刨、钻等切削加工中，如果刀具磨钝，则必须重新刃磨后才能继续进行加工。而磨削则不然，磨削中，磨粒本身由尖锐逐渐磨钝，使切削作用变差，切削力变大，当切削力超过结合剂的强度时，磨钝的磨粒在磨削力的作用下会发生崩裂而形成新的锋利刃口；或是自动从砂轮表面脱落下来，露出里层的新磨粒，从而保持砂轮的切削性能，继续进行磨削。砂轮的上述特性称为自锐性。但是，单纯靠自锐性不能长期保持砂轮的准确形状和切削性能，必须在工作一段时间后，专门进行修整，以恢复砂轮的形状和切削性能。

6）磨削过程复杂，砂轮可看作多齿刀具，且刀齿形状和分布随机；磨削加工能量消耗大，加工时，磨粒对工件表面的切削、刻划、滑擦、熨压等综合作用会产生较大的塑性变形，使加工表面出现硬化及留有残余应力。

（二）磨削用量

由于砂轮转动只起基本切削作用，而不参与形成工件表面，因此还需有相应的形成素线及导线的形成运动和切入运动。以外圆纵进磨削为例，其磨削用量相应有：$v_{轮}$、$v_{工}$、$f_{纵}$、a_{p}四项。

1. 磨削速度 $v_{轮}$（砂轮圆周速度）

当其他要素不变时，提高砂轮圆周速度 $v_{轮}$ 会使单位时间内参与切削的磨粒数目增多，每一磨粒切去的切屑更微细。同时，工件表面上被切出的凹痕数量增加，相邻两凹痕间的残留高度减小，从而降低了表面粗糙度值。就此而言，砂轮圆周速度越高越好。但是，砂轮圆周速度不能太高，因为它受到砂轮平衡精度和砂轮结合剂强度的限制。砂轮圆周速度太高则离心力太大，易使砂轮碎裂；另一方面，砂轮速度太高时机床容易振动，使加工表面产生振痕。一般砂轮的圆周速度不超过 35m/s，磨床的砂轮主轴转速一般是不变的，所以都规定了最大砂轮直径。

2. 工件圆周速度 $v_{工}$

工件圆周速度 $v_{工}$ 增加，生产率提高，但磨削厚度、工件表面残留高度、磨削力及工件变形增大，使加工精度和表面粗糙度变差；如过小，则工件表面和砂轮接触时间增长，工件表面温度上升，容易引起工件表面烧伤。

工件圆周速度 $v_{工}$ 可按下式确定：

$$v_{工} = \left(\frac{1}{160} \sim \frac{1}{80} \right) \times 60 v_{轮}$$

式中　$v_{工}$——工件圆周速度（m/min）；

　　　$v_{轮}$——砂轮圆周速度（m/s）。

如果 $v_{轮} = 35$m/s，则：

$$v_{工} = \left(\frac{1}{160} \sim \frac{1}{80} \right) \times 60 \times 35 \text{m/s} = 13 \sim 26 \text{m/min}$$

粗磨时，为了提高生产率，$v_{工}$ 取较大值。精磨时，为了获得小的表面粗糙度值，$v_{工}$ 取低些。磨削细长轴时，为避免工件因转速高、离心力大产生弯曲变形和引起振动，$v_{工}$ 应更低些。

3. 进给量 $f_{纵}$

与 $v_{工}$ 的影响相似，一般粗磨钢件时 $f_{纵} = (0.4 \sim 0.6)B$，精磨钢件时 $f_{纵} = (0.2 \sim 0.3)B$，式中 B 为砂轮宽度。

4. 背吃刀量 a_{p}

背吃刀量增加，磨削力增大，工件变形也大，使加工精度降低。一般，粗磨时取 a_{p} = 0.01 ~ 0.06mm，精磨时取 a_{p} = 0.005 ~ 0.02mm。钢件取较小值，铸铁取较大值；短粗件取大值，细长件取小值。

（三）磨床

工厂里使用的磨床种类很多，常用的有：外圆磨床、内圆磨床、平面磨床、工具磨床和其他磨床。现在主要介绍 M1432A 型万能外圆磨床。

图 1-85 所示为 M1432A 型万能外圆磨床。万能外圆磨床不但能磨削外圆柱面、外圆锥面，还可使用机床上附设的内圆磨头来磨削内圆柱面、内圆锥面等。此外，头架还能偏转一定角度以磨削大锥面。

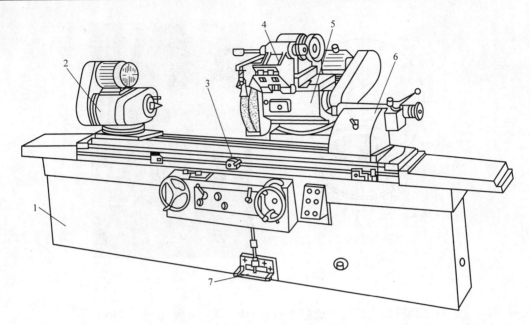

图 1-85 M1432A 型万能外圆磨床
1—床身 2—头架 3—工作台 4—内圆磨头 5—砂轮架 6—尾座 7—脚踏操纵板

M1432A 型万能外圆磨床由床身、工作台、头架、砂轮架、内圆磨头、尾座及脚踏操纵板等部件组成。

床身 1 是机床的基础支承件。床身的纵向导轨上装有工作台 3。工作台由上、下两个台面构成。下台面的底面以矩型组合导轨与床身导轨相配合，由液压系统驱动沿床身导轨做纵向进给运动，也可做手柄进给或调整。上台面相对于下台面可在水平面方向偏转一定角度，用以磨削长圆锥面。上台面上装有头架 2 和尾座 6。头架可绕垂直轴逆时针方向偏转 0°~90°，用以磨削锥度较大的圆锥面。尾座在台面上可以做纵向位置的调整。装有外圆磨砂轮主轴和内圆磨头 4 的砂轮架 5 安装在横向滑板上，并可随同滑板沿床身横向导轨做横向进给运动。外圆磨和内圆磨砂轮主轴分别由各自的电动机经带传动旋转。内圆磨头 4 以铰链连接方式装在砂轮架的上方，磨削内孔时，可将其扳转到下方工作位置。砂轮架可绕垂直轴偏转 ±30°，以便磨削大锥度短圆锥表面。

（四）砂轮

1. 砂轮的构造

砂轮是一种用结合剂把磨粒粘结起来，经压坯、干燥、焙烧及车整而成，具有很多气孔，而用磨粒进行切削的工具，如图 1-86 所示。可见，砂轮是由磨料、结合剂和气孔所组成的。

2. 砂轮的特性

砂轮的特性由磨料、粒度、结合剂、硬度及组织五个参数决定。

（1）磨料 磨料是构成砂轮的基本材料。它直接担负着切削工作，要经受切削过程中剧烈的挤压、摩擦及高温作用。因此，必须具有高硬度、耐热性、耐磨性和相当的韧性，还应有比较锋利的棱角。

磨料分天然磨料和人造磨料两大类。天然磨料为金刚砂、天然刚玉、金刚石等，天然金刚石价格昂贵，其他天然磨料杂质较多，性质随产地而异，质地较不均匀，故主要用人工磨料来制造砂轮。目前常用的磨料有刚玉系、碳化物系、高硬磨料系三大类。

刚玉系磨料的主要成分为氧化铝（Al_2O_3）。碳化物系磨料的主要成分有碳化硅（SiC）、

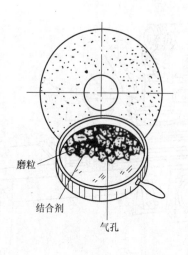

磨粒

结合剂

气孔

图 1-86　砂轮的构造

碳化硼（B_4C），高硬磨料系主要有人造金刚石（TR）和立方氮化硼（CBN）等。

（2）粒度　粒度是指磨料颗粒尺寸的大小程度。粒度有两种表示方法：颗粒较大的用机械筛选法来区分，粒度号以每英寸筛网长度上筛孔的数目来表示，例如 80 目是指磨粒刚刚可通过每英寸长度上有 80 个孔眼的筛网。粒度号越大，表示颗粒越细。颗粒较小的用显微镜测量法来区分，微细磨粒（称微粉）用实际尺寸表示粒度粗细，如 W40 即表示它的基本颗粒尺寸为 $28 \sim 40 \mu m$，"W" 表示微粉。

砂轮粒度的选择原则是：

1）精磨时，应选用磨料粒度号较大或颗粒直径较小的砂轮，以减小已加工表面的表面粗糙度值。

2）粗磨时，应选用磨料粒度号较小或颗粒较粗的砂轮，以提高磨削生产率。

3）砂轮速度较高或砂轮与工件接触面积较大时，选用颗粒较粗的砂轮，以减少同时参加磨削的颗粒数，以免发热过多而引起工件表面烧伤。

4）磨削软而韧的金属时，用颗粒较粗的砂轮，以免砂轮过早堵塞；磨削硬而脆的金属时，选用颗粒较细的砂轮，以增加同时参加磨削的磨粒数，提高生产率。

（3）结合剂　结合剂的作用是将磨粒粘合在一起。结合剂的性能决定了砂轮的强度、耐冲击性、耐蚀性和耐热性。国产砂轮常用的结合剂有四种：陶瓷结合剂、树脂结合剂、橡胶结合剂、金属结合剂。

（4）硬度　砂轮的硬度是指在砂轮中的磨粒磨削时从砂轮表面脱落的难易程度，也反映了磨粒与结合剂的粘固程度。硬度高，磨粒不易脱落；硬度低，磨粒容易脱落。

砂轮的硬度主要取决于结合剂的粘结能力与其在砂轮中所占比例的大小，而与磨料的硬度无关。同一种磨料，可以做出不同硬度的各种砂轮。一般来说，砂轮组织较疏松时，砂轮硬度低些。树脂结合剂砂轮的硬度比陶瓷结合剂的低些。

砂轮的硬度对于磨削生产率和加工表面质量的影响很大。如果砂轮过软，磨粒还未磨钝就已从砂轮上脱落，砂轮损耗大，形状不易保持，使工件的精度难以控制，加工表面也容易被脱落的磨粒划伤。如果砂轮过硬，磨粒磨钝后仍不脱落，这就会使磨削力和磨削热增加，使切削效率和工件表面质量降低，甚至造成工件表面的烧伤和裂纹。若砂轮的硬度适中，磨粒磨钝后，会由于砂轮具有自锐性而自行脱落，露出新的锋利的磨粒，从而使磨削效率提高，工件表面质量好。

砂轮硬度的选用原则是：

1）工件材料越硬，应选用越软的砂轮。这是因为硬材料易使磨粒磨损，需用较软的砂轮以使磨钝的磨粒及时脱落。磨削软材料时磨粒不易变钝，应采用较硬的砂轮，以充分利用磨粒的切削能力，延长砂轮的寿命。但是磨削有色金属（铝、黄铜、青铜等）、橡皮、树脂等软材料时，却要用较软的砂轮。这是因为这些材料易使砂轮堵塞，选用软些的砂轮可使堵塞处较易脱落，露出锋锐的新磨粒。

2）砂轮与工件磨削接触面积大时，磨粒参加切削的时间较长，较易磨损，应选用较软的砂轮。

3）半精磨和粗磨时，需用较软的砂轮，以免工件发热烧伤。但精磨和成形磨削时，为了在较长时间内能保持砂轮的形状，则应选择较硬的砂轮。

4）砂轮气孔率较低时，为防止砂轮堵塞，应选用较软的砂轮。

5）树脂结合剂砂轮由于不耐高温，磨粒容易脱落，其硬度可比陶瓷结合剂砂轮选高1～2级。

6）磨削热导率差的材料（如不锈钢、硬质合金）及薄壁、薄片零件时，为避免工件烧伤或变形，应选较软的砂轮。

（5）组织　砂轮的组织是指砂轮中磨粒、结合剂和孔隙三者体积的比例关系。磨粒在砂轮总体积中所占有的体积百分数（即磨粒率）称为砂轮的组织号。磨料的粒度相同时，组织号越大，磨粒所占的比例越大，孔隙越小，砂轮的组织越紧密；反之，组织号越小，则组织疏松，如图1-87所示。

砂轮组织的疏密，影响磨削加工的生产率和表面质量。砂轮组织号小、组织紧密的砂轮，磨粒之间的容屑空间小，排屑困难，砂轮易被堵塞，磨削效率低，但砂轮单位面积上磨粒数目多，可承受较大磨削压力，易保持形状，并可获得较小的表面粗糙度值，故适用于重压力下的磨削，如手工磨削、成形磨削和精密磨削。砂轮组织号大、组织疏松的砂轮，不易被磨屑堵塞，切削液和空气能带入磨削区域，可降低磨削区域的温度，减少工件因发热引起的变形和烧伤，故适用于粗磨、平面磨、内圆磨等磨削接触面积较大的工序，以及磨削热敏感性较强的材料、软金属和薄壁工件。

当所磨材料软而韧（如银钨合金）或硬而易裂（如硬质合金）时，最好采用大孔隙砂轮（图1-88），这种砂轮的孔隙可达0.7～1.4mm。

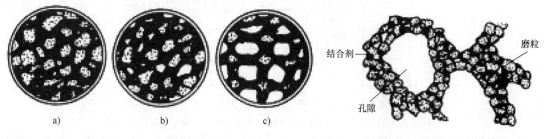

图1-87　砂轮的组织
a）紧密　b）中等　c）疏松

图1-88　大孔隙砂轮

3. 砂轮的形状

砂轮的形状不同，其用途也不一样，可根据表1-11选择砂轮形状。

表 1-11　常用砂轮形状及用途

砂轮名称	代号	断面形状	主要用途	砂轮名称	代号	断面形状	主要用途
平形砂轮	1		外圆磨、内圆磨、平面磨、工具磨	碟形一号砂轮	12a		磨铣刀、铰刀、拉刀，磨齿轮
薄片砂轮	41		切断及切槽	双斜边砂轮	4		磨齿轮及螺纹
筒形砂轮	3		端磨平面	杯形	6		磨平面、内圆，刃磨刀具
碗形砂轮	11		刃磨刀具、磨导轨				

4. 砂轮的标记

为了适应在不同类型的磨床上磨削各种形状和尺寸工件的需要，砂轮有许多种形状和尺寸。砂轮的标志印在砂轮端面上，其顺序是：形状代号、尺寸、磨料、粒度号、硬度、组织号、结合剂、线速度。

砂轮标记方法示例：

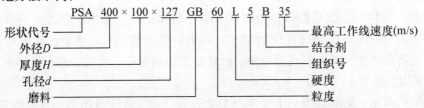

PSA　400×100×127　GB　60　L　5　B　35

形状代号 —— 最高工作线速度(m/s)
外径D —— 结合剂
厚度H —— 组织号
孔径d —— 硬度
磨料 —— 粒度

小尺寸的砂轮（直径小于90mm）一般可只在砂轮上标记粒度和硬度。

（五）轴类零件外圆磨削时工件的装夹

用前、后顶尖装夹是最常用的装夹方法。装夹时，利用工件两端的顶尖孔，把工件支承在磨床的头架及尾座顶尖上，由头架上的拨盘经夹紧在工件上的夹头带动旋转，如图 1-89 所示。这种装夹方法的特点是装夹迅速方便，加工精度高。此时磨床上的顶尖都是固定不转动的，磨削时，工件以顶尖孔为定位基准在顶尖上转动，遵循基准统一原则，因此可以获得高的精度。

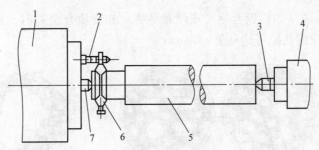

图 1-89　前后顶尖装夹
1—头架　2—拨杆　3—尾顶尖　4—尾座　5—工件　6—夹头　7—头架顶尖

由于工件是以顶尖孔为基准在顶尖上转动，因此顶尖孔的优劣直接影响着工件的磨削质量。所以，磨削加工前，一般要先对顶尖孔进行修整。加工质量要求高的工件，要在不同的磨削阶段间多次修整顶尖孔。

精度要求不高的顶尖孔，可以用多棱硬质合金顶尖刮研。刮研可以在顶尖孔研磨机上进行，也可以在车床上进行。精度要求较高的顶尖孔，可以在车床上用修整成顶尖状的磨石或橡胶砂轮研磨，如图 1-90 所示。对尺寸较大或精度要求高的顶尖孔，可以用铸铁顶尖研磨。

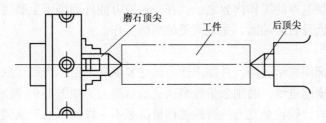

图 1-90 用磨石研磨顶尖孔

用前、后顶尖装夹工件磨削外圆时，工件需用夹头带动旋转。常用的夹头如图 1-91 所示。

磨削细长轴时，由于工件刚性差，容易产生弯曲变形和振动，使磨出的工件呈腰鼓形，表面有振纹，为减小工件的变形和振动，可使用中心架，如图 1-92 所示。中心架有开式和闭式两种，开式与车床跟刀架相似，只有两个支承块，磨削时以便砂轮通过；闭式用于台阶轴或不能用尾顶尖支承的轴类零件磨削时的支承，如图 1-93 所示。

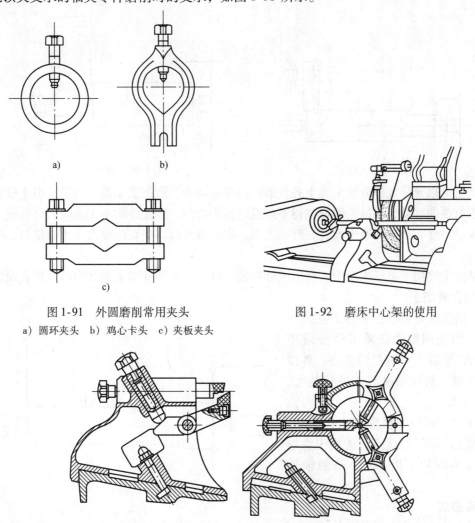

图 1-91 外圆磨削常用夹头
a）圆环夹头 b）鸡心卡头 c）夹板夹头

图 1-92 磨床中心架的使用

图 1-93 磨床中心架
a）开式中心架 b）闭式中心架

（六）外圆磨削方式

外圆磨削是磨工最基本的工作内容之一，在普通或万能外圆磨床上磨削轴、套筒及其他类型零件上的外圆柱表面及台阶端面，是最常见的磨削工作。

1. 纵磨法

磨削时，工件做圆周进给运动，并随工作台做往复纵向进给，当每次纵向行程或往复行程结束后，砂轮做一次横向进给，磨削余量经多次进给后磨去，如图1-94所示。

采用纵磨法磨削时，砂轮全宽上的磨粒工作情况是不一样的：处于纵向进给方向前端部分的磨粒起主要的切削作用；后端部分的磨粒主要起磨光作用，所以磨削效率低，但能获得较小的表面粗糙度值。

纵磨法广泛应用于单件小批生产及零件的精磨。

2. 横磨法（切入磨法）

工件无纵向进给运动，宽于工件磨削表面的砂轮慢速向工件横向进给，直至磨到要求的尺寸，如图1-95所示。

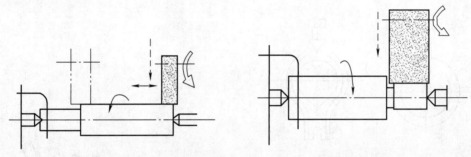

图1-94　纵磨法　　　　　　　　图1-95　横磨法

横磨法可以充分发挥砂轮全宽上各处磨粒的切削能力，磨削效率高。但是，由于砂轮相对于工件没有纵向移动，当砂轮因修整得不好或磨损不均匀，而使外形不正确时，会影响工件的形状精度。另外，因砂轮磨削面宽、磨削力大、磨削温度高，当切削液供应不充足时，工件表面易烧伤。

横磨法主要用于批量生产中，磨削刚性好的工件上较短的外圆表面和回转成形表面。

3. 综合磨削法

综合磨削法是横磨法和纵磨法的综合应用，即先用横磨法将工件分段粗磨，相邻两段间有一定量的重叠，各段留精磨余量，然后用纵磨法进行精磨，如图1-96所示。

这种方法综合了横磨法生产率高、纵磨法加工质量好的优点，适用于磨削表面长度为砂轮宽度 2～3 倍的轴类零件。

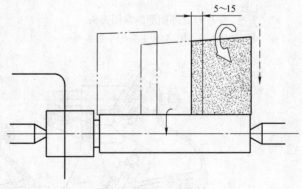

图1-96　综合磨削法

4. 深磨法

深磨法的特点是全部磨削余量（0.3～0.5mm）在一次纵向进给中磨去。磨削时，工件的圆周进给速度和纵向进给速度都很慢，砂轮修整成具有前锥部分（图1-97a）或阶梯形（图1-97b）。

这种方法的生产率比纵磨法高，但修整砂轮比较复杂，而且工件的结构必须保证砂轮有足够的切入和切出长度时才能采用。

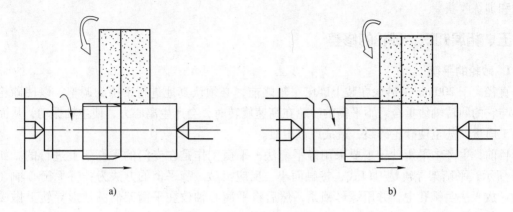

a)　　　　　　　　　　　　　　b)

图 1-97　深磨法

a）锥形砂轮磨削　b）阶梯砂轮磨削

四、训练环节

1. 训练目的与要求

1）熟悉磨床的基本操作。

2）学会用两顶尖在磨床上安装轴类零件。

2. 设备与仪器

1）M1432A 型万能外圆磨床。

2）阶梯轴（图 1-83）。

3）工量具准备：

① 量具准备清单。游标卡尺：0～150mm/0.02mm；外径千分尺：0～25mm/0.01mm；内径千分尺：0～25mm/0.01mm。

② 刀具准备清单：平行砂轮。

③ 工具准备清单：扳手。

3. 训练时间

训练时间为 2h。

4. 相关知识概述

1）阶梯轴在磨床上的装夹方法。

2）阶梯轴的外圆磨削方法。

3）砂轮选用与安装方法。

5. 训练内容

1）磨床使用前的检修。

2）砂轮的选用与安装。

3）阶梯轴在磨床上的安装：采用两顶尖装夹。

4）阶梯轴的磨削：采用横磨法。

5）设备保养和场地整理。加工完毕，清理切屑、保养磨床和清理场地。

6）阶梯轴外圆加工质量检测。测量外圆直径时，应先擦净外圆表面的毛刺，然后用游标卡尺、外径千分尺或圆柱卡规进行检验。

7）写出本任务完成后的训练报告。具体内容有：训练目的、训练内容、训练过程、注意事项和训练收获。

五、拓展知识：砂轮的修整

1. 砂轮的平衡

直径大于200mm的砂轮在装上磨床主轴之前，必须认真地进行平衡的调整，以使砂轮的重心与它的回转轴线重合。不平衡的砂轮在高速旋转时，会产生离心力，使主轴振动，从而影响加工质量，甚至使砂轮碎裂，造成严重事故。

目前，生产中平衡砂轮主要采用静平衡法，平衡工作是在专门的平衡架上进行的。如图1-98所示，平衡架导轨是刀口式，接触面小，反应灵敏。静平衡的方法为：将平衡心轴（图1-99）放入法兰锥孔中，并用螺母锁紧，然后将平衡心轴放在平衡架的圆柱形导轨上做缓慢滚动。若砂轮不平衡，则砂轮回来会摆动，如图1-100、图1-101a所示，直至摆动停止，其偏重点必然在砂轮下方。在与重点相对的轻点处做一记号 A，并在轻点的位置上装入第一个平衡块1，在其对称两侧装另外两块平衡块2、3，如图1-101b所示。再将 A 点置于水平位置，如不平衡，砂轮仍摆动，则需调整平衡块2、3同时向 A 点靠拢，直至平衡。如果在任何位置都能使砂轮静止，则说明砂轮已平衡。

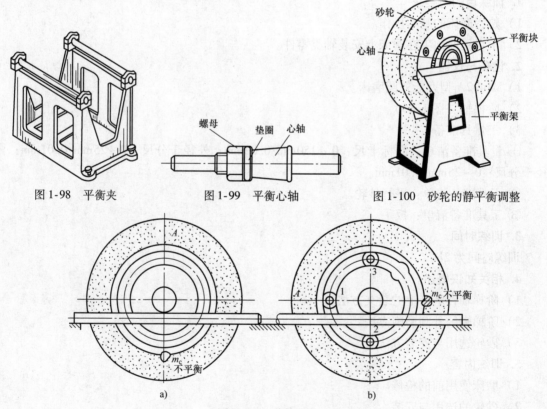

图 1-98　平衡夹　　　图 1-99　平衡心轴　　　图 1-100　砂轮的静平衡调整

图 1-101　砂轮平衡

2. 修整砂轮

（1）砂轮的磨损　与其他刀具一样，砂轮在使用过程中也会钝化而失去磨削能力，其形式主要如下：

1）磨粒的磨耗磨损。磨削过程中，在高温高压作用下，磨粒发生塑性流动和化学反应，然后在强烈的机械摩擦作用下，被磨平变钝。

2）磨粒的破碎磨损。在磨削的瞬间，磨粒温度迅速升高，又在切削液作用下骤冷，这样多次反复骤冷骤热，使磨粒表面形成很大热应力，从而使磨粒因热疲劳而碎裂。

3）砂轮表面堵塞。磨削过程中，在高温高压作用下，被磨削材料会粘附在磨粒上，磨下的磨屑会嵌入砂轮空隙中，从而使砂轮钝化而失去磨削能力。

4）砂轮磨粒脱落磨损。砂轮表面的磨粒在磨削力作用下脱落不均，使砂轮轮廓失真。

砂轮磨损后失去磨削能力，此时应及时修整砂轮。

（2）砂轮的修整　修整砂轮常用的工具有大颗粒金刚石笔、多粒细碎金刚石笔和金刚石滚轮。如图 1-102 所示，多粒细碎金刚石笔修整效率较高，所修整的砂轮磨出的工件表面粗糙度值较小。金刚石滚轮修整效率更高，适用于修整成形砂轮。

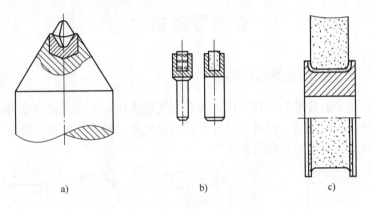

图 1-102　砂轮修整工具

a）大颗粒金刚石笔　b）多粒细碎金刚石笔　c）金刚石滚轮

砂轮修整进给量为砂轮转一转修整笔沿着修整表面的移动量。当工件表面有小的表面粗糙度值要求时，修整进给量取小值，如果修整进给量小于磨粒的平均直径，砂轮上每粒磨粒都被金刚石笔切削，从而产生更多的有效切削刃，使砂轮有较好的切削性能，能磨出较小的表面粗糙度值的表面，但会产生较多的热量；当粗磨或半精磨时，为了避免烧伤，可选用较大的修整进给量。

修整砂轮时，金刚石笔应与砂轮倾斜 5°～15°，与垂直面成 20°～30°，刀尖低于砂轮中心 1～2mm，如图 1-103 所示。

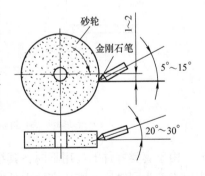

图 1-103　砂轮修整

六、回顾与练习

1）试述磨削的工艺范围及特点。

2）磨削用量有哪些？

3）磨削加工前怎样选用磨料？

4）外圆磨床上的装夹方法有哪些？哪种装夹方法相对效率较高？

5）纵磨法和横磨法各有何优点和缺点？

6）试述砂轮平衡的调整方法。

项目二　套类零件的加工

【学习内容】　本项目的任务是认识套类零件的特征，学习对套类零件外圆与内孔加工质量具有重要影响的车刀几何角度与切削用量的选择方法，学习短套筒、长套筒在车床、磨床上的装夹方法及典型特征的加工方法。

【基本要求】　通过本项目的学习，具备独立制订套类零件加工工艺文件、完成套类零件典型特征加工任务的能力。

套类零件描述

一、套的功用、结构特点与类型

套类零件是机械中最常见的一种零件，通常起支承或导向作用。它的应用很广泛，如支承在旋转轴上的各种形式的轴承、夹具上引导刀具的导向套、模具的导套、内燃机的气缸套及液压缸等。图 2-1 所示为常见的几种套类零件。

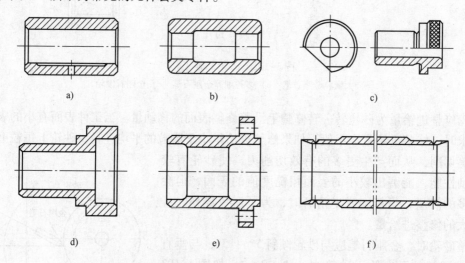

图 2-1　常见的几种套类零件

a) 滑动轴承　b) 滑动轴承　c) 钻套　d) 轴承衬套　e) 缸套　f) 液压缸

由于套类零件的功用不同，其结构和尺寸有很大的差异，但结构上也有共同特点：零件的主要表面为同轴度要求较高的内外旋转表面，内孔表面质量要求高，零件较薄且容易变形，零件长度一般大于直径。

在模具中，导套与安装在模具上的导柱相配合，用以确定动、定模具的相对位置，保证模具具有运动精度，导套内孔具有较高精度要求，如图 2-2 所示。

如图 2-3 所示，带头导套是带有轴向定位台阶的导套，可用在各种场合，特别适用于批量大的大、中型精密模具。导套的外径尺寸与导柱大端相同，配合为 H7/k6。

图 2-2　模具中的导套

图 2-3　带头导套

二、套的技术特点

套类加工关键技术：套类零件的主要加工对象是套上的内孔和外圆，技术要求主要针对四个方面：孔的技术要求、外圆表面的技术要求、孔与外圆轴线的同轴度要求、孔轴线与端面的垂直度要求。

三、轴的材料、毛坯选用和热处理

套类零件一般由优质碳素钢、铸铁、青铜或黄铜制成，有些滑动轴承采用双金属结构，用离心铸造法在钢和铸铁套筒内壁上浇铸巴氏合金等轴承合金材料，既可节省贵重的有色金属，又能提高轴承的寿命。对一些强度和硬度要求很高的套筒，如镗床的主轴套筒、伺服阀套等，可以用优质合金钢。

套筒的毛坯选择与其材料、结构、尺寸和生产批量有关。孔径小的套筒一般选择热轧或冷拉棒料，也可采用实心铸件；孔径较大的套筒选用无缝钢管或带孔的铸件和锻件。大批量生产时，采用冷挤压和粉末冶金等先进毛坯制造工艺，既可节省材料，又可提高毛坯精度和生产率。

任务一　短套筒内孔的车削加工

一、工作任务

如图 2-4 所示，利用车床完成套筒外圆及内孔车削加工。

二、学习目标

1）掌握车刀几何角度选择的方法。

2）掌握切削用量选择的方法。

3）掌握短套筒在车床上的安装方法。

4）具备操作车床完成轴套内孔加工的能力。

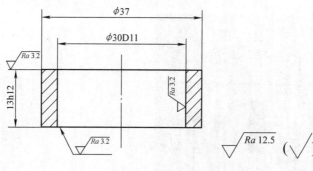

图 2-4　套筒零件图

三、学习内容

（一）刀具几何角度的选择

套类零件外圆与内孔精度要求较高，根据工件材料和加工条件合理选择刀具几何角度可以有效减小切削阻力和降低切削热，提高刀具寿命，保证零件的加工精度。

1. 前角与前面的选择

（1）前角的选择　适当地增大前角 γ_o，能减小切削变形与摩擦，从而减小切削力和降低切削温度，减小刀具磨损，改善加工质量，抑制积屑瘤等。但是前角太大，会削弱切削刃强度和散热能力，易造成崩刃，因此，前角既不能太大，又不能太小，应该有一个合理的参数值。前角的选择原则为：在刀具强度允许的条件下，尽量选用大的前角。具体选择时，首先，应根据工件材料选配，切削弹塑性材料时，为了减小塑性变形，应选择大的前角，工件材料塑性越大，选择的前角也应该越大；切削脆性材料时，应选择较小的前角。其次，应根据切削部分的刀具材料来选择，高速钢的抗弯强度和耐冲击韧度高于硬质合金，故其前角可大于硬质合金。再次，应根据加工要求来选择前角，粗加工时，由于进给量 f、背吃刀量 a_p 较大，毛坯不规则，表皮很硬，为了保护切削刃，应考虑切削刃强度，选择较小的前角；精加工时，进给量 f、背吃刀量 a_p 小，切削力小，为使刃口锋利，保证加工质量，应选择较大前角。最后，对于成形刀具，如成形车刀、成形铣刀，减小前角可以减小刀具截形误差，提高零件的加工精度。因此，应根据工件材料的性质、刀具材料和加工性质来选择前角，具体数值见表 2-1、表 2-2。

表 2-1　硬质合金车刀的合理前角参考值

工件材料	合理前角		工件材料	合理前角	
	粗车	精车		粗车	精车
低碳钢	20°～25°	25°～30°	灰铸铁	10°～15°	5°～10°
中碳钢	10°～15°	15°～20°	铜及铜合金	10°～15°	5°～10°
合金钢	10°～15°	15°～20°	铝及铝合金	30°～35°	35°～40°
淬火钢	−15°～−5°		钛合金 $R_m \leqslant 1.177\text{GPa}$	5°～10°	
不锈钢（奥氏体）	15°～20°	20°～25°			

表 2-2　不同刀具材料加工钢材时的前角值

R_m/GPa ＼ 刀具材料	高速钢	硬质合金	陶瓷
≤0.784	25°	12°～15°	10°
>0.784	20°	10°	5°

（2）前面的形式　前面有以下几种形式，如图 2-5 所示。

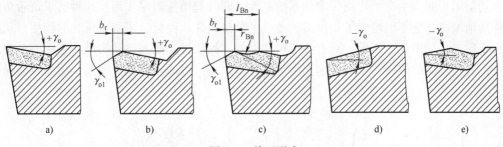

图 2-5　前面形式

a）正前角平面型　b）正前角平面带倒棱型　c）正前角曲面带倒棱型　d）负前角单面型　e）负前角双面型

1）正前角平面型。结构简单，刃口锋利，但强度低，传热能力差。一般用于精加工刀具、成形刀具、多刃刀具和加工脆性材料的刀具。

2）正前角平面带倒棱型。在该形式前面中，倒棱是在主切削刃刃口处磨出一条很窄的棱边而形成的。它可以提高切削刃的强度和增大散热面积，从而提高刃口散热能力，提高刀具寿命。一般用于粗切铸、锻件或断续表面的加工。硬质合金刀具通常按 $b_r = 0.5 \sim 1.0$、$\gamma_{o1} = -10° \sim -5°$ 选取。

3）正前角曲面带倒棱型。在正前角平面带倒棱型的基础上，在前面磨出一个曲面（卷屑槽），它可以起到增大前角和卷屑的作用。常用于粗加工或精加工弹塑性材料的刀具上。卷屑槽参数为 $l_{Bn} = (6 \sim 8) f$，$r_{Bn} = (0.7 \sim 0.8) l_{Bn}$。

4）负前角单面型。当磨损主要发生在后面时，这种形式的刀面可以承受较大的压应力，具有好的切削刃强度，主要用于切削高硬度、高强度材料和淬火钢材料。

5）负前角双面型。当磨损发生在前、后面时，这种形式可使刀片重磨次数增多。此时，负前角的棱面应有足够的宽度，以保证切屑沿该棱面流出。

2. 后角与后面的选择

增大后角 α_o 可减小刀面与过渡表面间的摩擦，减小刀具磨损，还可以减小切削刃钝圆弧半径 r_n，使刃口锋利，易切下薄的切屑，从而减小加工表面的表面粗糙度值。但是，后角过大会降低切削刃强度和散热能力。

后角 α_o 要根据切削厚度 h_0 选择，粗加工时，进给量 f 大，切削厚度 h_0 大，为保证刀具强度，后角可取小值，在 $\alpha_o = 4° \sim 6°$ 的范围内选取。精加工时，进给量 f 小，切削厚度 h_0 小，为保证加工表面质量，后角可取大值，在 $\alpha_o = 8° \sim 12°$ 的范围内选取。因为切削厚度越小，在第三变形区中，有一层不能切下的金属层的比例随着后角的减小而增大。表 2-3 所列为硬质合金车刀的合理后角参考值。

表 2-3　硬质合金车刀的合理后角参考值

工件材料	合理后角		工件材料	合理后角	
	粗车	精车		粗车	精车
低碳钢	8° ~ 10°	10° ~ 12°	灰铸铁	4° ~ 6°	6° ~ 8°
中碳钢	5° ~ 7°	6° ~ 8°	铜及铜合金（脆）	6° ~ 8°	6° ~ 8°
合金钢	5° ~ 7°	6° ~ 8°	铝及铝合金	8° ~ 10°	10° ~ 12°
淬火钢	8° ~ 10°		钛合金 $R_m \leqslant 1.177\mathrm{GPa}$	10° ~ 15°	
不锈钢（奥氏体）	6° ~ 8°	8° ~ 10°			

在实际生产中有时会在后面上磨出倒棱面 b_o = 0.1 ~ 0.3mm，负后角 α_o = -10° ~ -5°，目的是在切削加工时产生支承作用，增加系统刚性，同时起消振阻尼作用。这种磨了负后角的窄棱面称为消振棱，它不但增强了切削刃，改善了散热条件，而且起了熨平压光的作用，从而提高了加工质量，如图 2-6 所示。对有些定尺寸刀具，如铰刀、拉刀、钻头等，在后面上磨出宽度较小，后角为零的刃带，一方面起支承定位作用，另一方面主要在重磨前、后面时，保持直径尺寸不变。

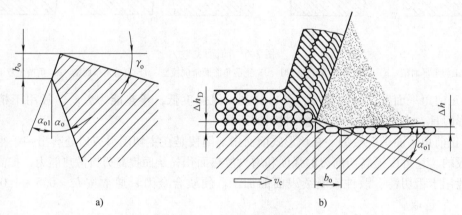

图 2-6　刀具的消振棱
a）消振棱　b）消振棱的切挤作用

通常副后角等于后角 α_o 的数值。但有一些特殊刀具，为了保证其强度，如切断刀，副后角 α_o' = 1° ~ 2°。

3. 主偏角、副偏角和刀尖的选择

（1）主偏角的选择　主偏角 κ_r 影响各切削分力的比值。主偏角 κ_r 增大，进给力 F_f 增加，背向力 F_p 减小，从而可以避免顶弯工件和切削时产生振动。主偏角 κ_r 影响切削横截面的形状，主偏角 κ_r 增大，在进给量 f 和背吃刀量 a_p 不变的情况下，切削宽度 b_D 减小，切削厚度 H_D 增大。切削刃单位长度负荷增加，散热能力下降，刀具寿命下降。主偏角 κ_r 影响工件表面形状，车削阶梯轴时，选用主偏角 κ_r = 90°；车削细长轴时，选用 κ_r = 75° ~ 90°；为了增强通用性，能车外圆、端面和倒角，可选用 κ_r = 45°。

主偏角的选择原则是：粗加工时，主偏角应选择大一些，以减振、防崩刃；精加工时，主偏角应选小些，以减小表面粗糙度值；工件材料强度、硬度高时，主偏角应选小些，以改善散热条件，提高刀具寿命；工艺系统刚性好，应取较小的主偏角；反之，主偏角应取大值。

（2）副偏角的选择　在工艺系统允许的条件下，副偏角一般取小值，κ_r' = 5° ~ 10°，最大不得超过 15°；精加工时，副偏角应取得更小，必要时可以磨出副偏角 κ_r' = 0°的修光刃。主、副偏角的选用值可参考表 2-4。

表 2-4　主、副偏角的选用值

适用范围加工条件	主偏角 κ_r	副偏角 κ_r'
加工系统刚性足够，加工淬硬钢、冷硬铸铁	10° ~ 30°	5° ~ 10°
加工系统刚性较好，可中间切入，加工外圆、端面、倒角	45°	45°
加工系统刚性较差，粗车、强力车削	60° ~ 70°	10° ~ 15°
加工系统刚性差，加工台阶轴，细长轴，多刀车、仿形车	75° ~ 93°	6° ~ 10°
切断、车槽	≥90°	1° ~ 2°

（3）刀尖的选择

1）倒角刀尖。倒角刀尖可以增强刀尖强度，增加刀尖部分传热面积，且提高刀具寿命，减小已加工表面的表面粗糙度值，如图2-7所示。

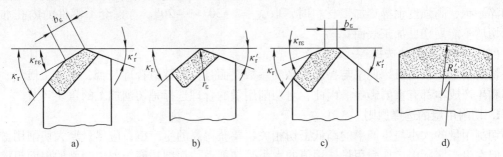

图2-7 过渡刃的形式

a) 直线刃 b) 圆弧刃 c) 平行刃 d) 大圆弧形

2) 直线型倒角刀尖。主要用于粗车或强力车削车刀上。倒角刀尖偏角 $\kappa_{r\varepsilon} = \kappa_r/2$，长度 $b_\varepsilon = (1/5 \sim 1/4) a_p$，中小型车刀 $b_\varepsilon = 0.5 \sim 2mm$。

3) 切削刃钝圆半径。刀尖圆弧半径 r_ε 增大，减小平均主偏角，可以减小表面粗糙度值，提高刀具寿命。但同时也会使 F_p 力增大和容易产生振动，所以 r_ε 不能太大。通常高速钢车刀 $r_\varepsilon = 0.5 \sim 5mm$，硬质合金车刀 $r_\varepsilon = 0.5 \sim 2mm$。

4) 水平修光刃。修光刃是在副切削刃近刀尖处磨出一小段 $\kappa_r' = 0°$ 的与进给方向平行的切削刃，修光刃长度 $b_\varepsilon' = (1.2 \sim 1.5)f$，略大于进给量 f。修光刃应磨得直、平、光。

4. 刃倾角的选择

刃倾角的选择可以影响排屑方向、切削刃强度、刀尖的锋利程度、工件的变形和工艺系统的振动。实验表明，当刃倾角 $\lambda_s = 0°$ 时，切屑垂直于切削刃流出；断续切削时，切削刃与工件同时切入，同时切离，会引起振动。当刃倾角 $\lambda_s > 0°$ 时，切屑向待加工表面流出；在切削有断续表面的工件时，首先与工件接触的是刀尖，容易引起崩刃或打刀；断续切削时，切削刃上各点逐步切入或切离工件，切削过程平稳。当刃倾角 $\lambda_s < 0°$ 时，切屑向已加工表面流出；在切削有断续表面的工件时，首先与工件接触的切削刃上的点，可以起到保护刀尖的作用，如图2-8所示。

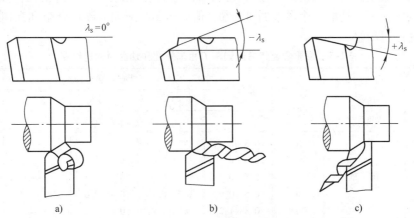

图2-8 刃倾角对切屑流向的影响

a) $\lambda_s = 0°$ b) $\lambda_s < 0°$ c) $\lambda_s > 0°$

刃倾角的选择原则是：主要根据刀具强度、流屑方向和加工条件而定。一般钢料和铸铁粗加工，取 $\lambda_s = -5° \sim 0°$；如有冲击负荷，取 $\lambda_s = -15° \sim -5°$；精加工时为使切屑不流向已加工表面使其划伤，取 $\lambda_s = 0° \sim 5°$；进行微量精细（$a_p = 5 \sim 10\mu m$）切削时，取 $\lambda_s = 45° \sim 75°$；切削淬硬钢、高强度钢等难加工材料时，取 $\lambda_s = -30° \sim -20°$。考虑套类零件的内孔加工质量，切屑不能划伤已加工表面。

（二）切削用量的选择

切削用量不仅是机床调整与控制的必要参数，而且，其数值合理与否，对加工质量、加工效率和生产成本都有重要影响。因此，对切削用量的合理选择是切削加工的重要环节。

1. 切削用量的选择原则

切削用量的大小与生产率的高低密切相关，要获得高的生产率，应尽量增大切削用量三要素。但在生产实际中，切削用量选用值的大小受切削力、切削功率、加工表面的表面粗糙度要求以及刀具寿命等诸多因素的影响与限制。应在保证加工质量的前提下，并在工艺系统强度和刚度允许的条件下合理选用切削用量，才能充分利用机床功率，发挥刀具最佳切削性能。综合分析切削用量三要素对切削力、切削功率、加工表面的表面粗糙度要求以及刀具寿命的影响，切削用量的选择原则是：首先选一个尽量大的背吃刀量 a_p，其次选择一个大的进给量 f，最后根据给定的刀具寿命和在机床功率允许的条件下选择一个合理的切削速度 v_c。

2. 切削用量的合理选择

通常情况下，切削用量均根据切削用量手册所提供的数据，以及给定刀具的材料、类型、几何参数及寿命按下面的方法和步骤进行选取。

粗加工切削用量时，一般以提高生产率为主，兼顾加工成本；精加工、半精加工选择切削用量时，应在保证加工精度和加工表面的表面粗糙度要求的前提下考虑成本。

（1）背吃刀量 a_p 的选择　背吃刀量应根据加工余量确定。粗加工时，尽量一次进给切除全部余量。当加工余量过大或工艺系统刚性不足时可分两次切除余量。

第一次进给的背吃刀量：$a_{p1} = (2/3 \sim 3/4)A$

第二次进给的背吃刀量：$a_{p2} = (1/3 \sim 1/4)A$

式中　A——单边余量。

半精加工时，背吃刀量可取 $0.5 \sim 2mm$，精加工时，背吃刀量可取 $0.1 \sim 0.4mm$。

（2）进给量 f 的选择　当背吃刀量确定后，进给量 f 的大小直接影响切削力的大小。

粗加工时进给量的选择原则是：在刀具的刀片和刀柄的强度、机床进给机构强度、工艺系统刚度允许的前提下，选取一个最大的进给量 f 值。表 2-5 所列为硬质合金和高速钢车刀粗车外圆和端面时的进给量。

表 2-5　硬质合金和高速钢车刀粗车外圆和端面时的进给量

加工材料	车刀刀柄尺寸 $B \times H$ /(mm×mm)	工件直径 /mm	背吃刀量 a_p/mm				
			≤3	>3~5	>5~8	>8~12	12 以上
			进给量 f/(mm/r)				
碳素结构钢和合金结构钢	16×25	20	0.3~0.4	—	—	—	—
		40	0.4~0.5	0.3~0.4	—	—	—
		60	0.5~0.7	0.4~0.6	0.3~0.5	—	—
		100	0.6~0.9	0.5~0.7	0.5~0.6	0.4~0.5	—
		400	0.8~1.2	0.7~1.0	0.6~0.8	0.5~0.6	—
	20×30 25×25	20	0.3~0.4	—	—	—	—
		40	0.4~0.5	0.3~0.4	—	—	—
		60	0.6~0.7	0.5~0.7	0.4~0.6	—	—
		100	0.8~1.0	0.7~0.9	0.5~0.7	0.4~0.7	—
		600	1.2~1.4	1.0~1.2	0.8~1.0	0.6~0.9	0.4~0.6

（续）

加工材料	车刀刀柄尺寸 $B \times H$ /(mm × mm)	工件直径 /mm	背吃刀量 a_p/mm				
			≤3	>3 ~ 5	>5 ~ 8	>8 ~ 12	12 以上
			进给量 f/(mm/r)				
铸铁及铜合金	16 × 25	40	0.4 ~ 0.5	—	—	—	—
		60	0.6 ~ 0.8	0.5 ~ 0.8	0.4 ~ 0.6	—	—
		100	0.8 ~ 1.2	0.7 ~ 1.0	0.5 ~ 0.7	0.5 ~ 0.7	—
		400	1.0 ~ 1.4	1.0 ~ 1.2	0.8 ~ 1.0	0.6 ~ 0.8	—
	20 × 30 25 × 25	40	0.4 ~ 0.5	—	—	—	—
		60	0.6 ~ 0.9	0.5 ~ 0.8	0.4 ~ 0.7	—	—
		100	0.9 ~ 1.3	0.8 ~ 1.2	0.7 ~ 1.0	0.5 ~ 0.8	—
		600	1.2 ~ 1.8	1.2 ~ 1.6	1.0 ~ 1.3	0.9 ~ 1.1	0.7 ~ 0.9

注：1. 加工断续表面及进行有冲击的加工时，表内的进给量应乘系数 $K = 0.75 ~ 0.85$。

2. 加工耐热钢及其合金时，不采用大于 1.0mm/r 的进给量。

3. 加工淬火硬钢时，表内的进给量应乘系数 $K = 0.8$（材料硬度为44 ~ 56HRC）或 $K = 0.5$（材料硬度为57 ~ 62HRC）。

半精加工、精加工时，主要按工件表面的表面粗糙度要求，根据工件材料、刀尖圆弧半径、切削速度按表 2-6 选取。

表 2-6　按表面粗糙度选择进给量的参考值

工件材料	表面粗糙度 Ra 值 /μm	切削速度 /(m/min)	刀尖圆弧半径/mm		
			0.5	1.0	2.0
			进给量 f/(mm/r)		
铸铁、青铜、铝合金	5 ~ 10	不限	0.25 ~ 0.40	0.40 ~ 0.50	0.50 ~ 0.60
	2.5 ~ 5		0.15 ~ 0.20	0.25 ~ 0.40	0.40 ~ 0.60
	1.25 ~ 2.5		0.10 ~ 0.15	0.15 ~ 0.20	0.20 ~ 0.35
碳钢及合金钢	5 ~ 10	<50	0.30 ~ 0.50	0.45 ~ 0.60	0.55 ~ 0.70
		>50	0.40 ~ 0.55	0.55 ~ 0.65	0.65 ~ 0.70
	2.5 ~ 5	<50	0.18 ~ 0.25	0.25 ~ 0.30	0.30 ~ 0.40
		>50	0.25 ~ 0.30	0.30 ~ 0.35	0.35 ~ 0.50
	1.25 ~ 2.5	<50	0.10	0.11 ~ 0.15	0.15 ~ 0.22
		50 ~ 100	0.11 ~ 0.16	0.16 ~ 0.25	0.25 ~ 0.35
		>100	0.16 ~ 0.20	0.20 ~ 0.25	0.25 ~ 0.35

（3）切削速度 v_c 的选择　　背吃刀量 a_p 和进给量 f 确定后，按已知的刀具寿命 T 用公式求出切削速度 v_c：

$$v_c = [C_v / (T^m a_p^{X_v} f^{Y_v})] K_v$$

式中　v_c——切削速度（m/min）；

T——刀具寿命；

m——刀具寿命指数；

C_v——切削速度系数；

X_v、Y_v——背吃刀量、进给量对切削速度的影响指数；

K_v——切削速度修正系数。

以上各参数的值按表 2-7 选取，加工其他材料和用其他加工方法时的系数和指数可由切削用量手册查出。

表 2-7　外圆车削时切削速度公式中的指数和系数

工件材料	刀具材料	进给量 $f/$（mm/r）	公式中的系数和指数			
			C_v	X_v	Y_v	m
碳素结构钢 $R_m = 0.65\text{GPa}$	P15 （不用切削液）	≤0.30	291	0.15	0.20	0.20
		>0.30~0.70	242		0.35	
		>0.70	235		0.45	
	W18Cr4V W6Mo5Cr4V2 （用切削液）	≤0.25	67.2	0.25	0.33	0.125
		>0.25	43		0.66	
灰铸铁 190HBW	K10（不用切削液）	≤0.40	189.8	0.15	0.20	0.20

切削速度确定后，可计算机床转速：

$$n = 1000v_c/(\pi d_w)$$

式中　n——工件转速（r/min）；

　　　d_w——工件待加工表面直径（mm）。

根据机床说明书选相近的较低档的机床转速，然后根据选择的机床转速算出实际切削速度。

（4）校验机床功率 P_E　首先由公式

$$P_c = \frac{F_c v_c \times 10^{-3}}{60}$$

计算切削功率，实际加工中要求切削功率小于机床功率，即

$$P_c \leqslant P_E \eta_m$$

式中　P_c——切削功率；

　　　η_m——机床传动效率，一般取 $\eta_m = 0.75 \sim 0.85$。

（三）短套筒在车床上的安装

1. 用外圆（或外圆与端面）定位装夹

加工套类零件的主要任务是完成同轴度要求较高的内、外圆表面的加工，其装夹方法如下：通常使用自定心卡盘、单动卡盘和弹簧夹头等夹具，当工件为毛坯件时，以外圆为粗基准定位装夹；当工件外圆和端面已加工时，常以外圆或外圆与端面定位装夹。

1）当套类零件内孔直径较小时，利用卡爪反撑内孔（图2-9），应使端面贴紧卡爪端面。

2）套类零件壁厚较大时，可利用反爪夹持大工件外圆（图2-10），应使端面贴紧卡爪端面。

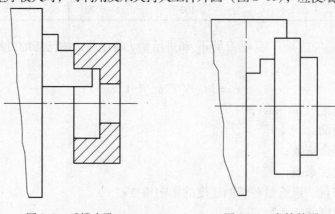

图 2-9　反撑内孔　　　　　　图 2-10　夹持外圆

2. 用已加工内孔定位装夹

为了保证零件内、外圆的同轴度,常在精加工后以孔定位装夹来精加工外圆(或外圆与端面)。当内、外圆同轴度要求不高时,可采用圆柱形心轴或可胀式弹性心轴,如图 2-11 所示。

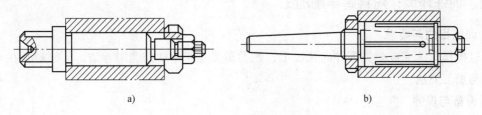

a)　　　　　　　　　　　　　　　b)

图 2-11　心轴的装夹方法

a) 圆柱形心轴　b) 可胀式弹性心轴

(四) 套类零件内孔车削

铸造、锻造和钻出的孔常需扩大孔径,达到要求的尺寸精度和表面粗糙度,若纠正原始孔的轴线偏差还需车内孔。车内孔的加工范围很广,不仅可粗加工,也可精加工,精度可达 IT6 ~ IT8,表面粗糙度值为 $Ra1.25 ~ 5\mu m$,精细车内孔可以达到更小 ($< Ra1\mu m$),如图 2-12 所示。

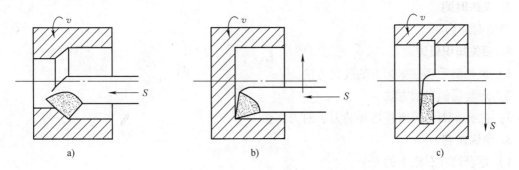

a)　　　　　　　　　　b)　　　　　　　　　　c)

图 2-12　车内孔

a) 车通孔　b) 车不通孔　c) 车内槽

车孔操作又可分为车通孔、车不通孔(不通孔)和车内槽等。车内孔应注意以下事项:

1) 主偏角的选用。车通孔一般用普通内孔车刀,为减小车孔时径向切削分力,即减小刀柄弯曲变形,一般主偏角 $\kappa_r = 60° ~ 70°$。车台阶孔和不通孔时用不通孔车刀,俗称清根车刀,其主偏角 $\kappa_r = 95°$左右。

2) 刀尖一般应略高于工件旋转中心,以减小振动,避免扎刀,影响车孔质量。若工件孔与外圆有同轴度要求,应尽可能在一次安装完成。

3) 刀柄截面应尽可能大而合理,伸出长度尽量减小,以增强刚性,减小车孔误差。

4) 车台阶孔和不通孔时,当纵向进给至孔的末端后,再转为横向进给,即可获得孔内端面与孔壁较好的垂直度。

5) 若内台阶长或孔深,可采用在刀柄上做标记或安置铜片等措施控制车刀进入孔的尺寸。

6) 为保证车孔质量,精车时一定要采用试切方法,所选用的背吃刀量和进给量比外圆加工时更小。

7）测量孔径时，应先擦净孔内的切屑，然后用游标卡尺、内径百分表或圆柱塞规进行检验。

四、训练环节：短套筒车削加工

1. 训练目的与要求

通过操作车床完成套类零件内孔加工，熟悉车刀几何角度的选用方法，掌握短套在车床上的装夹与加工方法。

2. 设备与仪器

1）CA6132 型卧式车床若干台。

2）棒料：Q235A，$\phi65mm \times 50mm$。

3）工量具准备：

① 量具准备清单。游标卡尺：$0 \sim 150mm/0.02mm$，外径千分尺 $0 \sim 25mm/0.01mm$，内径千分尺 $0 \sim 25mm/0.01mm$。

② 刀具准备清单：93°外圆车刀、45°端面车刀、内孔车刀、$\phi14mm$ 钻头。

③ 工具准备清单：卡盘扳手、刀架扳手。

3. 训练时间

训练时间为 2h。

4. 相关知识概述

1）短套筒毛坯在车床上的装夹方法。

2）短套筒的车削方法。

3）内孔车刀的刃磨技巧和装刀、对刀方法。

5. 训练内容

1）短套筒在车床上的安装。

2）车端面、倒角。

3）车外圆。

4）车削短套筒内孔。

5）设备保养和场地整理。加工完毕，清理切屑、保养车床和清理场地。

6）套筒内孔加工质量检测。测量孔径时，应先擦净孔内的切屑，然后用游标卡尺、内径百分表或圆柱塞规进行检验。

7）写出本任务完成后的训练报告。具体内容有：训练目的、训练内容、训练过程、注意事项、训练收获。

五、拓展知识：不锈钢薄壁套的车削加工

在机械零件中，不锈钢薄壁套属于难加工零件，尤其是大型衬套的加工，由于工件装夹难、切削断屑难和刀具易磨损等原因，加工更加困难。图 2-13 所示为大型不锈钢衬套，长935mm，直径为 $\phi760mm$，单边壁厚只有 25mm，属于典型的大型薄壁套零件。装配工艺要求在车床上先将衬套内孔加工到尺寸，外圆一般先留 $3 \sim 4mm$ 余量，再将衬套烘装到轴上相应部位，等温度降到室温时，再在卧式车床上装夹找正，将轴和轴上烘装的衬套一次加工成形。然

而，在加工衬套内孔时如果装夹不当，内孔尺寸精度就很难保证，不但会给烘装带来相当大的难度，甚至不能顺利烘装衬套，不能保证产品质量。

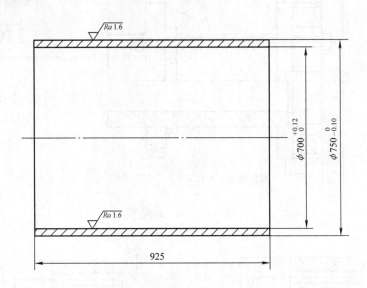

图 2-13　大型不锈钢衬套

1. 零件加工工艺和加工难点分析

工件材料为 1Cr18Ni9Ti，直径为 $\phi750mm$，壁厚为 25mm，长度为 925mm，为大型深长薄壁衬套。毛坯由两个半圆不锈钢板焊接而成，其加工工艺有以下几个特点：

1）因其壁薄，在径向受力不均或振动就会产生变形，装夹困难。

2）因为工件长，刀柄伸出近 1m，且工件为薄壁，刀具和工件刚性都差，切削时容易产生振动，影响尺寸精度和表面粗糙度。

3）由于工件材料韧性大，采用材料为 K20 的车刀进行加工，加工材料硬化严重，Cr 的质量分数高，导热系数低，易产生粘结。

4）由于纵向切削尺寸长，工件切削时在切削后期刀具易产生急剧磨损现象，难以保证内孔的形状。

2. 工艺改进

（1）工艺改进　在加工工件外圆时，先用卡爪夹住一端，车另一端外圆，留单边余量 2mm，车至 600mm 后调头车另一端，留 50mm，以毛坯台阶作为轴向装配基准。再用卡爪夹住定位法兰对工件进行孔加工。

（2）夹具设计　根据零件容易变形的特点，解决夹紧变形是关键，夹具必须保证夹紧力均匀，如图 2-14 所示。利用定位法兰（图 2-15）定位，使用压紧法兰（图 2-16）夹紧，改变传统的径向夹紧为轴向夹紧。

（3）刀具的选用与刃磨　由于工件和刀柄刚性差，毛坯有焊瘤等原因，加工过程中容易产生振动和刀尖损坏，刀具选用强度和抗冲击性比较好的材料为 K20 的螺纹车刀改制而成，其几何角度如图 2-17 所示。刀具几何角度参考值见表 2-8。

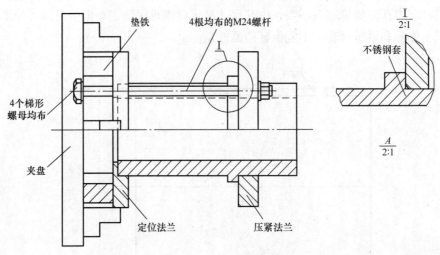

图 2-14　夹具装配图

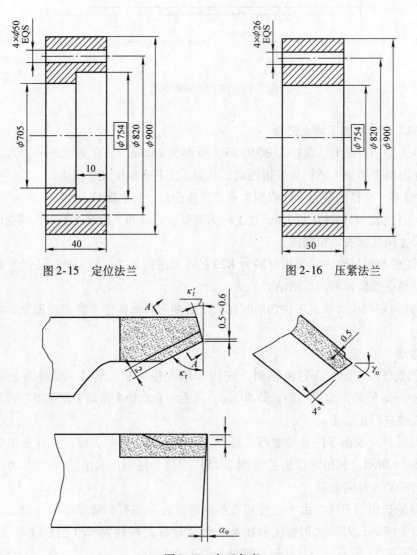

图 2-15　定位法兰　　　　　　图 2-16　压紧法兰

图 2-17　车刀角度

表 2-8 刀具几何角度参考值

刀具几何参数	粗车	精车
前角	8°~10°	13°~15°
后角	3°~5°	4°~6°
主偏角	60°	60°
副偏角	15°	15°
刃倾角	5°	0°
刀尖圆弧半径	0.8mm	
断屑槽宽度	4mm	2mm
修光刃		0.56~0.6mm

六、回顾与练习

1）试述套类零件的结构特点。

2）简要介绍套类零件的材料及毛坯件选用原则。

3）简述前角的设计原则。

4）前面的形式有哪些？

5）在粗加工和精加工时，选择后角时应注意什么？

6）什么是消振棱，在切削过程中起什么作用？

7）在车削细长轴时，主偏角应如何选用？

任务二 长套筒外圆的磨削加工

一、工作任务

如图 2-18 所示，利用 M1432A 型万能外圆磨床完成该长套筒外圆的磨削加工。

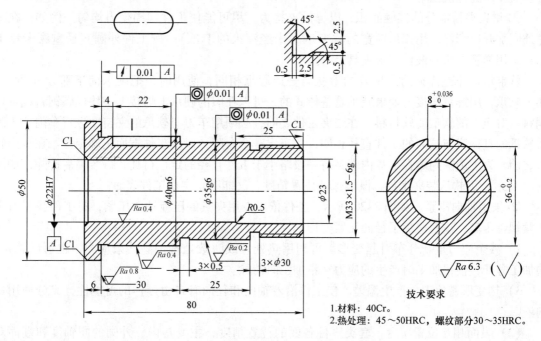

技术要求

1.材料：40Cr。

2.热处理：45~50HRC，螺纹部分30~35HRC。

图 2-18 长套筒（长轴套）

二、学习目标

1) 掌握套类零件加工质量分析要点及方法。
2) 熟悉内孔加工路线的选择。
3) 了解磨削的工艺范围和特点。
4) 了解磨床的结构、技术参数及运动方式。
5) 掌握砂轮的构造、特性、安装及修正方法。
6) 具备在磨床上完成轴套外圆磨削加工任务的能力。

三、学习内容

(一) 套类零件加工质量分析

1. 长套类零件加工难点

套筒零件的主要加工表面为孔和外圆表面。外圆表面根据精度要求可选择车削和磨削。孔加工方法的选择则比较复杂，需要考虑零件结构特点、材料性质、孔径大小、长径比、精度和表面粗糙度要求及生产规模等各种因素。对于精度要求较高的孔往往还要采用几种不同的方法顺次进行加工。长套类零件加工难点有以下两点：

1) 套筒零件内外表面的同轴度、端面与孔轴线的垂直度要求均较高。
2) 套类零件一般壁薄，夹紧不当容易引起变形。

2. 长套零件加工精度分析及解决措施

加工套类零件，除了要防止产生尺寸超差、表面粗糙度值太大和磨削烧伤等一般性质问题外，主要应注意防止工件变形和表面相互位置精度超差。

（1）工件变形 套类零件变形的原因很多，常见的有如下几种。

1) 装夹变形。套类零件一般壁薄，装夹不当常引起变形，加工后造成几何形状误差。防止装夹变形的方法如下：

① 增大夹持部分的接触面积，以分散夹持力，尽可能使工件四周受力均匀。例如：在工件外圆加开口套筒；用弧形面宽的软卡爪（未经淬火的卡爪）；按工件外圆直径重磨卡盘卡爪；采用弹簧夹头和液性塑料夹具等。

软卡爪（未经淬火的卡爪）的形状与普通硬爪相同，使用时，把硬爪前半部分 A 拆下，换上软爪，用螺钉连接。如果硬爪是整体式的，可以在旧的硬爪上焊接上一块低碳钢料或堆焊铜料。对换上的软爪或软材料，在装夹工件之前，必须用车刀对软爪的夹持面进行车削，车削后软爪的直径应与被夹的工件直径相同，并车出一个台阶，以使工件端面正确定位。在车削软爪之前，为了消除间隙在卡盘内端夹持一段略小于工件直径的定位衬柱，待装夹后拆除，如图 2-19 所示。用软爪装夹工件，既能保证位置精度，又能防止夹伤工件表面。

② 采用轴向压紧。如图 2-20 所示，工件依靠专用夹具的压板轴向压紧，将工件找正后再拧紧螺母压牢，这就避免了径向压紧变形。

2) 残余应力重新分布引起变形。可利用热处理或时效处理消除残余应力，也可以将粗、精加工分开，使粗加工时产生的应力在精加工时消除。

3) 热变形避免工件产生温差。使工件沿着轴向和径向有自由延伸的可能性，充分使用切削液。

（2）表面相互位置精度 套类零件各面的位置精度，主要是内、外圆的同轴度和端面对内孔轴线的垂直度。这是加工套类零件要考虑的主要问题，可采取如下一些措施予以保证。

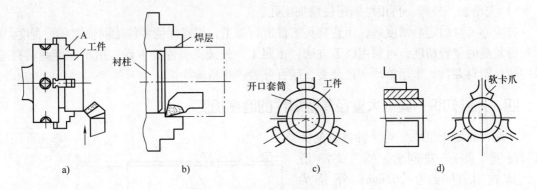

图 2-19 软卡爪的使用

a）软爪安装 b）带有焊层的软爪卡盘车削方法 c）用开口套筒 d）用软卡爪

1）在一次装夹中完成端面和内、外圆加工。由于消除了工件多次装夹造成的误差，所以能得到较高的相互位置精度。常见的方法如下。

① 在车床上一次安装中完成端面、内孔和外圆的车削，然后切断，如图 2-21 所示。若另一端面垂直度要求也高，可在平面磨床上用已车端面定位磨平。

② 在万能外圆磨床和内圆磨床上一次装夹磨成内孔和端面，如图 2-22 所示。万能外圆磨床上的砂轮端面需修磨成凹形，才能靠磨工件端面；在内圆磨床上，有时（小孔用磨头的紧固螺纹往往露在砂轮前端）需要更换砂轮（连同砂轮轴）才能磨

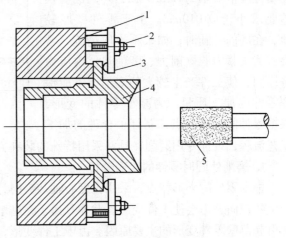

图 2-20 工件轴向压紧

1—夹具体 2—螺母 3—压板 4—工件 5—砂轮

端面。这是一种工序集中的方法，适用于长度不大的套类零件加工。

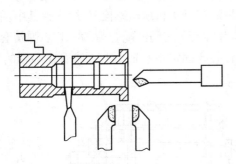

图 2-21 一次装夹车端面、内孔和外圆

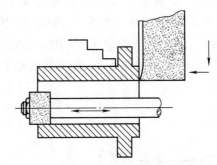

图 2-22 一次装夹磨内孔和端面

2）先精加工孔，再用心轴按孔定心夹紧，以统一的定位基准加工外圆和端面。

只要选用的心轴夹具精度足够高，这种方法能保证较高的同轴度和垂直度，是套类零件加工最常用的方法。选作定位精基准的孔一般是套类零件上精度较高的表面，而孔用心轴夹具结构简单，一般制造精度较高，所以工件的装夹误差极小。

3）先精加工外圆，再用外圆定位精加工孔。

自定心卡盘的定心精度差，用它装夹工件进行加工，很难保证零件的同轴度和垂直度。若要获得较高的位置精度，可采用以下方法：按照工件外圆重新修磨卡盘，用小锥度弹簧夹头；采用液性塑料夹具；采用单动卡盘装夹，用百分表进行精确找正。

四、拓展知识：典型大直径薄壁零件的磨削加工

在拖式混凝土泵中，有一种典型的大直径薄壁零件——中间套。如图 2-23 所示，其内孔直径为 202mm，外径为 212mm，壁厚仅为 5mm，且该零件各尺寸之间的几何精度要求较高，外圆表面的表面粗糙度值要求为 $Ra0.4\mu m$，外圆圆度误差要求小于 0.010mm。由于零件壁厚较薄，在磨削外圆时，如果不采取措施，常会因为夹紧力、磨削力、磨削热、内应力等原因，使工件产生较大的变形，不能保证零件的加工质量。为减小零件的变形，根据零件的结构特点，制订了合理的加工

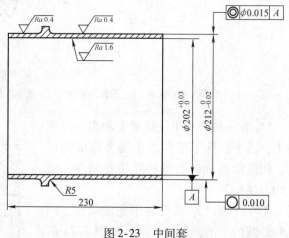

图 2-23 中间套

工艺流程，设计专用磨削夹具并采用特殊的装夹方法，可以有效保证该类零件的加工质量。

1. 磨削外圆时零件的变形分析

根据零件的外形特点，采用锥度心轴装夹时，工件在夹紧力的作用下，由于锥体的作用而产生的径向分力会使工件变形。此外，由于在磨削时，工件的内壁磨削热不易散失，磨削热也是引起薄壁零件变形的主要原因。由于工件变形，磨削后工件会形成马鞍形（图 2-24），难以保证工件圆度及同轴度要求，必须通过设计专用的夹具并采用合理的工艺方案才能确保零件的加工质量。

2. 夹具的工作原理

如图 2-25 所示，该夹具为心轴、胀套可调式结构，由心轴 1、固定销 2、左定位板 3、拉杆 4、支承板 5、右定位板 6、弹簧套 7、压板 8、带肩螺母 9 和顶丝螺栓 10 组成，其中左、右定位板与工件之间的配合为 H6/H5，右定位板 6 与弹性套 7 之间的配合为 E8/H7。弹簧套 7 的内锥度为 20°。使用夹具时，先用固定销 2 将左定位板 3 固定在心轴 1 上，然后在心轴的另一

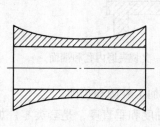

图 2-24 变形后的工件

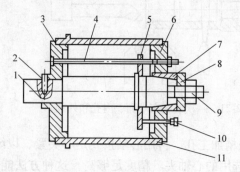

图 2-25 夹具简图

1—心轴 2—固定销 3—左定位板 4—拉杆 5—支承板 6—右定位板
7—弹簧套 8—压板 9—带肩螺母 10—顶丝螺栓 11—工件

端安装上支承板 5，以零件加工好的内孔为定位基准装入夹具，再将右定位板 6 装在心轴上并与零件内孔配合，在夹具上插入两根拉杆 4（位置均布）并用螺母锁紧，这样就将夹具紧固在工件上了。然后将弹簧套 7 插入心轴 1 与右定位板 6 之间的间隙中，安装压板，拧紧心轴上的带肩螺母 9，将弹簧套压入，弹簧套就可以起到自动定心作用，而使心轴的轴线与工件的轴线保持一致，夹具就安装完成了。零件加工好后，先松开带肩螺母 9，拧动三个顶丝螺栓 10（三个顶丝螺栓 10 位置均布，并与两根拉杆 4 位置错开），右定位板就可带动弹簧套 7 沿相反方向退出工件，夹具就可以方便地拆卸了。

3. 砂轮选型

选择砂轮时，砂轮特性如磨料、粒度、硬度、结合剂、石磨填料和砂轮组织对磨削质量都有影响，如果选择不当，就难以使工件达到预期的表面粗糙度要求。此外还应尽可能提高砂轮的切削性能，控制好砂轮工作表面磨粒的微刃及其等高，并使其保持锋利状态。鉴于该零件的材料为 45 钢，为降低零件的表面粗糙度值，所选用的砂轮磨料的粒度要适中，硬度可以稍小一些。这是因为太硬的砂轮当其已完全钝化后，磨粒仍不能脱落，继续磨削反而使表面粗糙度值变大。实际应用中，砂轮的选用以微晶刚玉或单晶刚玉、硬度为中级（K）、粒度为 46 ~ 60 目为宜。此外，砂轮在使用前必须经过修整，使砂轮表面的磨粒切削刃和微刃的脱粒性及等高性良好，从而确保工件磨削的表面粗糙度要求。

4. 加工设备

为减小零件加工的几何误差，设备的选择非常重要。要求机床主轴有较高的回转精度，径向圆跳动误差不大于 0.001mm，主轴刚度好，机床各部分不应有振动现象，因此选用较新的 MB1332B 型普通外圆磨床。

5. 磨削液及冷却方式

为降低切削热，切削液可采用无油、无亚硝酸钠的 LPG - 1 高效磨削切削液。该切削液是以高效极压润滑剂为添加剂作为配方基础，并从防锈、渗透、抗硬水性、清洗、消泡和杀菌等方面综合考虑，具有环保、清洗性好、去油率高、冷却性好等优点，能节约能源和降低砂轮消耗，提高磨削用量，提高生产率。

使用切削液时，应采用从磨削区下部供给切削液的方法，这样既可以使切削液很容易到达砂轮与工件接触的磨削区，同时又能使砂轮在磨削工件之后得到及时的冷却和清洗，从而延长砂轮的使用寿命、保持砂轮的几何形状，并可以在磨削连续表面时，使工件保持较低的温度，提高工件的形状与位置精度。

6. 磨削用量

磨削时分为粗、精磨多道工序，这样可以使粗磨时产生的变形能在精磨时得以消除。磨削时，磨削用量选择应合适，粗磨时，砂轮的线速度为 15 ~ 20m/s，工件转速为 35 ~ 70r/min，工作台移动速度为 0.03 ~ 0.05m/min；精磨时，砂轮的线速度为 10 ~ 15m/s，工件转速为 50 ~ 80r/min，工作台移动速度为 0.02 ~ 0.03m/min。

7. 工件的装夹

由于选用的设备为普通外圆磨床，在采用两顶尖装夹工件时，两顶尖、两中心孔同轴度误差将直接影响工件的加工精度，零件要求的加工质量很难保证。因此，为消除因工件两中心孔制造误差及两顶尖安装误差对工件圆度的影响，在装夹工件时，可以采取图 2-26 所示方法选用两个特殊的顶尖套 2，顶尖套材料选用 GCr15，车出外圆后磨削，中心孔使用 60°特殊中心钻钻出，淬硬至 60HRC，并用特殊内圆砂轮磨出中心孔，再以中心孔定位磨出外圆，并研磨中心孔至表面粗糙度值为 $Ra0.4\mu m$，压入莫氏锥柄。然后将两个特殊顶尖装入外圆磨床头尾座，选用直径为 1/2in（1in = 25.4mm）的 0 级钢球，并与图 2-27 所示的专用夹具配合，通过使用夹头和拨盘即可完成工件的装夹。用高精度钢球代替锥形顶尖，可把面接触改为线接触，消除了中心孔精度对工件加工精度的影响，显著提高了工件的圆度。

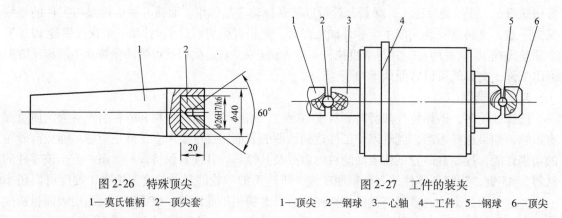

图 2-26　特殊顶尖
1—莫氏锥柄　2—顶尖套

图 2-27　工件的装夹
1—顶尖　2—钢球　3—心轴　4—工件　5—钢球　6—顶尖

8. 磨削时的注意事项

1）在精磨时，为减小夹紧力引起的工件变形，夹具的夹紧力应比粗磨时小一些。

2）磨削后，为了防止工件生锈，工件应做除水、消除杂质及防锈处理。

3）校正好砂轮的平衡。砂轮不平衡将引起振动，会对零件的几何精度造成影响，因此在磨削工件前，必须校正好砂轮的动、静平衡，并进行精细的修整。

4）磨削工件前将工作台和砂轮空运转 20～30min，使机床工作性能稳定。在空运转的同时，要把机床液压缸中的空气排净。

5）安装工件前，应检查两顶尖与工件中心孔的配合情况，必须将两顶尖和工件上的中心孔擦干净。

五、回顾与练习

1）长套筒的加工难点有哪些？

2）请简述软卡爪的使用方法。

3）哪种加工路线适用于淬火后工件内孔的加工？

4）试述磨削的工艺范围及特点。

5）磨削用量有哪些？

6）磨削加工前怎样选用磨料？

7）外圆磨床上的装夹方法有哪些？哪种装夹方法相对效率较高？

8）纵磨法和横磨法各有何优点和缺点？

9）试述砂轮平衡的调整方法。

任务三　长轴套内孔的磨削加工

一、工作任务

如图 2-18 所示，利用 M2110A 型内圆磨床，完成该长轴套内孔的磨削加工。

二、学习目标

1）熟悉磨削阶段的构成及有效控制磨削温度的措施。

2）熟悉内圆磨床及其磨削方式。

3）操作内圆磨床完成长轴套内孔磨削。

三、学习内容

（一）磨削过程

1. 磨削阶段

磨削时，由于径向分力较大，引起工件、夹具、砂轮、磨床系统产生弹性变形，使实际磨削深度与每次的径向进给量有所差别。所以，实际磨削过程分为三个阶段，如图 2-28 所示。

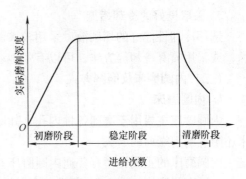

图 2-28 磨削的三个过程

（1）初磨阶段 在砂轮最初的几次径向进给中，由于机床、工件、夹具工艺系统的弹性变形，实际磨削深度比磨床刻度盘所显示的径向进给量小。工件、夹具、砂轮、磨床刚性越差，此阶段越长。

（2）稳定阶段 随着径向进给次数的增加，机床、工件、夹具系统的弹性变形抗力也逐渐增大。直至上述工艺系统的弹性变形抗力等于径向磨削力时，实际磨削深度等于径向进给量，此时进入稳定阶段。

（3）清磨阶段 当磨削余量即将磨完时，径向进给运动停止。由于工艺系统的弹性变形逐渐恢复，实际磨削深度大于零。为此，在无背吃刀量的情况下，增加进给次数，使磨削深度逐渐趋于零，磨削火花逐渐消失。这个阶段称为清磨阶段。清磨阶段主要是提高磨削精度，减小表面粗糙度值。

掌握了这三个阶段的规律，在开始磨削时，可采用较大径向进给量，压缩初磨和稳定阶段以提高生产率，最后阶段应保持适当的清磨时间，以保证工件的表面质量。

2. 磨削温度

磨削时，由于磨削速度很高，切削厚度很小，切削刃很钝，所以切除单位体积切削层所消耗的功率为车、铣等切削方法的 10～20 倍，磨削所消耗能量的大部分转变为热能，使磨削区形成高温。

磨削时，不同位置的磨削温度有很大差别。通常把磨削温度用磨粒磨削点温度和砂轮磨削区温度来表示。磨削点温度是指磨削时磨粒切削刃与工件、磨屑接触点处的温度。磨削点温度非常高（可达 1000～1400℃），它不仅影响加工表面质量，而且对磨粒磨损以及与切屑熔着现象也有很大影响。砂轮磨削区温度就是通常所说的磨削温度，是指砂轮与工件接触面上的平均温度，在 400～1000℃之间，它是产生磨削表面烧伤、残余应力和表面裂纹的原因。

磨削过程中产生大量的热，使被磨削表面层金属在高温下产生相变。其硬度与塑性发生变化，这种表层变质现象称为表面烧伤。高温的磨削表面生成一层氧化膜，氧化膜的颜色决定于磨削温度和变质层深度。所以可以根据表面颜色来推断温度和烧伤程度：如淡黄色为 400～500℃，烧伤深度较浅；紫色为 800～900℃，烧伤层较深。轻微的烧伤需经酸洗才会显示出来。

表面烧伤损坏了零件表层组织，影响零件的使用寿命。避免烧伤的办法是减少磨削热和加速磨削热的传散，具体可采取如下措施。

（1）合理选用砂轮　要选择硬度较软、组织较疏松的砂轮，并及时修整。大气孔砂轮散热条件好，不易堵塞，能有效地避免表面烧伤。树脂结合剂砂轮退让性好，与陶瓷结合剂砂轮相比，不易使工件表面烧伤。

（2）合理选择磨削用量　磨削时砂轮切入量f_r对磨削温度影响最大。提高砂轮速度，使摩擦速度增大、消耗功率增多，从而使磨削温度升高。提高工件的圆周进给速度v_w和工件轴向进给量f_a，使工件与砂轮的接触时间减少，虽然每个磨粒的磨削厚度大，但磨削温度仍能降低，可以减轻或避免表面烧伤。

3. 采取良好的冷却措施

选用冷却性能好的切削液，采用较大的流量，使用能使切削液喷入磨削区的效果较好的喷嘴，或采用喷雾冷却等方法，可以有效地避免表面烧伤。

（二）内圆磨床及磨削方式

1. 内圆磨床

内圆磨床主要用于磨削各种内孔，如圆柱形通孔、不通孔、阶梯孔及圆锥孔。某些内圆磨床还附有磨削端面的磨头。

内圆磨床的主要类型有普通内圆磨床、无心内圆磨床和行星式内圆磨床。

普通内圆磨床如图2-29所示。头架3装在工作台2上，可随同工作台一起沿床身1的导轨做纵向往复运动。头架还可水平偏转一定角度，以磨削锥孔。头架主轴带动工件旋转，做圆周进给运动。砂轮架4上装有砂轮主轴，砂轮架可手动或液压驱动，沿滑板座5做横向进给运动。工作台每完成一次纵向往复运动，砂轮架做一次间歇的横向进给。头架可绕竖直轴调整一定角度，以磨削锥孔。

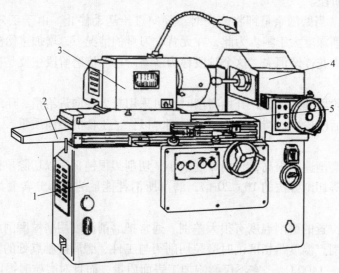

图2-29　普通内圆磨床

1—床身　2—工作台　3—头架　4—砂轮架　5—滑板座

2. 内圆磨削方式

内圆磨削可在万能外圆磨床及内圆磨床上进行。

（1）普通内圆磨削　在普通内圆磨床上可以磨削圆柱孔、圆锥孔、阶梯孔、不通孔，还能磨削端面等，如图2-30所示。

（2）无心内圆磨削　无心内圆磨削的工作原理如图2-31所示。工件3以外圆定位，支承在滚轮1和导轮4上，压紧轮2使工件紧靠导轮，由导轮带动工件旋转，做圆周进给运动

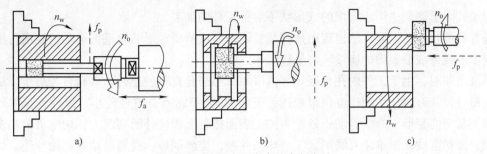

图 2-30　普通内圆磨床的磨削方法

a）纵磨法磨内孔　b）切入法磨内孔　c）磨端面

（f_1）。砂轮除高速旋转外，还做纵向进给运动（f_p）和周期性的横向进给运动（f_a）。加工完毕后，压紧轮沿箭头 A 方向抬离工件表面，以便装卸工件。

无心内圆磨削适用于大量生产条件下，加工内外圆要求同轴的薄壁零件的内孔，如轴承环等。

（3）行星式内圆磨削　行星式内圆磨削的工作原理如图 2-32 所示。工件固定不转动，砂轮除高速自转外，还围绕着工件内孔轴线做公转，以实现圆周进给运动。周期性地加大砂轮的公转半径，可完成横向进给运动。纵向进给运动可以由工件或砂轮完成。

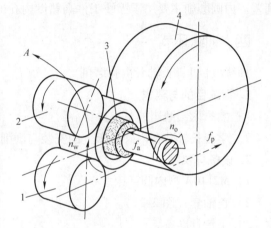

图 2-31　无心内圆磨削的工作原理

1—滚轮　2—压紧轮　3—工件　4—导轮

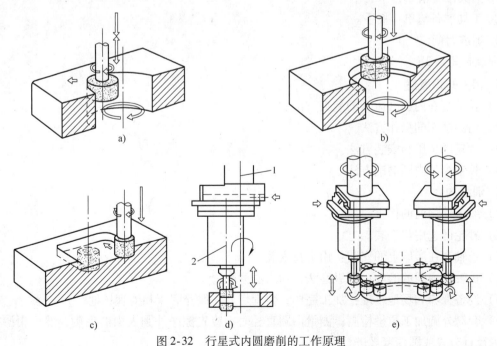

图 2-32　行星式内圆磨削的工作原理

a）磨内孔　b）磨台肩孔　c）磨型腔　d）行星磨头工作原理　e）磨外成形表面

1—主轴回转中心　2—磨轮轴

行星式内圆磨削适用于大型的或形状不对称工件的加工。

随着数控技术的发展，已出现由数控装置驱动完成所要求形状轨迹的运动，利用行星磨头来磨削型腔或外成形表面的连续轨迹坐标磨床。

磨削内圆时，由于工件内孔直径尺寸的限制，当磨孔直径较小时，砂轮直径更小，尽管转速高达每分钟几万转，切削速度仍很难达到正常的 30~35m/s；直径较小、悬伸较长的砂轮轴刚性差，易弯曲变形、产生振动；砂轮与加工表面接触面积较外圆磨削大，切削负荷和发热量都较大，而切削液又很难注入磨削区，散热条件差，排屑困难，磨屑易堵塞砂轮，使其切削能力降低。

鉴于以上种种原因，内圆磨削不但生产率较低，而且加工精度和表面粗糙度也都较外圆磨削差。内圆磨削主要用于淬硬工件高精度内孔的精加工。

四、训练环节

训练项目 1：长轴套内孔磨削

1. 训练目的与要求

1）熟悉内圆磨床的基本操作。

2）学会长轴套在内圆磨床上的安装与磨削方法。

2. 设备与仪器

1）M2110A 型内圆磨床。

2）长轴套（图 2-28）。

3）工量具准备。

① 量具准备清单：游标卡尺，0~150mm/0.02mm；内径千分尺，0~25mm/0.01mm。

② 刀具准备清单：平行砂轮。

③ 工具准备清单：扳手。

3. 训练时间

训练时间为 2h。

4. 相关知识概述

1）长轴套在内圆磨床上的装夹方法。

2）内圆磨床的操作方法。

3）砂轮的选用与安装方法。

4）长轴套的内圆磨削方法。

5. 训练内容

1）磨床使用前的检查。

2）砂轮的选用与安装。

3）长轴套在磨床上的安装：用卡盘安装。

4）长轴套内圆的磨削：用纵磨法、切入法磨削。

5）设备保养和场地整理：加工完毕，清理切屑、保养磨床和清理场地。

6）套筒外圆加工质量检测：测量内圆直径时，应先擦净外圆表面的毛刺，然后用游标卡尺、内径百分表或圆柱塞规进行检验。

7）写出本任务完成后的训练报告。具体内容有：训练目的、训练内容、训练过程、注意事项和训练收获。

五、拓展知识：轴承套的加工

图 2-33 所示轴承套的材料为 ZQSn6 – 6 – 3（注：此材料在现行国家标准中已取消），每批数量为 200 件。

1. 轴承套的技术条件和工艺分析

该轴承套属于短轴套，材料为锡青铜。其主要技术要求为：ϕ34js7 外圆对 ϕ22H7 孔的径向圆跳动公差为 0.01mm；左端面对 ϕ22H7 孔轴线的垂直度公差为 0.01mm。轴承套外圆为 IT7 级精度，采用精车可以满足要求；内孔精度也为 IT7 级，采用铰孔可以满足要求。内孔的加工顺序为：钻孔→车孔→铰孔。由于外圆对内孔的径向圆跳动误差要求在 0.01mm 内，用软卡爪装夹无法保证。因此精车外圆时应以内孔为定位基准，使轴承套在小锥度心轴上定位，用两顶尖装夹。

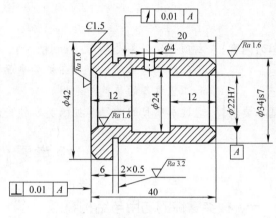

图 2-33 轴承套

这样可使加工基准和测量基准一致，容易达到图样要求。车铰内孔时，应与端面在一次装夹中加工出，以保证端面与内孔轴线的垂直度误差在 0.01mm 以内。

2. 轴承套的加工工艺

表 2-9 所列为轴承套的加工工艺。粗车外圆时，可采取同时加工五件的方法来提高生产率。

表 2-9 轴承套的加工工艺

序号	工序名称	工序内容	定位与夹紧
1	备料	棒料，按五件合一加工下料	
2	钻中心孔	车端面，钻中心孔；调头车另一端面，钻中心孔	用自定心卡盘夹外圆
3	粗车	车外圆 ϕ42mm 长度为 6.5mm，车外圆 ϕ34js7 为 ϕ35mm，车空刀槽 2mm × 0.5mm，取总长 40.5mm，车分割槽 ϕ20mm × 3mm，两端倒角 C1.5，五件同加工，尺寸均相同	中心孔
4	钻孔	钻 ϕ22H7 至 ϕ22mm 成单件	用软爪夹 ϕ42mm 外圆
5	铰孔、车端面	取总长 40mm 至尺寸，车内孔 ϕ22H7 为 ϕ22$_{-0.05}^{0}$ mm，车内槽 ϕ24mm ×16mm 至尺寸，铰孔 ϕ22H7 至尺寸，孔两端倒角	用软爪夹 ϕ42mm 外圆
6	精车	车 ϕ34js7（±0.012mm）至尺寸	孔、心轴
7	钻孔	钻径向油孔 ϕ4mm	外圆及端面
18	检验		

六、回顾与练习

1）在磨削过程中如何选择径向进给量？

2）如何避免磨削烧伤？

3）磨削各个阶段在磨削过程中起到什么作用？

4）怎样控制磨削温度？

项目三 板类零件的加工

【学习内容】 本项目的任务是学习平面铣、刨、磨等主要加工方法及相应加工设备与工艺装备的结构与选用；学习在板类平面上孔钻、铰、拉等加工方法相应的加工设备和工艺装备的结构与选用。

【基本要求】 通过本项目的学习掌握板类零件平面与孔的加工方法和技能。

板类零件描述

一、板类零件的功用与结构特点

机器中常用到各种板类零件，如电动机和减速器的安装底板，机床主轴箱的盖板，工业电炉外壳的支承板，冲模的脱模板，薄壁箱体的垫板、耳板等，起安装、铺垫、支承、隔离、遮挡、连接、保护、密封、脱料等作用。结构一般为平面型或平面加沟槽、光孔及螺孔型。

二、板类零件的类型

根据零件的功能不同，板类零件可分为底板、垫板、盖板、支承板、耳板、隔板、连接板、模板等类型。

三、板类零件的技术特点

板类零件一般需铣削或刨削加工底面或侧面，精度要求高的零件需磨削加工，有沟槽的零件一般采用铣削加工，有孔的零件需钻削或铰削加工，螺纹孔则需攻螺纹。根据情况不同，有些板类零件需进行热处理，以改善切削加工性能或提高工件表面硬度。

四、板类零件的材料选择、毛坯选用和热处理

一般大中型底板、盖板或垫板采用铸造加工，材料可选用 HT150，铸造后或切削加工前需进行退火处理，以消除材料内应力，改善切削条件；支承板、耳板、隔板、连接板之类可选用Q235 钢板，以便于加工，节省成本；模板可选用 45、T8、T12、Cr12、Cr12MoV 钢等材料，切削加工过程中或之后需进行淬火等热处理，以提高材料硬度。

任务一 模板平面加工（铣削、刨削、磨削）

卸料板是常见的板类零件之一，其平面的粗加工和半精加工可采取铣削或刨削的方式进行，为保证卸料板上下面之间尺寸和表面粗糙度要求，需要进行磨削精加工。

一、工作任务

图 3-1 所示的卸料板上下表面需要进行平面加工，要求保证上下平行面之间尺寸 11mm、

边缘厚度 3mm、板长度 70mm、宽度 61mm 和表面粗糙度值为 $Ra1.6\mu m$ 的要求。

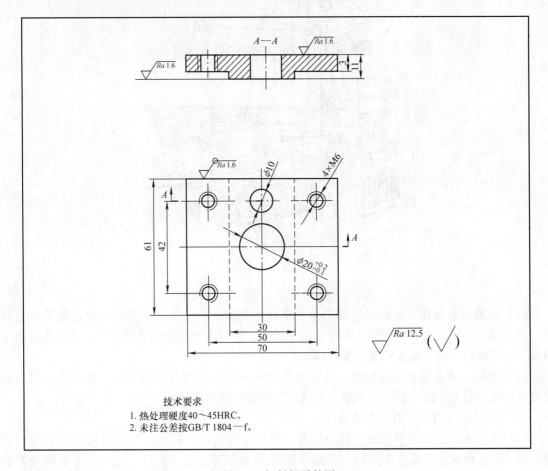

图 3-1　卸料板零件图

二、学习目标

1）熟悉卧式铣床、铣床附件、铣刀相关知识及平面铣削加工方法。

2）熟悉刨床、刨刀及刨削加工方法。

3）熟悉平面磨床、磨床附件及磨削加工方法。

4）学会铣削、刨削及磨削平板零件。

三、学习内容

（一）铣削加工

铣床有立式铣床和卧式铣床之分，在项目二中对立式铣床已做介绍，本任务仅介绍卧式铣床。

1. 卧式铣床

图 3-2 所示为 X6132 型卧式万能升降台铣床，是一种常用铣床，它的结构比较完善，变速范围大，刚性好，操作方便。其主轴与工作台面平行，呈水平位置。工作台除可以上下、左右、前后移动外，还能在水平面内转动一个角度（±45°）。X6132 型卧式万能升降台铣床主要部件及其功用如下：

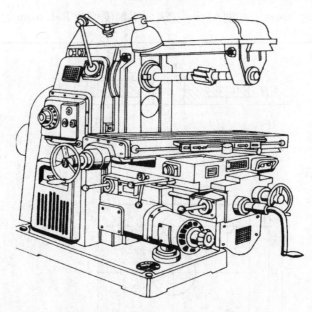

图 3-2　X6132 型卧式万能升降台铣床

（1）床身　床身用来支承和连接铣床各部件，安装在底座上。床身正面有燕尾形垂直导轨，供升降台上下移动，其顶部有燕尾形水平导轨，可以调整悬梁的悬伸长度。床身内部有主轴及其变速机构、电气设备和液压泵等部件。

（2）悬梁　悬梁用来安装挂架，以支承刀柄的一端，增强刀柄的刚性。挂架在悬梁上的位置可以通过悬梁上的导轨进行调整，以适应不同长度刀柄的需要。

（3）铣刀轴（刀柄）用于安装刀具。

（4）工作台　工作台装在回转盘的上面，用来安装工件和夹具，并做纵向（或斜向）进给运动。工作台面上有三条 T 形槽，可用 T 形螺栓来安装工件或夹具。这三条 T 形槽的侧面与工作台进给运动方向平行，尤其是中间一条，其平行度较高，一般用作工件、夹具及铣床附件的定位基准。工作台面四周的沟槽与切削液的回油路相通，形成循环回路系统。

（5）滑座　装在升降台的上面，带动工作台和工件做横向运动。

（6）悬梁支架　支承刀柄的悬伸端，以提高刀柄刚度。

（7）升降台　升降台装在床身正面的垂直导轨上，其中部由丝杠与底座螺母相连接，用于带动其上的横滑板、回转盘和工作台一起做上下移动。升降台内部装有进给电动机和进给变速机构。

（8）底座　底座是整台机床的支承部件，具有足够的刚度和强度，床身和升降丝杠的螺母固定在其上。底座上还装有切削液泵，其内腔储存有切削液。

万能卧式升降台铣床的结构与一般卧式升降台铣床基本结构相同，只是在工作台和滑座之间增加了一层转台，用来带动工作台在水平面内转动一定的角度，其最大转角可达 ±45°，以便加工螺旋槽等表面。

2. 铣床的型号

以 X6132 型铣床（图 3-2）为例说明铣床型号中代号和数字的含义：

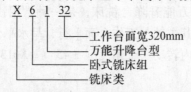

X　6　1　32

工作台面宽320mm
万能升降台型
卧式铣床组
铣床类

3. 机用虎钳

机用虎钳本身精度以及与底座底面的相互位置精度均较高，底座下面还有两个定位键。安装时，以工作台面上的 T 形槽定位。机用虎钳适用于以平面定位和夹紧的中小型零件。常用的机用虎钳有普通机用虎钳和可倾机用虎钳两种。图 3-3a 所示为普通机用虎钳，其钳身可以绕底座中心轴回转 360°。图 3-3b 所示为可倾机用虎钳，其钳身除可以绕底座中心轴回转 360°以外，还能倾斜一定的角度。

机用虎钳的规格是以钳口宽度来确定的，常用的有 100mm、125mm、160mm、200mm 和 250mm 等。

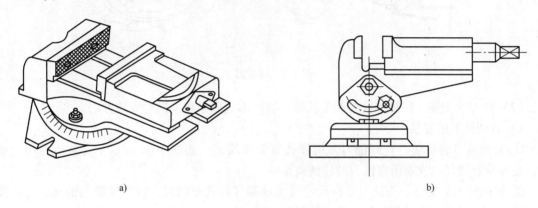

a)　　　　　　　　　　　　　　　　b)

图 3-3　常用的机用虎钳
a）普通机用虎钳　b）可倾机用虎钳

4. 铣刀

铣刀种类众多，根据不同加工内容选用不同类型的铣刀。加工平面用的铣刀主要有圆柱铣刀和面铣刀。

（1）圆柱铣刀　圆柱铣刀如图 3-4 所示，螺旋形切削刃分布在圆柱表面上，没有副切削

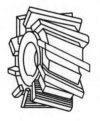

图 3-4　圆柱铣刀

刃，主要用于在卧式铣床上铣平面。螺旋形的刀齿切削时是逐渐切入和脱离工件的，所以切削过程较平稳，一般适用于加工宽度小于铣刀长度的狭长平面。

一般圆柱铣刀都用高速钢制成整体的，根据加工要求不同有粗齿、细齿之分，粗齿的容屑较大，用于粗加工，细齿用于精加工。铣刀外径较大时，常制成镶齿的。

（2）面铣刀　面铣刀如图 3-5 所示，其切削刃位于圆柱的端部，圆柱（或圆锥）面上的刃口为主切削刃，端面切削刃为副切削刃，铣刀的轴线垂直于被加工表面，故适用于在立式铣床上加工平面。用面铣刀加工平面时，同时参加切削的刀齿较多，又有副切削刃的修光作用，已加工表面的表面粗糙度值小，因此可以用较大的切削用量，在大平面铣削时都采用面铣刀铣

削，生产率高。

小直径面铣刀用高速钢做成整体的，大直径的是在刀体上装焊接式硬质合金刀片，或采用机械夹固式可转位硬质合金刀片。

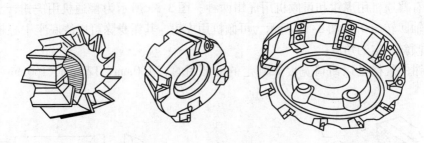

图 3-5　面铣刀

（3）铣刀的安装　因带柄铣刀和带孔铣刀结构不同而采用不同的安装方法。

1）带柄铣刀的安装。

① 直柄铣刀的安装。直柄铣刀常用弹簧夹头来安装，如图 3-6a 所示。安装时，收紧螺母，使弹簧套做径向收缩而将铣刀的柱柄夹紧。

② 锥柄铣刀的安装。当铣刀锥柄尺寸与主轴端部锥孔相同时，可直接装入锥孔，并用拉杆拉紧，否则要用过渡锥套进行安装，如图 3-6b 所示。

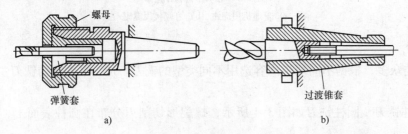

图 3-6　带柄铣刀的安装
a）直柄铣刀的安装　b）锥柄铣刀的安装

2）带孔铣刀的安装。如图 3-7 所示，带孔铣刀要采用铣刀杆安装，先将铣刀杆锥体一端插入主轴锥孔，用拉杆拉紧。通过套筒调整铣刀的合适位置，刀柄另一端用吊架支承。图 3-8 所示为安装圆柱铣刀的步骤。

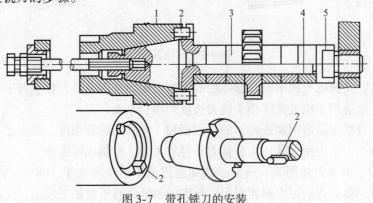

图 3-7　带孔铣刀的安装
1—主轴　2—键　3—套筒　4—刀轴　4—螺母

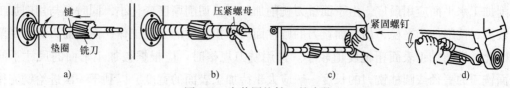

图 3-8 安装圆柱铣刀的步骤

a）安装刀柄和铣刀 b）套上几个套筒，拧上螺母 c）装上吊架 d）拧紧螺母

5. 平面铣削方法

铣平面是铣床加工中最基本的工作，图 3-9 所示是各种铣平面的方法。

端铣平面时，铣刀轴线应与被加工面垂直，否则已加工表面会产生凹弧形（图 3-10），其程度与垂直度成正比。但在用较大直径面铣刀加工大平面时，旋转的刀尖会在发生回弹的已加工表面上滑擦，加速刃口磨损及使表面粗糙度恶化。为防止这种"扫刀"的现象产生，通常将主轴前倾极小的角度，使已加工表面只有不影响加工质量的平面度误差。

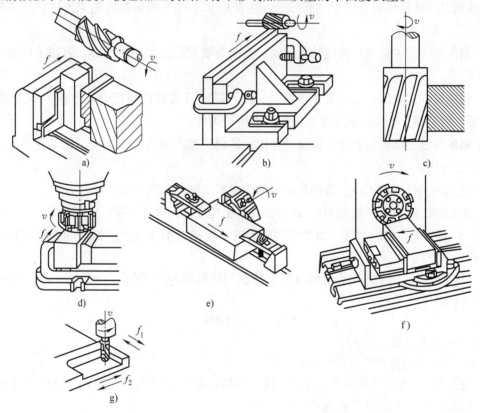

图 3-9 各种铣平面的方法

a）、b）周铣平面 c）周铣侧面 d）端铣平面 e）、f）端铣侧面 g）周铣凹台

铣削加工前，根据零件水平面与垂直面的具体情况，选择机床、刀具、铣削方式和铣削用量等。

在立式铣床和卧式铣床上均可采用面铣刀铣削加工水平面与垂直面；在卧式铣床上也可采用圆柱铣刀铣削加工水平面，采用镶齿面铣

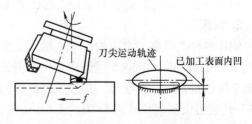

图 3-10 端铣平面的平面度误差和"扫刀"

刀铣削加工水平面应用最广。由于面铣刀铣削加工时，切削厚度变化小，同时参与切削加工的刀齿较多，铣削加工平稳，而且面铣刀的圆柱面刃承担主要的切削工作，而端面刃又有刮削作用，因此，铣削加工表面粗糙度值较小。选用铣刀规格时，应根据被加工平面的尺寸不同而定，面铣刀的直径或圆柱铣刀的长度一般应大于待加工表面的宽度，以利于一次进给铣完待加工表面。

选择铣削方式时，要有利于工件的压紧和减小工件在加工过程中的振动，使切屑向下飞溅，从而有利于安全和方便操作，一般多选逆铣。铣削用量应根据工件材料、刀具材料和加工条件来选择。

（二）刨削加工

1. 刨削描述

（1）刨削加工及其特点　刨削加工是在刨床上以刨刀或工件的直线往复运动为主运动，与工件或刨刀间歇移动的进给运动相配合，主要用于工件平面切削的加工方法。其主要特点如下：

1）刨削加工的主运动是直线往复运动，换向时要克服较大的惯性力，限制了切削速度的提高。

2）刨削属断续切削，通常是单刃切削，刨刀返回行程较切削行程速度快，却为空行程，生产率低，但对狭长表面的加工显示出生产率高的优势。

3）刨床及刨刀结构不复杂，调整及操作易掌握，生产准备工作方便，在单件小批量生产中得到广泛应用。

4）刨削加工范围有平面、各种形状的槽和成形面等，如图 3-11 所示。

5）刨削加工的精度一般为 IT8 ~ IT10，表面粗糙度值为 $Ra1.6 ~ 3.2\mu m$。

（2）刨削用量　刨削用量（以牛头刨床为例）包括刨削速度、进给量和背吃刀量三个要素，如图 3-12 所示。

1）刨削速度 v_c。刨削速度是刨刀与工件在切削时的相对速度，一般 $v_c = 17 ~ 50m/min$，其计算公式为：

$$v_c = 2Ln/1000$$

式中　L——行程长度（mm）；

　　　n——滑枕每分钟往复行程次数。

2）进给量 f。进给量是刨刀每往复一次工件横向移动的距离，一般 $f = 0.33 ~ 3.3mm/dstr$（毫米/往复行程），其计算公式为：

$$f = k/3$$

式中　k——滑枕每往复一次棘轮被拨过的齿数。

3）背吃刀量 a_p。背吃刀量是工件已加工表面和待加工表面之间的垂直距离。

2. 刨床

刨床的种类很多，常用的有牛头刨床、龙门刨床、插床和拉床等。牛头刨床应用最广泛。

（1）牛头刨床　B6065 型刨床是牛头刨床中应用最多的普通牛头刨床。在其型号中，"B"是刨字汉语拼音第一个字母，是刨床类机床的代号；"60" 代表牛头刨床，是组、系列代号；"65" 代表最大刨削长度的 1/10，即 650mm，是主参数代号。

牛头刨床主要由床身、滑枕、刀架、工作台、横梁、底座等部分组成，如图 3-13 所示。

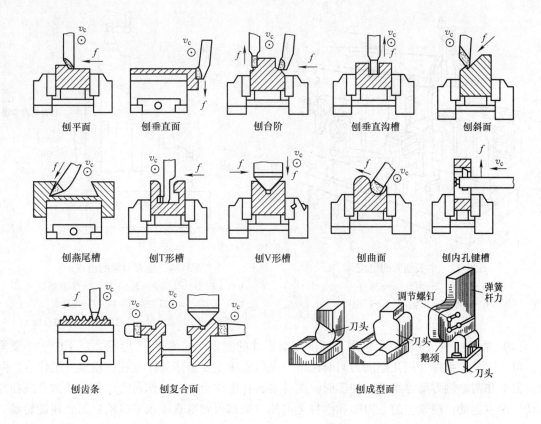

图 3-11　刨削加工范围

1）床身。用于支承和连接刨床的各部件，它固定在底座上，其顶面导轨供滑枕做往复运动，正前面导轨供横梁和工作台升降，床身内部有主运动变速机构和摆杆机构等。

2）滑枕。带动刀架沿床身水平导轨做直线往复运动，前端装有刀架，其内部有调整滑枕往复行程位置的装置。

3）刀架。用于夹持刨刀。它由转盘、滑板、刀座、抬刀板、刀夹、刻度盘和刀架进给手柄等组成，如图 3-14 所示。摇动手柄，便可做垂直或斜向手动进给。

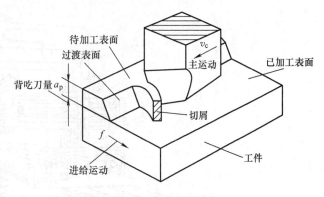

图 3-12　牛头刨床的刨削运动

4）工作台。用来装夹工件，可随横梁做上下调整，并可沿横梁做横向自动进给或横向间歇进给移动。

5）横梁。带动工作台做横向进给，还可沿床身侧面导轨升降。

6）底座。基础部件，用于支承床身等部件，其内部为储油池。

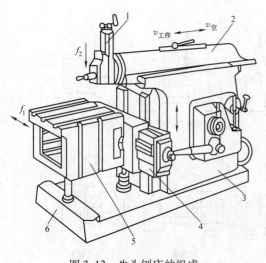

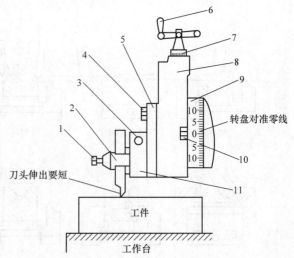

图 3-13　牛头刨床的组成　　　　　　　　　图 3-14　刨刀刀架的组成

1—刀架　2—滑枕　3—床身　　　　　　　　1—刀夹螺钉　2—刀夹　3—A 轴　4—刀座螺钉

4—横梁　5—工作台　6—底座　　　　　　　5—刀座　6—刀架进给手柄　7—刻度盘

　　　　　　　　　　　　　　　　　　　　8—滑板　9—转盘　10—转盘螺钉　11—抬刀板

（2）龙门刨床　龙门刨床是用来刨削大型零件的刨床，如图 3-15 所示。对于中、小型零件，可一次装夹数件，用几把刨刀同时刨削。龙门刨床主要由床身、立柱、横梁、工作台、两个立刀架和两个侧刀架等组成。加工时，工件装夹在工作台上，工作台沿床身导轨做直线往复运动，即主运动；横梁上的立刀架和立柱上的侧刀架都可做垂直或水平进给；刀架还能转动一定角度刨削斜面。横梁还可以沿立柱导轨上、下升降，以调整刀具和工件的相对位置。其工作台的运动可实现无级调速。

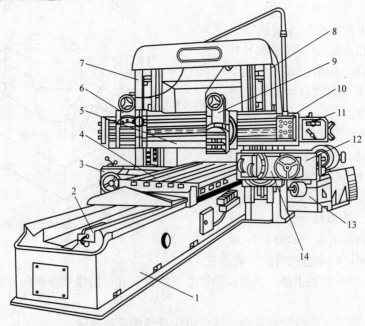

图 3-15　B2010A 型龙门刨床

1—床身　2—液压安全器　3—左侧刀架进刀箱　4—工作台　5—横梁

6—左垂直刀架　7—左立柱　8—右立柱　9—右垂直刀架　10—悬挂按钮站

11—垂直刀架进刀箱　12—右侧刀架进刀箱　13—工作台减速器　14—右侧刀架

（3）插床　插床实际上是一种立式牛头刨床，如图 3-16 所示。它主要由圆工作台、滑枕、滑枕导轨座、轴、分度装置、床鞍及滑板等组成。

加工时，插刀安装在滑枕的刀架上，由滑枕带动做上、下直线往复运动。工件安装在工作台上，可做纵向、横向和圆周的进给运动，也可进行分度。插床主要用于单件或小批量生产中插削直线的成形内、外表面，如键槽和方孔等。加工内孔表面时，工件加工部分必须有一个足够刀具穿入的孔径。

3. 刨削加工方法

（1）刨刀及其安装

1）刨刀。刨刀的几何形状与车刀相似，由于刨削加工的不连续性，刨刀切入工件时，受到较大的冲击力，所以一般刨刀刀柄的横截面比车刀大 1.25 ~ 1.5 倍。刨刀往往做成弯头，在刨削硬度较高或不均匀的工件时，可防止刨刀崩刃及损坏加工表面。

刨刀的种类很多，按加工形式和用途不同，可分为平面刨刀、偏刀、角度偏刀、切刀和弯切刀等，如图 3-17 所示。

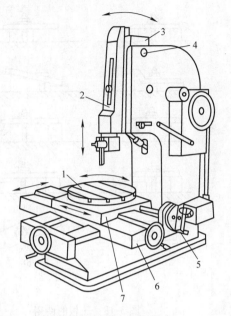

图 3-16　B5032 型插床
1—圆工作台　2—滑枕　3—滑枕导轨座　4—轴
5—分度装置　6—床鞍　7—溜板

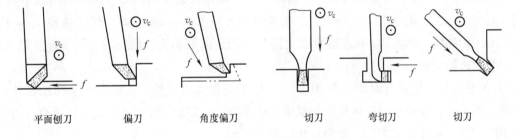

平面刨刀　　偏刀　　角度偏刀　　切刀　　弯切刀　　切刀

图 3-17　常见的刨刀

2）刨刀的安装。刨刀的安装如图 3-14 所示。加工水平面时，先松开转盘螺钉，调整转盘对准零线，以便准确控制背吃刀量；再转动刀架进给手柄，使刀架下端面与转盘底部基本对齐，增加刀架的刚性；最后将刨刀插入刀夹内，刀头伸出量不要太长，拧紧刀夹螺钉将刨刀固定。如要调整刀座偏转角度，可松开刀座螺钉，转动刀座。在返回行程时，刀座中的抬刀板可绕 A 轴自由上抬，可减小刨刀后面与工件的摩擦。

（2）工件的安装　刨削加工工件通常采用机用虎钳、压板螺栓和专用夹具等装夹，但所采用机用虎钳的规格比铣床用的规格更大。用压板、螺栓装夹工件时，注意压板施压点的位置要安排合理，垫铁高度、所施压力的大小要适中，以防工件松动。各种压紧方法的正、误比较如图 3-18 所示。工件夹紧后，要用划线盘复查加工线与工作台的平行度和垂直度。

对刚度不足或薄壁工件的装夹，需要增加支承，以免夹紧力使工件变形，如图 3-19 所示。

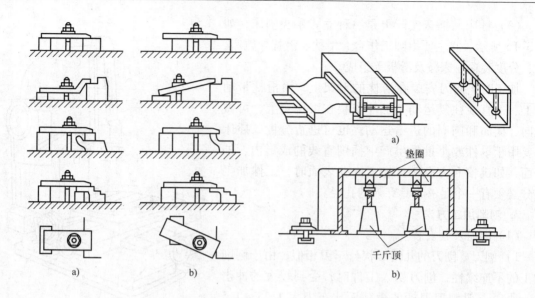

图 3-18　压板的使用　　　　　　　图 3-19　刚度不足工件的装夹
a）正确　b）错误　　　　　　　a）框形工件夹紧　b）薄壁件的装夹

（3）刨削加工方法　刨削加工工艺主要有刨水平面、刨垂直面、刨斜面、刨直槽、刨 T 形槽和刨成形面等。

1）刨水平面。粗刨水平面时，用平面刨刀，精刨则用圆头精刨刀，切削刃圆弧半径 $r = 3 \sim 5mm$。背吃刀量 $a_p = 0.2 \sim 2mm$，进给量 $f = 0.33 \sim 0.66mm/dstr$，刨削速度 $v_c = 17 \sim 50m/min$。粗刨时，背吃刀量和进给量取大值，刨削速度取小值。精刨时，刨削速度取大值，背吃刀量和进给量取小值。

2）刨垂直面。刨垂直面如图 3-20 所示。用刀架做垂直进给，工作台水平移动来调整背吃刀量。加工前，要调整刀架转盘的刻度线对准零线，保证加工面与工件底平面垂直。刀座应偏转 $10° \sim 15°$，减小刨刀磨损，避免划伤已加工表面。

3）刨斜面。刨斜面时，刀架的进给方向应与被加工表面互相平行，因此，刀架要相应地转动一个 β 角（工件待加工斜面与刨床纵向铅垂面之间的夹角），如图 3-21 所示。在刨削斜面前，应先进行水平刨削或垂直刨削，将需切除部分的大部分先切除，然后精刨斜面。对于工件厚度较小的斜面，如焊接钢板坡口面，可直接用成形刀刨削。

4）刨直槽。刨直槽可直接采用切削刃宽度等于槽宽的车槽刀，并且垂直进给刨出。槽较宽时，可移动工作台分几次刨出。

如图 3-22 所示，对半通或不通槽的加工，应先在槽内不通端预钻工艺孔，以保证刨刀有一定的越程。对不通槽，还应将刀头后部磨去一块，使其端部厚度小于工艺孔直径，以便于刨刀垂直进给。

5）刨 T 形槽。刨 T 形槽的顺序如图 3-23 所示，先刨直槽；然后用弯切刀刨左、右两侧，此时，要适当加长刨刀两端的越程长度，保证刨刀有抬起和放下的时间；最后刨倒角。

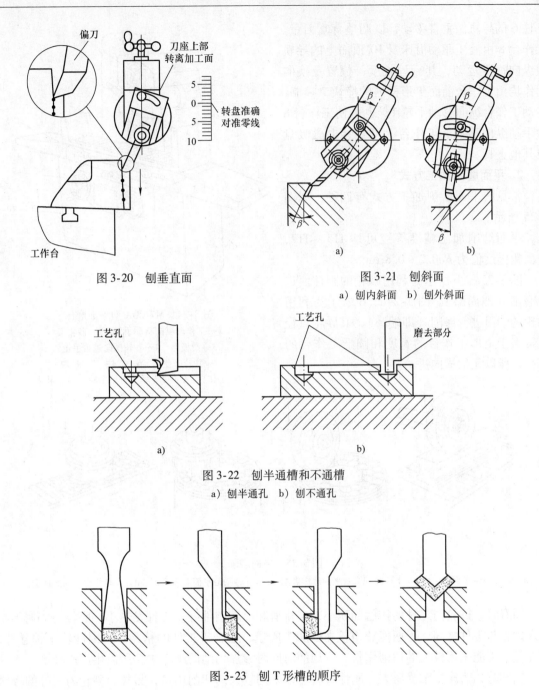

图 3-20　刨垂直面

图 3-21　刨斜面
a) 刨内斜面　b) 刨外斜面

图 3-22　刨半通槽和不通槽
a) 刨半通孔　b) 刨不通孔

图 3-23　刨 T 形槽的顺序

6）刨成形面。刨成形面可采用刨模机或专用靠模，也可在普通刨床上采用成形刨刀加工成相应的各种成形面或槽，但必须先粗刨，然后才能用成形刀精刨。

（三）平面磨削加工

1. 平面磨床

图 3-24 所示为 M7120A 型平面磨床，该机床主要由床身 10、工作台 8、立柱 6、滑板座 3、砂轮架 2 及砂轮修整器 5 等部件组成。砂轮主轴由内装式异步电动机直接驱动。砂轮架 2 可沿滑板座 3 上的燕尾导轨做横向间歇或连续进给运动，这个进给运动可以由液压驱动，也可由砂轮横向进给手轮 4 做手动进给。转动砂轮垂直进给手轮 9，可使滑板座 3 连同砂轮架 2 沿

立柱 6 的导轨做垂直移动，以调整背吃刀量。工作台 8 由液压驱动沿床身 10 顶面上的导轨做纵向往复运动，其行程长度、位置及换向动作均由工作台前面 T 形槽内的撞块 7 控制，转动工作台纵向移动手轮 1，也可使工作台 8 做手动纵向移动。工作台上可安装电磁吸盘或其他夹具。

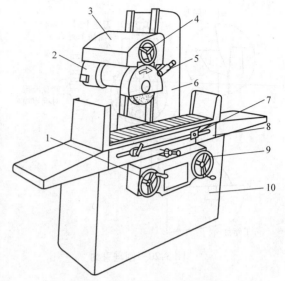

图 3-24　M7120A 型平面磨床
1—工作台纵向移动手轮　2—砂轮架
3—滑板座　4—砂轮横向进给手轮
5—砂轮修整器　6—立柱　7—撞块
8—工作台　9—砂轮垂直进给手轮　10—床身

2. 平面磨削加工方式

常见的平面磨削加工方式有四种，如图 3-25 所示。

平面磨削加工精度等级可达 IT5 ~ IT7，表面粗糙度值为 $Ra0.2 ~ 0.8\mu m$。

图 3-25a、b 所示为利用砂轮的圆柱面进行磨削（即周磨）。图 3-24c、d 所示为利用砂轮的端面进行磨削（即端磨），其砂轮直径通常大于矩形工作台的宽度和圆形工作台的半径，所以无须横向进给。

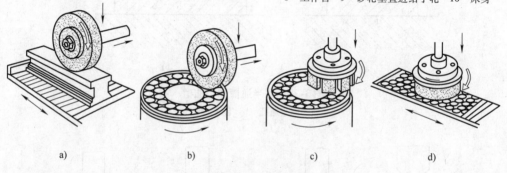

　　a)　　　　　　　b)　　　　　　　c)　　　　　　　d)

图 3-25　平面磨削
a) 卧轴矩台平面磨床磨削　b) 卧轴圆台平面磨床磨削　c) 立轴圆台平面磨床磨削　d) 立轴矩台平面磨床磨削

周磨时，砂轮与工件的接触面积小，且排屑和冷却条件好。工件发热小，磨粒与磨屑不易落入砂轮与工件之间，因而能获得较高的加工质量，适合于工件的精磨。但因砂轮主轴悬伸，刚性差，不能采用较大的切削用量，且周磨时同时参加切削的磨粒少，所以生产率较低。

端磨时，磨床主轴受压力，刚性好，可以采用较大的切削用量，另外，砂轮与工件的接触面大，同时参加切削的磨粒多，因而生产率高。但由于磨削过程中发热量大，冷却、散热条件差，排屑困难，所以加工质量较差，故端磨适合于粗磨。

（1）磨平行面　磨削钢、铁等磁性材料的平行面时，工件一般用电磁吸盘装夹。电磁吸盘是利用磁力吸牢工件。这种方法装卸工件方便、迅速、牢固可靠，能同时装夹许多工件。由于定位基准面被均匀地吸紧在台面上，从而能很好地保证加工平面与基准面的平行度。

电磁吸盘的工作原理如图 3-26 所示。当线圈 5 通过直流电时，芯体 6 被磁化。磁化线（图中点画线所示）由芯体 6 经过盖板 4—工件 2—盖板 4—吸盘体 1—芯体 6 而闭合，把工件吸住。

在磨削垫圈、样板等薄片形工件时，由于工件刚性差，磨削面与安装面温差大，很容易产生翘曲现象。所以磨削时要采取各种措施来减小工件的发热，如选用较软的砂轮、及时修整砂轮使它经常保持锋利、采用较小的背吃刀量和较高的进给速度以及供应充分的切削液等。磨削过程中还应将工件多翻身安装几次，交替地磨削两平面。

薄片形工件常在磨削前已翘曲。如果将翘曲的工件直接用电磁吸盘吸住磨削，那么由于工件刚性较差，吸紧时工件变形消失，磨完放松时工件又恢复原状（图 3-27），翻身磨削也是一样，因而难以得到平直的平面。为了消除上述现象，可在工件和电磁吸盘之间放一层厚约0.5mm 的橡胶垫，当工件被吸紧时，橡胶垫被压缩，工件的变形被抵消一部分而变小，这样工件的弯曲部分被磨掉一部分，磨出的平面较平直。这样经过多次正反面交替的磨削即可获得较高的平面度（图 3-28）。

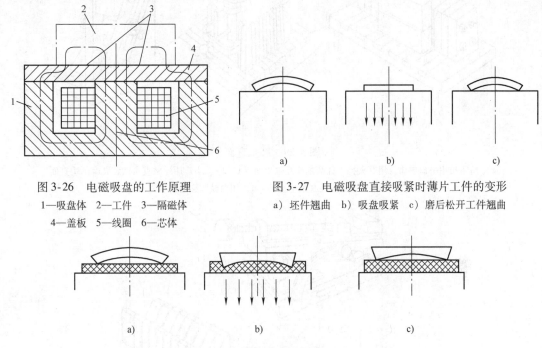

图 3-26　电磁吸盘的工作原理
1—吸盘体　2—工件　3—隔磁体
4—盖板　5—线圈　6—芯体

图 3-27　电磁吸盘直接吸紧时薄片工件的变形
a）坯件翘曲　b）吸盘吸紧　c）磨后松开工件翘曲

图 3-28　垫橡胶垫磨削薄片工件
a）磨削前工件的形状　b）磨削时工件的形状　c）磨削后松开后工件的形状

（2）磨垂直面　在平面磨床上磨垂直面的几种典型方法如图 3-29 所示。

（3）磨斜面　磨削时须将工件随同夹具（或机床附件）吸附在电磁吸盘上，常用的附件有正弦机用平口虎钳、正弦电磁吸盘和导磁 V 形块等（图 3-30）。

四、训练环节

1. 训练目的与要求

1）熟悉卧式铣床的结构、铣床附件及铣刀。

2）熟悉刨床的结构及刨刀。

3）熟悉平面磨床的结构。

4）学会在铣床、刨床和磨床上加工平板零件。

2. 设备与仪器

1）X6132 型铣床、B6065 型刨床、M7120A 型平面磨床。

2）工量具准备：

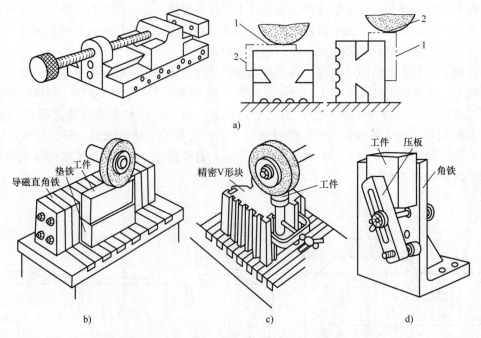

图 3-29　磨垂直面

a）精密机用平口虎钳及用其夹持工件磨削相互垂直面（1、2）　　b）用导磁直角铁装夹磨削垂直面
c）用 V 形块装夹磨削垂直面　　d）用角铁装夹磨削垂直面

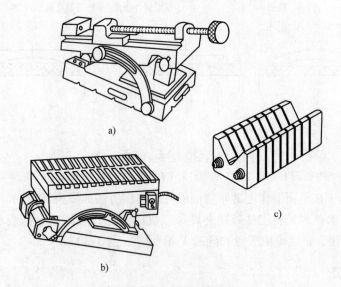

图 3-30　磨斜面用机床附件

a）正弦机用平口虎钳　　b）正弦电磁吸盘　　c）导磁 V 形块

① 量具准备清单：游标卡尺，0 ~ 150mm/0.02mm；高度尺 0 ~ 300mm/0.02mm；表面粗糙度比较样板。

② 工具准备清单：扳手、机用虎钳、划针、红丹粉。

③ 刀具准备清单：圆柱铣刀、弯头刨刀、砂轮。

3. 训练时间

训练时间为 6h。

4. 训练内容

1) 平板零件图分析。卸料板上下表面需要进行平面加工，要求保证上下平行面之间尺寸11mm、边缘厚度3mm、板长度70mm、宽度61mm和表面粗糙度 Ra 值1.6μm 要求。

2) 装夹方案制订。为保证卸料板上下平面加工尺寸11mm 和3mm，以卸料板底平面作定位基准，在卧式铣床上用机用虎钳装夹，底面加垫铁，划线找平；为加工板长度70mm、宽度61mm，分别以两侧面互为基准，在卧式铣床上用机用虎钳装夹，底边加垫铁，划线找平；在牛头刨床上装夹方案同卧式铣床；在平面磨床上用电磁吸盘固定。

3) 加工步骤确定。

① 方案一：以底面为基准，先粗铣尺寸11mm 至14mm，尺寸3mm 至6mm，留余量3mm；再精铣分别至尺寸13mm 和5mm，留余量2mm；然后调头分别加工至尺寸11.3mm 和3.3mm，留磨削余量0.3mm；最后磨削至尺寸11mm 和3mm。

② 方案二：以底面为基准，先粗刨尺寸11mm 至14mm，尺寸3mm 至6mm，留余量3mm；再精刨分别至尺寸13mm 和5mm，留余量2mm；然后调头分别加工至尺寸11.3mm 和3.3mm，留磨削余量0.3mm；最后磨削至尺寸11mm 和尺寸3mm。

4) 在铣床、刨床及磨床上加工零件至尺寸，用游标卡尺测量合格，用表面粗糙度比较样板比对表面粗糙度符合要求为止。

5) 设备保养和场地整理。加工完毕，清理切屑、保养机床和清理场地。

6) 写出本任务完成后的训练报告。具体内容有：训练目的、训练内容、训练过程、注意事项、训练收获。

五、拓展知识：薄片零件磨削加工

薄片零件由于刚性差，磨削时很容易发生受热变形和受力变形，从而产生翘曲现象。所以磨削时要采取各种措施来减小工件的发热和变形，磨削薄片零件的主要方法如下。

1. 垫弹性垫片

在工件与电磁吸盘之间放一层厚度为0.5～3mm 的橡皮垫片，当工件被吸紧时，由于橡皮垫片能够压缩，因而工件的弹性变形减小，磨出的工件比较平直，如图3-31所示。将工件反复翻面磨削几次，在工件的平面度得到改善后，可直接吸在电磁吸盘上磨削。

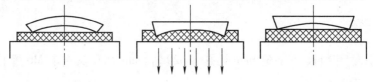

图 3-31 垫弹性垫片

2. 垫纸

垫纸是一种常用的简易办法。将工件放在平板上，用橡皮锤轻轻敲击，分辨出空音处（即工件和平板接触有空隙），将纸垫入空隙处，并使纸和工件填平，以填平的面做定位基准面，磨出第一个比较平的面，再将磨好的平面直接装夹在电磁吸盘上磨另一面，以后再反复翻面磨削几次，就能得到比较平直的平面。

3. 改变夹紧力方向

磨削长条形薄片工件时，工件的弯曲变形大。在批量生产时，可采用专用角铁式夹具（图3-32）装夹，可用压板从侧面夹紧。由于工件侧面宽度方向刚性大，工件不会产生大的

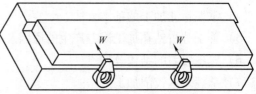

图 3-32 专用角铁式夹具

夹紧变形。待磨平一面后，再将工件吸在电磁吸盘上磨另一面。

4. 减小电磁吸盘的吸力

采用这种方法也是为了减小工件的弹性变形，使用这种方法时需重新调整吸盘的电路并采用一定的安全技术措施。

六、回顾与练习

1）简述铣削加工的工艺特点及应用。

2）试分析顺铣与逆铣的特点及应用。

3）刨削的加工精度和加工范围是什么？

4）刨削用量三要素是什么？各要素的单位是什么？

5）为什么刨刀的刀柄要做成弯曲状？

6）试述普通插床的主要用途。

7）龙门刨床的特点有哪些？

8）磨削加工的特点是什么？

9）磨削后怎样找正薄壁工件的变形？

10）周磨和端磨的区别是什么？

11）在平面磨床上磨削平面时，产生废品的主要原因是什么？应如何防止？

任务二　模板孔加工（钻孔、铰孔、拉孔）

卸料板上有各种用途的孔，如 $\phi10$mm 光孔、$\phi20^{+0.2}_{+0.1}$mm 光孔及 4 个 M6 螺孔需要加工。孔加工的方法有很多种，概括起来可分为两类：一类是从实体材料上加工出孔，如钻孔、钻中心孔等；另一类是对工件上已有孔进行再加工，如扩孔、铰孔、锪孔、拉孔及镗孔等。除一部分由车床、镗床、铣床、拉床等机床完成外，很大一部分是由钳工利用各种钻床和工具来完成的。

一、工作任务

如图 3-1 所示，卸料板上有 $\phi10$mm 光孔、$\phi20^{+0.2}_{+0.1}$mm 光孔及 4 个 M6 螺孔需要加工，一般采用钻孔、铰孔加工方法进行。

二、学习目标

1）熟悉钻孔加工设备的分类和结构特点。

2）熟悉钻头的材料、角度及刃磨方法。

3）熟悉钻模的结构特点。

4）掌握钻孔加工的基本方法。

5）善于分析钻孔加工误差产生的原因及解决措施。

6）熟悉铰刀的结构及特点。

7）掌握基本铰削加工方法。

8）了解拉床及拉刀的结构特点及加工方法。

三、学习内容

（一）钻削加工

1. 钻削描述

钻孔主要用于加工螺纹底孔、铰削前预加工孔、镗孔前预加工孔及加工铆钉孔等精度较低和表面质量要求不高的孔。

钻削的特点为：

（1）钻头刚性差　由于钻头比较细长，且有两条宽而深的容屑槽，其刚性很差；钻头只有两条很窄的螺旋棱带与孔壁接触，导向性也很差；由于横刃的存在，使钻孔时轴向抗力增大，又有较大的负前角，使钻头很难定心；因此，钻头在开始切削时就容易引偏，切入以后易产生弯曲变形，致使钻头偏离原轴线。

（2）排屑困难　钻孔时，由于切屑较宽，容屑尺寸又受限制，因而，在排屑过程中，往往与孔壁产生很大的摩擦和挤压，拉毛和刮伤已加工表面，大大降低孔壁质量。有时切屑可能阻塞在钻头的排屑槽里，卡死钻头甚至将钻头扭断。

（3）切削热不易传散　由于钻削是一种半封闭式的切削，切削时所产生大量的热量不能及时排出，切削液又难以注入切削区，切屑、刀具与工件之间摩擦又很大，因此，切削温度较高，致使刀具磨损加剧，从而限制了钻削用量和生产率的提高。

2. 钻孔加工设备

钻孔加工的设备较多，概括起来分为：台式钻床、立式钻床、摇臂钻床、深孔钻床、坐标镗钻床、卧式钻床、钻铣床、中心孔钻床、钻削加工中心九种。它们中的大部分是以最大钻孔直径为主参数值。常用的主要有以下四种：台式钻床、立式钻床、摇臂钻床、钻削加工中心等。

（1）台式钻床　台式钻床是一种小型钻床，是钳工装配和修理工作中常用的设备。它大多安装在钳台上，一般可钻 $\phi12mm$ 以内的孔，如图 3-33 所示。

这种钻床构造简单，操作容易，调整方便，适用于单件和小批量生产。台钻的钻削过程，是由电动机、塔轮、三角带的传动使之变换速度，带动钻头旋转，扳动手柄使钻头做直线运动，完成整个钻削工作。

（2）立式钻床　立式钻床最大的钻孔直径是 25mm、35mm、40mm、50mm 几种，适用于钻削中型工件。它有自动进刀机构，可采用较大的钻削用量，生产率较高，并能得到较高的加工精度。立式钻床主轴转速和进给量有较大的变动范围，适用于不同材质的刀具，能够进行钻孔、锪孔、铰孔和攻螺纹等加工。

立式钻床如图 3-34 所示，由底座、立柱、主轴变速箱、电动机、主轴、进给箱和工作台等主要部分组成。这种钻床型号为 Z4025，最大钻削直径为 25mm。主轴回转方向的变换靠电动机的正反转来实现。钻床的进给量是用主轴每转一转时，主轴的轴向位移来表示的，符号是 f，单位为 mm/r。

工件（或通过夹具）置于工作台 1 上。工作台在水平面内既不能移动，也不能转动。因此，当钻头在工件上钻好一个孔而需要钻第二个孔时，就必须移动工件的位置，使被加工孔的中心线与刀具回转轴线重合。由于这种钻床固有的弱点，致使其生产率不高，大多用于单件小批生产的中小型工件加工，钻孔直径为 16～80mm，常用的机床型号有 Z5125A、Z5132A 和 Z5140A 等。

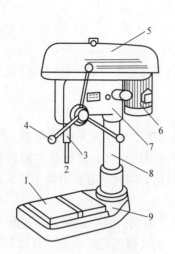

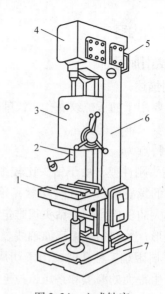

图 3-33　台式钻床
1—工作台　2—钻头　3—主轴　4—进给手柄
5—带罩　6—电动机　7—主轴架　8—立柱　9—底座

图 3-34　立式钻床
1—工作台　2—主轴　3—进给箱　4—主轴变速箱
5—电动机　6—立柱　7—底座

（3）摇臂钻床　对于体积和质量都比较大的工件，若用移动工件的方式来找正其在机床上的位置，则非常困难，此时可选用摇臂钻床进行加工。如图 3-35 所示，摇臂钻床由底座、立柱、摇臂、主轴变速箱（自动进给机构）、工作台等主要部分组成。它的摇臂能回转 360°，并能自动升降和夹紧定位。

摇臂钻床是靠转动立柱、摇臂和移动钻轴，对工件进行钻孔。最大钻孔直径为 50mm；主轴变速级数为 19 级，转速范围为 28～1700r/min，进给变速级数为 18 级，进给量范围为 0.13～1.2mm/r。因此，可利用摇臂钻进行钻孔、扩孔、锪孔、铰孔、镗孔、环切大圆和攻螺纹等加工。常用的型号有 Z3035B、Z3040×16、Z3063×20 等。如果要加工任意方向和任意位置的孔或孔系，可以选用万向摇臂钻床，机床主轴可在空间绕两特定轴线做 360°的回转。此外，机床上端的吊环，可以吊放在任意位置。它一般用于单件小批生产的大、中型工件。

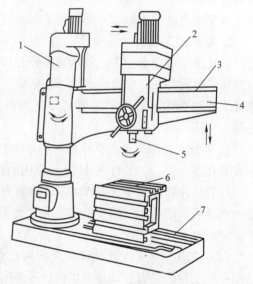

图 3-35　摇臂钻床
1—立柱　2—主轴变速箱　3—摇臂导轨　4—摇臂
5—主轴　6—工作台　7—底座

3. 钻头

孔加工刀具较多，其中用得最多的是钻头，概括起来钻头一般分为四种：麻花钻、扁钻、深孔钻和群钻。它们的几何形状虽然不同，但都有两个对称分布的切削刃，使钻削时产生的力保持平衡。

钻头是一种标准刀具，钻孔时，钻头通过两条对称排列的切削刃对材料进行切削，完成孔加工。

（1）麻花钻　这种钻头的工作部分像"麻花"形状，故称麻花钻。它是钻孔加工常用的标准刀具。麻花钻是由刀具厂按国家统一标准生产的。其材料是高速钢或硬质合金钢，经过热处理，硬度为 62~65HRC，切削温度在 600℃ 以下不会丧失其硬度。它主要用来在实体材料上钻削直径在 0.1~100mm、加工精度较低和表面较粗糙的孔，以及加工质量要求较高的孔的预加工。有时也用它代替扩孔钻使用。其加工精度一般在 IT12 左右，表面粗糙度值为 $Ra6.3~12.5\mu m$。通常使用的直径规格为 3~50mm。

按刀具材料的不同，麻花钻分为高速钢麻花钻和硬质合金麻花钻。高速钢麻花钻的种类很多：按柄部分有直柄和锥柄之分，直柄一般用于小直径钻头；锥柄一般用于大直径钻头。按长度分类，则有基本型和短、长、加长、超长等各种钻头。

硬质合金麻花钻有整体式、镶片式和无横刃式三种，直径较大时还可以采用可转位式结构。整体硬质合金麻花钻的切削部分和柄部都用硬质合金制成，用于直径为 0.3~10mm 的小钻头。其中的粗柄系列钻头直径 $d_0 = 0.2~1.0mm$，螺旋角较大（$\beta = 35°$），容屑空间大，如图 3-36a 所示，主要用于非金属材料电路板的钻孔。钻孔直径为 0.4~10mm 的整体硬质合金直柄麻花钻可用于铸铁、有色金属、淬硬钢、耐热合金和其他多种非金属材料的钻削。

镶片硬质合金麻花钻的直径为 2~30mm，柄部采用莫氏锥柄形式（1~3 号）。刀体材料为 9SiCr，淬硬至 58~62HRC，刀片材料一般用 K30（YG8）或 M20（YW2）。钻头结构如图 3-36b 所示。

图 3-36c 所示为可转位式硬质合金钻头。

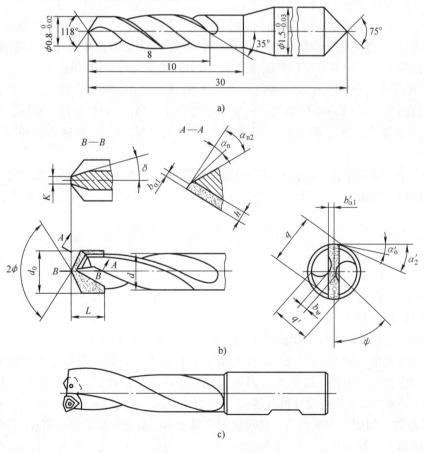

图 3-36　硬质合金钻头

a）整体式　b）镶片式　c）可转位式

1）麻花钻的组成（见图 3-37）。

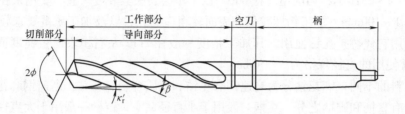

图 3-37 麻花钻的组成

a. 柄。柄是钻头上用于夹固和传动的部分。钻削时起传递转矩和钻头的夹持定心作用。麻花钻有直柄和莫氏锥柄两种。直柄钻头的直径一般为 0.3～13mm。

b. 空刀。空刀位于工作部分和柄之间。直径较大的钻头在空刀部标注有商标、钻头直径和材料牌号等。

c. 工作部分。这是钻头的主要部分，由切削部分和导向部分组成，起切削和导向作用。

2）麻花钻的结构参数。麻花钻的结构参数是指在钻头制造中控制的参数，它们都是决定钻头几何形状的独立参数。包括以下几项：

① 直径 d。直径 d 是钻头两刃带间的垂直距离。它按标准尺寸系列或螺孔底径尺寸设计。

② 直径倒锥。直径做成沿钻柄方向逐渐减小的锥度，以减小刃带与孔壁间的摩擦面积，相当于副偏角的作用。中等直径钻头倒锥量为 (0.05～0.12mm)/100mm。

③ 钻心直径 d_0。钻心直径 d_0 是钻心处与两螺旋槽沟底相切圆的直径，它影响钻头的刚性与容屑沟截面面积。$D > 13$mm 的钻头，$d_0 = $ (0.125～0.15)d，为提高钻头刚性，钻心直径做成向钻柄方向逐渐增大的正锥度，尽可能符合等强度的结构。一般钻心正锥量为 (1.4～2mm)/100mm。

④ 螺旋角 β。螺旋角 β 是指钻头刃带棱边螺旋线展开成直线与钻头轴线的夹角，它相当于副切削刃刃倾角。如图 3-37 所示，主切削刃上任意点的螺旋角 β_x，可由下式计算：

$$\tan\beta_x = \frac{2\pi r_x}{L} = \frac{2\pi r_x}{\dfrac{2\pi r}{\tan\beta}} = r_x\tan\beta / r$$

式中 r_x——X 点半径（mm）；

r——钻头半径（mm）；

L——螺旋槽导程（mm）。

上式表明，钻头不同直径处螺旋角不等，越近中心处螺旋角越小。

麻花钻的螺旋角一般为 25°～32°。增大螺旋角有利于排屑，能获得较大的前角使切削轻快，但钻头刚性变差。小直径钻头为提高钻头刚性，β 角可设计得小些。钻软材料、铝合金时，为改善排屑效果，β 角可设计得大些。

⑤ 刃带参数。如图 3-38b 所示，它包括刃带宽度 b_f、高度 c 和刃带后角 φ，刃带后角相当于副切削刃后角，一般为 0°。

3）麻花钻的几何角度，如图 3-39 所示。

① 顶角 2ϕ。它是两主切削刃在中剖面内投影的夹角，是影响钻头刃磨质量的主要参数之

一，通常 2ϕ 取 $118°$。顶角对钻头切削效率、寿命、进给力等都有明显影响。

② 主偏角 κ_r 和端面刃倾角 λ_t。主偏角在基面内测量，由于切削刃上各点基面不同，故主

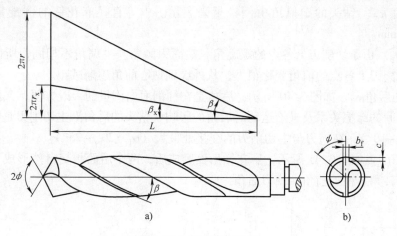

图 3-38　麻花钻螺旋角

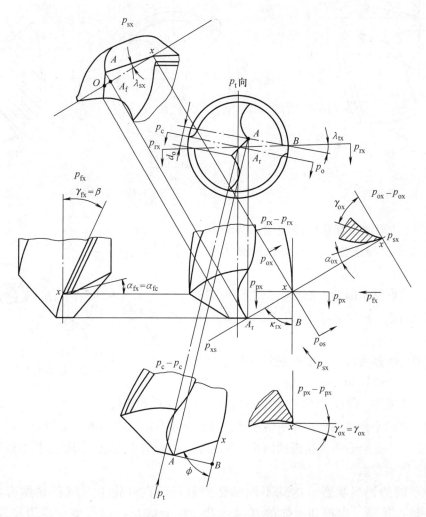

图 3-39　麻花钻的几何角度

偏角也不相同。主切削刃上不同的点端面刃倾角 λ_t 是不等的，由内向外绝对值减小；各点端面刃倾角均为负值，因而切屑向钻尾排出。

③ 副偏角 κ_r'。钻头的副偏角由倒锥量来表示。中等直径麻花钻的倒锥量为（0.05 ~ 0.12mm）/100mm。

④ 前角 γ_o。由于切削刃上各点的螺旋角、端面刃倾角、主偏角不相同，所以各点的前角也不相同。切削刃上各点的前角变化很大，从外缘到钻心前角逐渐减小。

⑤ 钻头的后角 α_f。如图 3-40 所示，后角是在柱剖面内测量的，既方便，又能反映出主后面与过渡表面间的摩擦关系及进给运动对后角的影响，钻头的后角沿主切削刃是变化的，外缘最小（$\alpha_f = 8° ~ 10°$），在横刃与主切削刃的交接处最大（$\alpha_f = 20° ~ 25°$）。

⑥ 横刃角度。如图 3-41 所示，麻花钻后面磨成后，两个后面相交自然形成了横刃。横刃角度包括横刃转角、横刃前角、横刃后角。

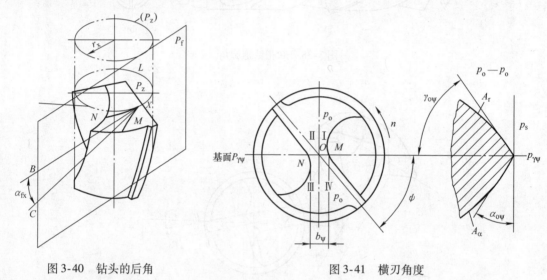

图 3-40　钻头的后角　　　　　　　　图 3-41　横刃角度

4）麻花的钻刃磨。麻花钻经使用后刃口和刀面会产生破裂或磨损现象，需刃磨以提高工作效率、保证加工质量。

在砂轮上修磨钻头的切削部分，以得到所需的几何形状及角度，称为钻头的刃磨，如图 3-42 所示。

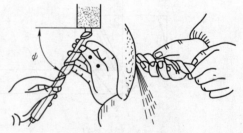

图 3-42　钻头的刃磨

麻花钻的刃磨修磨时，一般控制钻头切削部分外径处前角 $\gamma_o = 18° ~ 30°$，$\alpha_o = 6° ~ 12°$，横刃转角 $\gamma = 55°$，并修磨横刃等。要求两条主切削刃平直、对称和等长。

刃磨时，用两手握住钻头，左手缓慢地使钻头绕自身的轴线由下向上转动，同时施加适当的刃磨压力，左手配合右手做缓慢的同步下压运动，以便磨出后角。刃磨过程中要经常蘸水冷却，并检测各刃磨参数。

为适应不同的钻削状态，达到不同的钻削目的，在砂轮上对麻花钻原有的切削刃、边和面进行修改磨削，以得到所需的几何形状，称为磨花钻的修磨。横刃经修磨后，减小了轴向阻力及减少了挤刮现象，定心作用也得到改善。横刃修磨时，钻轴左倾 15°，尾柄下压55°。

（2）扁钻　扁钻是一种特制的钻头，由碳素工具钢或高速钢制成。扁钻切削部分磨成一个扁平体，主切削刃磨出顶角、后角，并形成横刃，副切削刃磨出后角与副偏角并控制钻孔的直径。扁钻前角小，没有螺旋槽，但由于制造简单、成本低，至今仍使用在仪表车床上加工黄铜等脆性材料以及在钻床上加工直径为 0.1～0.5mm 的小孔。

通常情况下，麻花钻的钻孔孔径范围为 0.05～100mm，采用扁钻可达 125mm。对于孔径大于 100mm 的孔，一般先加工出孔径较小的预制孔（或预留铸造孔），然后将孔径扩大到规定尺寸。它结构简单，但导向作用差，不易排屑，不宜钻深孔。在车床与组合机床上对于直径为 25～125mm 的孔钻削时，常使用装配式扁钻，如图 3-43 所示。

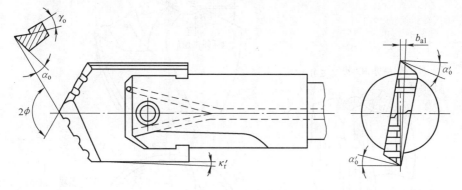

图 3-43　装配式扁钻

（3）深孔麻花钻　深孔麻花钻是近年来国内外使用的新槽形钻头。它可以在普通设备上一次进给加工孔深与孔径之比为 5～20 的深孔。在结构上，通过加大螺旋角、增大钻心厚度、改善刃沟槽形、选用合理的几何角度和修磨形式，较好地解决了排屑、导向、刚度等深孔加工时的问题，如图 3-44 所示。

（4）群钻　群钻是针对普通麻花钻结构所存在的缺点，综合各种修磨方式，经合理修磨而出现的先进钻型，它与普通麻花钻比较，有以下优点：

1）钻削轻快，轴向抗力可下降 35%～50%，转矩下降 10%～30%。

2）可采用大进给量钻孔，每转进给量比普通麻花钻提高两倍多，钻孔效率提高。

3）钻头寿命延长，提高了 2～3 倍。

4）钻孔尺寸精度提高，几何误差减小，加工表面的表面粗糙度值减小。

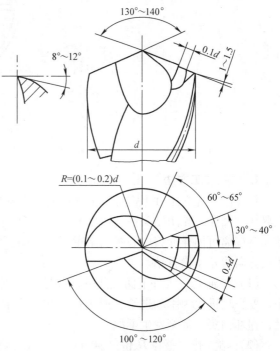

图 3-44　深孔麻花钻

5）使用不同钻型，可改善对不同材料如铜、铝合金、有机玻璃等的钻孔质量，并能满足薄板、斜面、扩孔等多种情况的加工要求。

　　在生产实践中，群钻钻型不断改进、扩展，现已形成一整套加工不同材料和适应不同工艺特性的钻型系列。其中以加工各种钢材用的基本型群钻应用最为广泛，它又是演变成其他钻型的基础。

　　基本型群钻的外形如图 3-45a 所示，其外缘刃磨出较大顶角的外直刃，中段磨出内凹的圆弧刃，钻心部分修磨出内直刃与很短的横刃。群钻共有七条主切削刃，外形上呈三个钻尖，横刃修磨后前角增大，高度降低、变窄变尖，即通常所说的"三尖七刃"。直径较大的钻头在一侧外刃上再开出分屑槽。基本型群钻刃磨后需控制的主要参数如图 3-45b 所示。

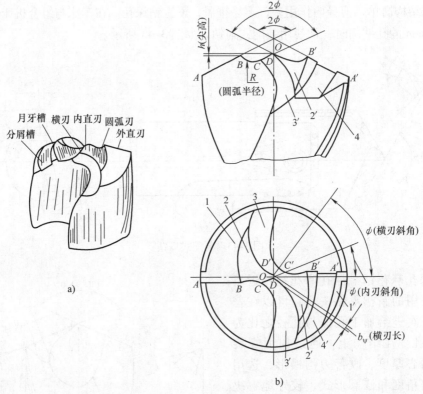

图 3-45　群钻
a）外形　b）主要参数

4. 钻孔加工方法

　　钻孔前，先在工件上需加工的孔中心打上样冲眼，应打大些。孔径上也需打样冲眼作为加工界线。钻孔时先用钻头在孔的中心锪一小窝（约占孔径1/4），检查小窝与所划圆是否同心。如稍有偏离可用样冲将中心扩大来矫正或移动工件找正。如偏离较多，可用窄錾在偏斜方向的相反方向凿几条槽再钻。

　　（1）钻通孔　工件下面应垫铁，或把钻头对准工作台空槽。在孔将被钻透时，进给量要小，变自动进给为手动进给，避免钻头在钻穿的瞬间抖动，出现"啃刀"现象，影响加工质量，损坏钻头，甚至发生事故。

　　（2）钻大孔　直径 D 超过 30mm 的孔应分两次钻。第一次用直径为（0.5～0.7）D 的钻头先钻，再用所需直径的钻头将孔扩大。这样，既利于钻头负荷分担，也有利于提高钻孔质量。

　　（3）斜面钻孔　在圆柱面和倾斜表面钻孔时最大的困难是"偏切削"，切削刃上的径向抗力使钻头轴线偏斜，不但无法保证孔的位置，而且容易折断钻头，对此一般采取平顶钻头，由钻心部分先切入工件，然后逐渐钻进。

钻孔时，易产生孔径扩大和"引偏"现象，原因是：

1）钻头比较细长，且有两条宽而深的容屑槽，使钻头刚性很差。

2）由于横刃的存在，使钻孔时轴向抗力增大，麻花钻横刃较长且有较大负前角，使钻头很难定心。

3）钻头只有两条很窄的螺旋棱带与孔壁接触，导向性很差。

4）工件待钻孔处的平面不平整，工件安装时位置不正确，导致工件表面与钻头轴线不垂直。

5）夹具上钻套内孔与钻头的配合间隙过大；钻套的高度取得过小，以致钻套不起导向作用或导向作用较差，如果此时钻床主轴有显著的回转误差、振动，也将产生钻头的引偏或孔径扩大。

6）钻头左、右两条切削刃刃磨得不对称。

7）工件结构设计或加工顺序安排不合理，也将导致钻头的引偏。

因此，钻头在开始切削时就容易引偏，切入以后易产生弯曲变形，致使钻头偏离原轴线。钻头的引偏将使加工后的孔出现孔轴线的歪斜、孔径扩大和孔失圆等现象。减小"引偏"的措施有：

1）钻孔前先加工工件端面，使端面与钻头轴线垂直。如在车床上钻孔，尽可能使车端面和钻孔在一次装夹中完成。

2）尽量采用工件回转、钻头做轴向进给的钻削方式，尤其是在钻深孔时，其对孔轴线偏斜的抑制作用更为明显。

3）钻孔前，先用中心钻或顶角为 $90° \sim 100°$ 的直径大而长度短的钻头钻出一个凹坑，这不仅可使钻头更好地对准待加工孔的中心，而且使钻头开始钻削时，避免或减少了横刃与工件的接触，从而大大地减小了开始钻削时的进给力。

4）钻小孔和深孔时，选用适当小的进给量，以减小进给力，钻头则不易产生弯曲而导致孔的偏斜。

5）刃磨麻花钻时，务必使左、右两条切削刃保持对称。

6）修磨标准麻花钻的横刃使其长度尽量缩短，以减小进给力。

7）及时调整或修理机床，消除机床回转误差。

8）钻套长度应足够；钻套端面到工件表面之间的距离应保持适当（若过大，则钻套的导向作用减弱，过小会影响排屑）；夹具在机床上应正确安装。

9）钻深孔时，因工件较长，需使用中心架支承，而且刀具也很长，钻头和钻杆同样需要用支架支承。为减小钻头的引偏，机床主轴和工件、钻头、钻杆三个支架导套之间的同轴度误差必须严格加以控制，一般规定不大于 $0.02\,\mathrm{mm}$。

5. 锪孔和扩孔

钳工加工孔的方法除了钻孔外，根据需要还要进行锪孔和扩孔。

（1）锪孔　所谓锪孔就是用锪钻在孔端加工出圆锥形沉孔、圆柱形沉孔或平面的加工过程。锪孔的操作与钻孔大致相同，只是在刀具上有所不同，锪孔钻是用多刃的刀具。锪钻大多用高速钢制造，只有加工端面凸台的大直径端面锪孔钻用硬质合金制造，采用装配式结构。硬质合金刀片与刀体之间的连接采用镶齿式或机夹可转位式。刀片与刀体之间的连接方式如图3-46所示。图3-47a所示的平底锪钻，其圆周和端面上各有3～4个刀齿。在已加工好的孔内有一根导柱，其作用为控制被锪沉孔与原有孔的同轴度误差。导柱一般制成可卸式，以便于锪钻端面刀齿的制造和重磨，而且同一直径的沉孔，可以有数种不同直径的导柱。锥面锪孔钻的锥角有60°、90°和120°三种。

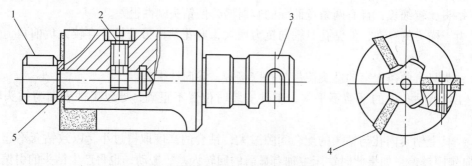

图 3-46　刀片与刀体之间的连接方式
1—导柱　2—螺钉　3—锁销式刀柄　4—刀齿　5—垫片

锪孔的形式有三种，如图3-47所示。

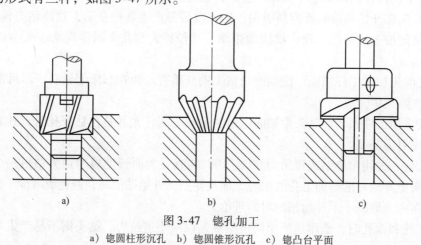

图 3-47　锪孔加工
a) 锪圆柱形沉孔　b) 锪圆锥形沉孔　c) 锪凸台平面

1）锪圆柱形沉孔。用来锪螺钉圆柱形沉孔，为了保持原孔与沉头锪孔同心，这种锪孔钻切削部分的前端导柱应与原孔配合适当，并且在加工时加润滑油。

2）锪圆锥形沉孔。用来锪孔口倒角，锪螺钉和铆钉的锥形沉孔。这种锪孔钻顶角有60°、90°、120°三种。

3）锪凸台平面。用于锪螺母和铆钉的支承平面，其端面上有切削刃，刀柄切削部分的前端有导柱插入原孔内，以保持加工平面与原孔的垂直度。

（2）扩孔　扩孔是在已有孔的基础上，做铰孔或磨孔前的预加工扩孔以及毛坯孔的扩大，扩孔所用刀具是扩孔钻或麻花钻，扩孔钻的结构与麻花钻相似，但切削刃有 3~4 个，如图3-48所示。扩孔钻直径规格为 10~100mm，常用的为 15~50mm，直径小于 15mm 的一般不扩孔。扩孔精度可达 IT10，表面粗糙度值一般为 $Ra6.3\mu m$。扩孔在钻床上进行，加工余量为 0.5~4mm。

扩孔的加工质量优于钻孔，这和扩孔钻结构上的优点有很大关系。与麻花钻相比，它没有横刃，因而进给力小；由于加工余量小（一般为加工孔径的 1/8 左右），产生的切屑少，无须容积较大的容屑槽，因而刀体的强度高、刚度好；齿数较多，钻削时导向性好，因而对预制孔的形状误差有一定的修正能力；主切削刃较短，因而切屑不宽，不存在分屑、排屑的困难。用扩孔钻加工一般钢料时，其进给量可比麻花钻钻孔时大一倍以上，这主要是前者无横刃的原因。而在加工铸铁和铜、铝等有色金属时，扩孔的进给量比钻孔时大得不多，这是由于用麻花钻钻这类材料时，切削条件要好一些（如较大的螺旋角导致较大的前角等），因而进给量可选大些。

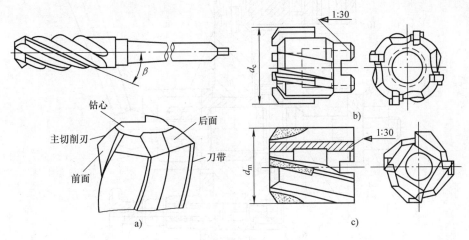

图 3-48　扩孔钻

扩孔的特点如下：

1）切削刃不是自外圆延续到中心，避免了横刃加工时阻力的影响，加工质量比钻孔高。

2）切屑窄，易排除，排屑槽可做得较小、较浅，钻头刚度较好。

3）导向性较好，切削较平稳，可找正孔的轴向偏差。

4）一般为半精加工，也可作为终加工。

5）生产率高，在成批或大量生产时应用较广。

6. 钻模

生产加工过程中，当零件孔的相互位置精度较高、孔位置特殊较难加工或产品批量较大时，常采用钻模进行孔加工。

（1）定义　钻模是引导刀具在工件上钻孔或铰孔用的机床夹具。钻模可保证工件的位置精度，提高钻孔效率，降低工人对技术的要求。

（2）结构特点

1）具有工件的定位、夹紧装置。

2）有钻套和钻模板，两者是根据被加工孔的位置分布而设置的，用以确定刀具的位置，并防止刀具在加工过程中倾斜，从而保证被加工孔的位置精度。

（3）分类　常用的钻模有固定式、回转式、移动式、翻转式、盖板式和滑柱式六种。

1）固定式钻模。钻模与工件在机床上的位置保持不变，用来加工单个孔或在摇臂钻床上钻削若干平行孔。在立式钻床上安装钻模时，一般先将装在主轴上的定尺寸刀具（精度要求高时用心轴）伸入钻套中，以确定钻模的位置，然后将其紧固，这种加工方式的钻孔精度较高。

2）回转式钻模。带有回转分度装置，在不松开工件的情况下可加工分布在同一圆周上的多个轴向平行孔、垂直和斜交于工件轴线的多个径向孔或几个表面上的孔。它包括立轴、卧轴和斜轴回转三种基本形式。由于回转台已经标准化，故回转式夹具的设计，在一般情况下是设计专用的工作夹具和标准回转台联合使用，必要时才设计专用的回转式钻模。图 3-49 所示为一套专用回转式钻模，用其加工工件上均布的径向孔。该钻模各组成部分的结构可自行分析。

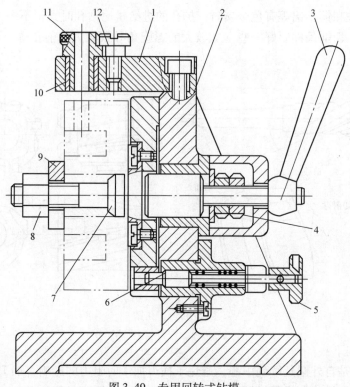

图 3-49　专用回转式钻模

1—钻模板　2—夹具体　3—手柄　4—螺母　5—把手　6—对定销　7—圆柱销　8—螺母　9—快换垫圈　10—衬套　11—钻套　12—螺钉

3）移动式钻模。这类钻模用于钻削中、小型工件同一表面上的多个孔。图 3-50 所示的移动式钻模，用于加工连杆大、小头上的孔。工件以端面及大、小头圆弧作为定位基面，在定位套 12、13，固定 V 形块 2 及活动 V 形块 7 上定位，先通过手轮 8 推动活动 V 形块 7 压紧工作，

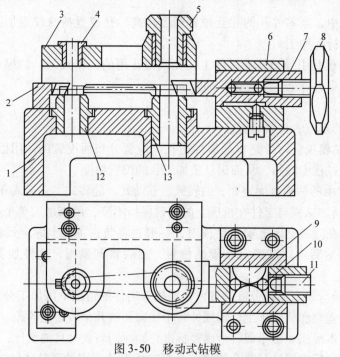

图 3-50　移动式钻模

1—夹具体　2—固定 V 形块　3—钻模板　4、5—钻套　6—支座

7—活动 V 形块　8—手轮　9—半圆键　10—钢球　11—螺钉　12、13—定位键

然后转动手轮8带动螺钉11转动，压迫钢球10，使两片半圆键9向外胀开而锁紧。V形块带有斜面，使工件在夹紧分力作用下与定位套贴紧。通过移动钻模，使钻头分别在两个钻套4、5中导入，从而加工工件上的两个孔。

4）翻转式钻模。夹具体在几个方向上有支承面，加工时用手将其翻转到需要的方向进行钻孔，适用于小工件。图3-51所示为加工套筒上四个径向孔的翻转式钻模。工件以内孔及端面在台肩销1上定位，用快换垫圈2和螺母3夹紧，钻完一组孔后，翻转60°钻另一组。该夹具的结构比较简单，但每次钻孔都需要找正钻套相对钻头的位置，所以辅助时间较长，而且翻转费力，因此连同工件的总质量不能太大，其加工批量也不宜过大。

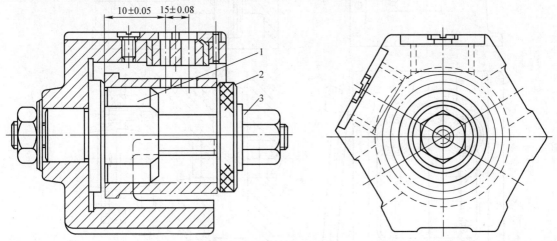

图3-51 翻转式钻模

1—台肩销 2—快换垫圈 3—螺母

5）滑柱式钻模。滑柱式钻模是一种带有升降钻模板的通用可调夹具。图3-52所示为手动滑柱式钻模的通用结构，其由夹具体1、三根滑柱2、钻模板4和传动、锁紧机构所组成。使用时，只要根据工件的形状、尺寸和加工要求等具体情况，专门设计制造相应的定位、夹紧装置和钻套等，将工件装在夹具体的平台上的适当位置，就可用于加工。转动手柄6，经过齿轮齿条的传动和左右滑柱导向，便能顺利地带动钻模板升降，将工件夹紧或松开。

这种手动滑柱钻模的机械效率较低，夹紧力不大，此外，由于滑柱和导孔为间隙配合（一般为H7/f7），因此被加工孔的垂直度和孔的位置尺寸难以达到较高的精度。但是其自锁性能可靠、结构简单、操作迅速、具有通用可调的优点，所以不仅广泛使用于大批量生产，而且也已推广到小批量生产中。它适用于一般中、小件加工。

（4）使用钻模的优越性

1）减少了划线的过程，提高了效率。

2）工人技术水平要求不高，成本降低。

3）用钻套引导刀具进行加工，减小了手工划线的随机误差，有利于保证被加工孔对其定位基准和各孔之间的尺寸精度和位置精度，提高了零件加工精度。

4）零件互换性增强。

（二）铰孔加工

铰孔是用铰刀从工件孔壁上切除微量金属层，以提高其尺寸精度和减小其表面粗糙度值的半精加工或精加工方法。在机械零件中，对精度和表面粗糙度要求比较高的孔，可用铰孔方法来加工，其精度可达IT6～IT9，表面粗糙度值可达$Ra0.4\mu m$。圆柱孔、圆锥孔、通孔和不通孔都可用铰刀铰孔，如柱形或锥形定位销孔、连杆轴孔等，也可以在钻床、镗床、车床、组合机床、数控机床、加

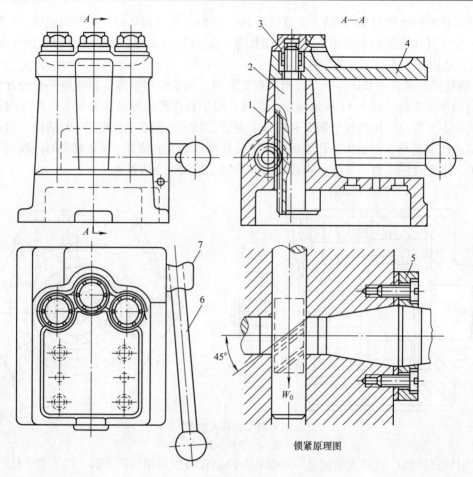

图 3-52　手动滑柱式钻模的通用结构

1—夹具体　2—滑柱　3—锁紧螺母　4—钻模板　5—模板　6—手柄　7—螺旋齿轮轴

工中心等多种机床上进行加工，也可以用手工铰削。直径小至 1mm，大至 100mm，都可以铰削。

1. 铰刀的组成和分类

（1）铰刀的组成　如图 3-53 所示，铰刀由工作部分、空刀和柄部组成。工作部分又分为切削部分和校准部分。切削部分由导锥和切削锥组成，导锥对手用铰刀仅起便于铰刀引入预制孔的作用；而切削锥则起切削作用。对于机用铰刀，导锥也起切削作用，一般把它作为切削锥的一部分。

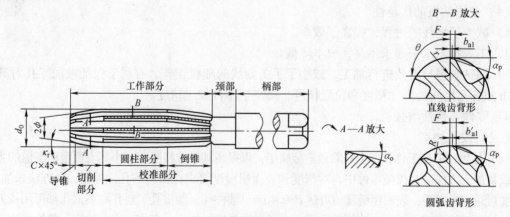

图 3-53　高速钢铰刀

校准部分包括圆柱部分和倒锥，圆柱部分主要起导向、校准和修光的作用；倒锥主要起减小与孔壁的摩擦和防止孔径扩大的作用。

（2）常用铰刀的类型　铰刀按动力来源可分为手用铰刀和机用铰刀，按加工孔的形状可分为直铰刀和锥铰刀。手用铰刀又分为整体式和可调式两种，前者径向尺寸不能调节，后者可以调节。机用铰刀分为带柄式和套式，分别用于直径较小和直径较大的场合，带柄式又分为直柄和锥柄两类，直柄用于小直径铰刀，锥柄用于大直径铰刀。按刀具材料可分为高速钢（或合金工具钢）铰刀和硬质合金铰刀，高速钢铰刀切削部分的材料一般 W18Cr4V 或 W6Mo5Cr4V2；硬质合金铰刀按照刀片在刀体上的固定方式分为焊接式、镶齿式和机夹可转位式，如图 3-54 所示。此外，还有一些专门用途的铰刀，如用于铰削通孔的硬质合金枪铰刀和拉铰刀，用于铰削精密孔的硬质合金镗铰刀和金刚石铰刀等。铰刀直径规格为 10～100mm，常用的为 10～40mm。

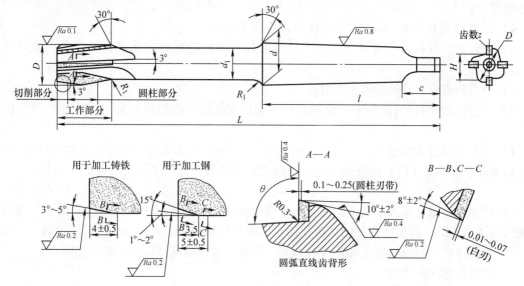

图 3-54　硬质合金铰刀

手用铰刀为直柄，工作部分较长。机用铰刀为锥柄，可装在钻床或车床上铰孔。铰刀有 6～12 个切削刃，可同时参与切削。通常铰削余量为 0.05～0.15mm。

2. 铰孔特点

（1）孔径的扩大与收缩　铰孔时由于切削振动、刀齿的径向圆跳动、刀具与工件的安装误差、积屑瘤等原因，常会产生铰出的孔径大于铰刀校准部分实际外径的扩展现象。但是，有时也会因工件弹性变形或热变形的恢复，而出现铰出的孔径小于铰刀校准部分外径的收缩现象。抑制这种现象产生可采取以下一些措施：

1）在加工弹塑性材料时，要抑制积屑瘤的产生，避免切削速度处于产生积屑瘤的速度范围内，在铰削钢料时，一般取 $v_c = 1.5～5mm/min$ 不会出现积屑瘤。

2）提高铰刀刃磨质量，减小刀齿的径向圆跳动。新的标准铰刀出厂时，往往在外径上留有研磨量，在使用前要根据最后确定的铰刀外径进行精细的研磨。

3）严格按照刀具规定的寿命进行及时的刃磨，防止刀具的磨损超过磨钝标准，引起工艺系统的振动和切削热猛增，导致切削温度的骤升。

4）对产生机床上主轴回转误差及刀具、工件安装误差的故障、缺陷要及时排除。

5）铰刀与机床之间采用浮动连接。

（2）刀齿崩刃 铰削过程中使用不当可能产生铰刀崩刃现象，产生铰刀刀齿崩刃现象的主要原因如下：

1）铰削余量过大，实际切削负荷超过了刀齿的最大许可载荷。

2）工件材料硬度过高，刀齿前角相对偏大。

3）容屑槽过小或排屑通道不畅，造成切屑堵塞，尤其在加工深孔和不通孔时更为显著。

4）主偏角过小，使切削宽度过大，切削变形比较强烈。

5）刀具磨损超过磨钝标准，导致切削力和切削转矩急剧上升。

防止铰刀崩刃而采取的措施主要如下：

1）根据具体加工要求和加工条件，合理确定铰削余量或修改预制孔的尺寸。

2）加工较硬的工件材料时，可采用负前角的铰刀，以增强刀齿强度。

3）适当减少铰刀齿数，增大容屑槽容积；减小容屑槽表面粗糙度值，以减小切屑在槽中的摩擦阻力。

4）适当增大主偏角，减少切削宽度以减小切削变形。

5）及时刃磨刀具，且每次重磨时均应将刀具上的磨耗部分彻底磨去，铰刀刃磨时磨其后面。

6）对刀具进行充分的冷却、润滑。

（3）孔的表面粗糙度值过大 铰削后往往会出现孔的表面粗糙度值过大现象，其原因主要如下：

1）铰削余量过大或过小。过大的铰削余量导致刀齿负荷增大，总切削力和总转矩增大，加工精度和表面质量下降；铰削余量过小，则难以消除前一道工序加工时残留的刀痕和加工变质层。

2）过小的进给量和过小的主偏角，将导致切削厚度大幅度减小，当切削厚度小于铰刀的切削刃钝圆半径时，将加剧铰刀的挤压作用和后面的磨损，从而影响表面质量的提高。

3）切削速度过高或在加工弹塑性材料时，所选择的切削速度导致了积屑瘤的产生。

4）产生切屑堵塞现象。

5）刀具磨损超过磨钝标准，刀具刃磨质量不高。

6）预制孔的加工精度和表面质量太低。

铰孔时减小表面粗糙度值的措施主要如下：

1）合理确定孔的铰削余量，并保证预制孔有合理的加工精度和表面质量。

2）选择合理的切削速度和进给量，铰削钢材时，一般取 $v_c = 1.5 \sim 5\text{m/min}$, $f = 0.3 \sim 2\text{mm/r}$；铰削铸铁时，一般取 $v_c = 8 \sim 10\text{m/min}$, $r = 0.5 \sim 3\text{mm/r}$。

3）按刀具规定的寿命进行及时的刃磨，并确保刃磨的质量，尽量避免出现刀齿的振摆。

4）改善刀具的排屑条件，必要时可选择或设计齿数较少的铰刀。

5）消除使机床主轴产生回转误差的各种因素，确保机床工作平稳。

6）正确使用切削液。切削液的选择是否正确，对铰削质量和刀具寿命至关重要。选择的依据主要是工件材料。铰削一般钢料时，大多使用乳化油和硫化油；铰削铸铁时用煤油。

（三）攻螺纹与套螺纹

螺纹可用机械加工和手工加工，对于直径较小的内螺纹一般可用丝锥攻螺纹，直径较小的外螺纹可用板牙套螺纹；直径较大的螺纹可采用车削、旋风铣削等机械加工的方法。

1. 攻螺纹的工具及操作

（1）丝锥 丝锥（图3-55）是专门用来加工内螺纹的刀具。标准手用丝锥的规格为 M3 ~ M20，为了减小切削力和提高丝锥的使用寿命，常将切削余量分配给几支丝锥来完成。一般两支或三支为一组，分为头锥、二锥或三锥，它们的圆锥斜角各不相同，校准部分的外径也不相同。头锥担负 60%（或 75%）的切削工作量，二锥为 30%（或 25%），三锥为 10%。丝锥切削部分（即不完整的牙齿部分）是切削螺纹的工作部分，校准部分为定径部分，起修光螺纹和引导丝锥的作用，柄部起夹持作用。头锥有 5～7 个不完整的牙齿，二锥有 1～2 个不完整的牙齿。

（2）铰杠　铰杠（图 3-56）是用于夹持丝锥的工具。常用的是可调式铰杠，以便夹持不同尺寸的丝锥。铰杠的长度应根据丝锥的尺寸大小来选择，以便控制攻螺纹时的力矩大小，防止丝锥折断。

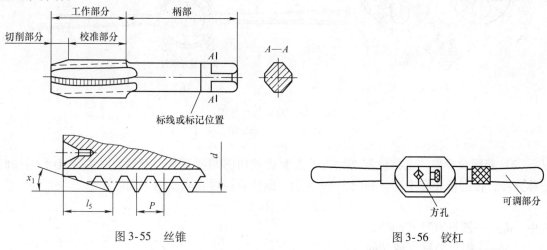

图 3-55　丝锥　　　　　　　　　　　　　图 3-56　铰杠

（3）孔径和孔深的计算

1）攻螺纹前必须先钻底孔。底孔的直径可查手册或按经验公式计算。

对于脆性材料如铸铁、青铜等，钻孔直径为：

$$d_0 = d - (1.05 \sim 1.1)P$$

对于韧性材料如钢材、纯铜等，钻孔直径为：

$$d_0 = d - P$$

式中　d——螺纹大径（mm）；

　　　　P——螺距（mm）。

2）钻不通孔时，钻孔的深度必须大于要求加工的螺纹长度 L，计算公式为：

$$L_0 = L + 0.7d$$

式中　L——要求加工的螺纹长度（mm）；

　　　　d——螺纹大径（mm）。

（4）攻螺纹操作　先将螺纹底孔孔口倒角，以利于丝锥切入。开始时用头锥攻螺纹，先旋入 1～2 圈，检查丝锥是否与孔端面垂直，然后继续使用铰杠轻压旋入。当丝锥的切削部分已经切入工件后，可只转动而不加压，每转一圈应反转 1/4 圈，以便断屑。攻完头锥后再继续攻二锥、三锥。每更换一锥，一定要先旋入 1～2 圈，扶正定位，再用铰杠，以防止乱牙，如图

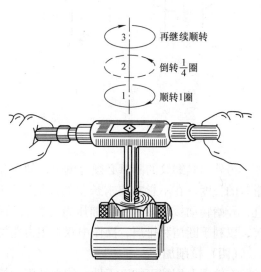

图 3-57　攻螺纹操作

3-57 所示。攻钢料工件时，加机油润滑；攻铸铁件时，加煤油润滑。

2. 套螺纹的工具及操作

（1）板牙和板牙架　板牙如图 3-58a 所示，它是加工外螺纹的刀具，可按螺纹规格选用。板牙架是用来夹固板牙传递转矩的专用工具，如图 3-58b 所示。

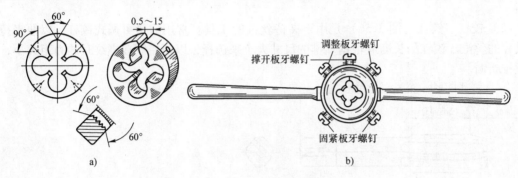

图 3-58　板牙与板牙架
a）板牙　b）板牙架

（2）套螺纹操作　套螺纹前必须先检查套螺纹用的圆棒直径，圆棒直径必须小于螺纹的公称直径，否则板牙套不进，如图 3-59 所示。圆棒直径可查表或用下式计算：

$$d_0 = d - 0.13P$$

式中　d_0——圆杆直径（mm）；

d——螺纹公称直径（mm）；

P——螺距（mm）。

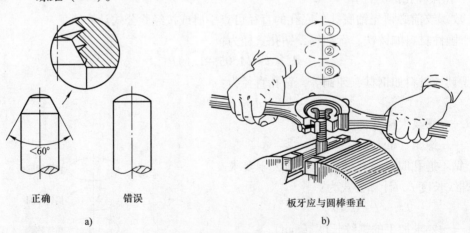

图 3-59　圆棒倒角与套螺纹
a）圆棒倒角　b）套螺纹

另外，套螺纹的圆棒必须有倒角，使板牙容易对准工件中心，同时也容易切入；工件伸入钳口的长度，在不影响要求长度的前提下，应尽量短一些。套螺纹时，板牙端面应与圆棒垂直，开始转动板牙架时要稍加压力，套入几扣可转动后，就不必再加压。套螺纹时要经常反转，以利于断屑和排屑，操作中双手用力要均匀，同时要加切削液冷却和润滑。

（四）拉削加工

在拉床上用拉刀加工工件，称为拉削。拉床有卧式拉床和立式拉床，卧式拉床应用较多。

卧式拉床如图 3-60 所示，它主要有床身、活塞拉杆、支承件、随动支架、随动刀架、液压传动部件等部分组成。

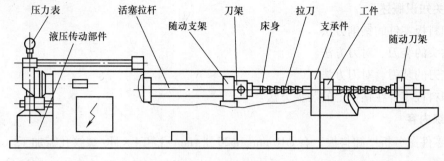

图 3-60　卧式拉床

拉床主要用于大批量拉削加工各种形状的通孔或键槽。拉削时，拉刀的直线运动为主运动，与此同时使拉刀上每齿依次切下很薄的切屑，从而得到预定要求的加工表面。拉刀根据被加工零件的要求制成相应的各种形状，属于成形复杂刀具。

拉孔时，工件一般是不夹紧的，拉刀柄部送入工件预先加工好的圆孔内，由刀架夹住柄部，起动拉床液压系统，活塞拉杆带动刀架将拉刀自右向左通过工件，加工就完成了。拉削加工的孔必须预先加工成与拉刀前导部相应的形状（一般是圆形的）。拉孔的长度一般不超过孔径的三倍。工件在拉削前，若其端面未经加工，则应将其端面垫以球面垫圈，如图 3-61 所示，这样拉削时，可以使工件上孔的轴线自动调整到和拉刀轴线一致。

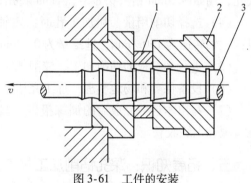

图 3-61　工件的安装
1—球面垫圈　2—工件　3—拉刀

四、训练环节：卸料板钻孔、铰孔、攻螺纹加工

1. 训练目的与要求

1）熟悉卸料板钻孔、铰孔、攻螺纹加工方法。

2）掌握卸料板钻孔、铰孔、攻螺纹加工的装夹方法。

3）掌握钻床、铰孔、攻螺纹的基本操作方法。

4）正确选择钻削用量和铰削用量加工卸料板。

2. 设备与仪器

1）Z5132A 型立式钻床若干台。

2）铣削已完成的半成品。

3）工量具准备。

① 量具准备清单。游标卡尺：0～150mm/0.02mm；标准 M6 螺栓。

② 刀具准备清单：$\phi5.5$mm、$\phi5.8$mm、$\phi9.5$mm、$\phi10$mm、$\phi19.5$ mm、$\phi19.8$mm 的钻头，$\phi20$mm 的铰刀，M6 丝锥。

③ 工具准备清单：钻夹头、钥匙、钻模板、螺栓、螺母、压板、扳手。

3. 训练时间

训练时间为 4h。

4. 相关知识概述

1）卸料板零件的钻削方法。

2）钻头的装刀、对刀方法。

3）铰刀的装刀、对刀方法。

4）卸料板零件在钻模上的装夹方法。

5. 训练内容

（1）零件图分析　卸料板上有 $\phi10mm$、$\phi20^{+0.2}_{+0.1}mm$ 孔和 $4 \times M6$ 螺纹孔需加工。

（2）制订装夹方案　卸料板外形为规则的方形，为保证孔间位置精度，用钻模板装夹工件较方便。为了比较划线钻孔与用钻模加工的区别，首先不用钻模，划线钻卸料板的 $\phi10mm$、$\phi20^{+0.2}_{+0.1}mm$ 孔，$4 \times \phi5.5mm$ 螺纹底孔，再用钻模加工，比较两者的区别。

（3）确定加工步骤　先用 $\phi5.5mm$ 钻头粗加工 $4 \times M6$ 螺纹底孔，用 $\phi9.5mm$ 钻头钻 $\phi10$ 底孔，用 $\phi19.5mm$ 钻头钻 $\phi20^{+0.2}_{+0.1}mm$ 底孔，再精加工至尺寸。

（4）选择切削用量　粗加工孔时：主轴转速为 115r/min，进给量为 0.1mm/r；精加工孔时：主轴转速为 150r/min，进给量为 0.05mm/r。

（5）进行卸料板的钻削加工、铰削加工、攻螺纹　按以上分析的步骤加工零件至尺寸。

（6）设备保养和场地整理　加工完毕，清理切屑、保养钻床和清理场地。

（7）写出本任务完成后的训练报告　具体内容有：训练目的、训练内容、训练过程、注意事项和训练收获。

五、拓展知识：深孔钻削加工

在生产实践中，在工件的钻孔深度超过了钻头的长度，而对钻孔精度要求不高的情况下，通常采用接长钻柄的方法来钻削。

钻头的接长方法如下：采用辅助工具将钻头和接杆定位。接杆直径应略大于钻头直径，长度应满足钻孔深度要求，两孔直径分别与钻头和接杆直径为过渡配合，并有同轴度要求。两接头位置在辅助工具中部进行焊接，然后装在车床上车削接杆外圆，使其略小于钻头直径，同时进一步提高钻头与接杆焊接后的同轴度，又可减小接杆与工件的摩擦，使切削平稳。

钻深孔的关键是解决冷却和排屑问题。为此，一般钻进深度达到孔径的 3 倍时，钻头就要退出，排除积在孔内和钻头螺旋槽内的切屑，并且加注切削液，减少切屑与钻头的粘结，降低切削温度。以后每钻一定深度，再退出钻头排屑、冷却。要防止连续钻进而排屑不畅，使钻头与接杆断裂，甚至扭断钻头。

六、回顾与练习

1）简述标准麻花钻的缺陷及修磨措施。

2）选择钻削用量的基本原则是什么？

3）钻孔时孔中心偏斜如何解决？

4）钻孔时出现：①孔的方向歪斜；②切屑太宽，不断屑；③钻刃变钝、变色；④钻头折断。试分析产生这些问题的原因，并提出解决措施。

5）怎样提高孔的表面加工质量？

6）怎样减少钻削时的抖动现象？

7）麻花钻的后角在刃磨时，为何沿主切削刃自里向外要将其值磨得由大至小？

8）钻模有几种类型？使用钻模有何优越性？

9）铰刀由哪几部分组成？各有何作用？

10）铰孔加工的特点是什么？试分析出现铰孔质量问题时应采取的措施。

11）什么是铰孔时的扩张量和收缩量？它们是如何引起的？

12）铰孔时铰刀为什么不能反转？机铰时进给量为什么不能太快或太慢？

13）以机用铰刀铰孔时发生：①孔径超差；②孔椭圆；③孔表面粗糙度值超差；④铰刀磨损太快；⑤铰刀崩齿。试分析产生这些问题的原因，并提出改进措施。

14）攻螺纹时为什么要经常退刀？

15）怎样保证攻螺纹时不偏斜？

项目四　叉类零件的加工

【学习内容】　本项目的任务是学习叉类零件的结构特点及技术要求；工件定位、安装、夹紧等相关知识；专用夹具的设计步骤。

【基本要求】　通过本项目学习了解专用夹具的结构组成，掌握根据加工要求确定定位方案和夹紧方案，掌握专用夹具的设计方法。

叉类零件描述

一、叉类零件的功用与结构特点

叉类零件是机器中常用的零件，主要用在变速机构、操纵机构和支承结构中，主要起连接、拨动、支承、调节等作用，如拨叉在调速机构上用于调速，支架起支承作用，以及离合器的开合、快慢档速度的变换、气门的开关等。叉类零件的形状一般不规则，杆身形状多样，主要结构由安装部分、连接部分、工作部分组成，多数为不对称零件，具有凸台、凹坑、铸（锻）造圆角、拔模斜度等常见结构。工作表面杆身细长，刚性较差，易变形，另设有加强筋以提高工件刚性。

二、叉类零件的类型

根据零件的结构和功用，叉类零件可分为支架、吊架、连杆、杠杆、拉杆、拨叉、摇臂等几种类型，如图4-1所示。

图4-1　叉类零件

三、叉类零件的技术特点

叉类零件加工表面较多且不连续，装配基准多为孔，由于装配的需要，一般轴或孔处的尺寸精度要求较高，孔的同轴度、孔对端面的垂直度以及孔轴线对轴中心线垂直度要求等均较高。工件加工前必须在机床上合理定位并夹紧，尽量减小定位误差，保证工件正确安装，才能减小加工误差，保证加工精度。由于叉类零件形状不规则，当产品批量较大时，一般需设计专用夹具。

四、叉类零件的材料选择、毛坯选用和热处理

叉类零件一般选用钢材、铸铁或铸钢制造。毛坯一般为铸、锻件，毛坯不应有砂眼、缩孔等缺陷，应按规定标注出铸（锻）造圆角和斜度，然后进行切削加工，如车、铣、刨、钻等，加工前一般需进行热处理。铸件一般应进行时效热处理，锻件应进行正火或退火处理。

任务一　工件安装

一、工作任务

如图4-2所示，为满足拨叉零件各要素之间准确的尺寸和位置要求，需要对零件进行加工，加工前需要在机床上进行正确安装，涉及定位和夹紧两个过程。

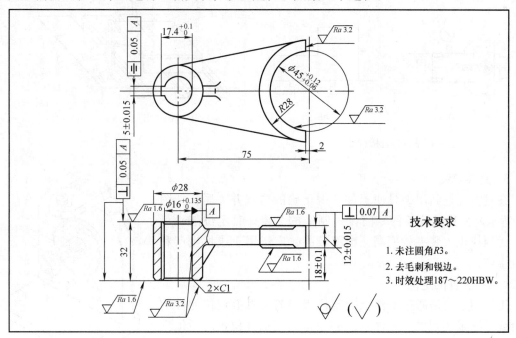

图4-2　拨叉零件图

二、任务目标

1）熟悉工件的安装方法。

2）掌握工件定位的基本原理。

3）掌握工件的夹紧原理和方法。

4）了解工件定位误差产生的原因。

5）学会计算工件的定位误差。

6）熟悉夹紧机构和夹紧力的确定方法。

三、学习内容

（一）工件的安装方法

工件在机床上的安装包括定位和夹紧两个过程。定位就是使工件在机床上相对于刀具具有

正确的位置。工件定位后必须用夹紧机构夹紧，以保证工件在切削力、重力、离心惯性力等力的作用下保持原有的正确位置。通常，根据定位的不同特点，工件的安装有以下三种方法。

1. 直接找正安装

直接找正是指利用百分表、划针等在机床上直接找正工件，使其获得正确位置的定位方法，如图 4-3 所示。这种方法的定位精度和操作效率取决于所使用工具及操作者的技术水平。一般说来，此方法比较费时，多用于单件、小批量生产或要求位置精度特别高的工件。

2. 划线找正安装

划线找正是在机床上用划针按毛坯或半成品上待加工处的划线找正工件，获得正确位置的方法，如图 4-4 所示。这种找正装夹方式受划线精度和找正精度的限制，定位精度不高，主要用于批量较小、毛坯精度较低及大型零件等不便使用夹具的粗加工。

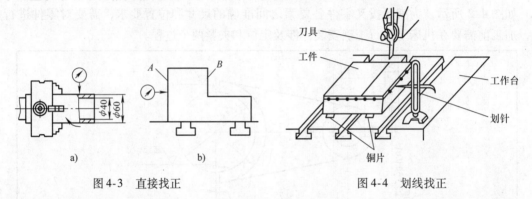

图 4-3　直接找正　　　　　　　　　　图 4-4　划线找正

3. 夹具安装

夹具安装是利用夹具使工件获得正确的位置并夹紧，如图 4-5 所示。夹具是按工件专门设计制造的，装夹时定位准确可靠，无须找正，装夹效率高，精度较高，广泛用于成批生产和大量生产。

（二）工件的定位

工件的定位是通过工件上的定位表面与夹具上定位元件的配合或接触来实现的。工件定位必须是确定工件位置时所依据的定位基准通过定位基面来体现。

1. 基准

（1）基准的概念　机械零件可以看作一个空间的几何体，是由若干点、线、面的几何要素所组成的。零件在设计、制造的过程中必须指定一些点、线、面，用来确定其他点、线、面的位置，这些作为依据的几何要素称为基准。基准可以是在零

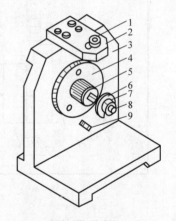

图 4-5　专用夹具

1—钻套　2—钻模板　3—夹具体
4—支承板　5—圆柱销　6—开口垫圈
7—螺母　8—螺杆　9—菱形销

件上具体表现出来的点、线、面，也可以是实际存在、但又无法具体表现出来的几何要素，如零件上的对称平面、孔或轴的中心线等。

（2）基准的分类　按照作用的不同，基准分为设计基准和工艺基准两类。设计基准是零件设计图样上所用的基准。工艺基准是在零件加工、机器装配等工艺过程中所用的基准。工艺基准又分为工序基准、定位基准、测量基准和装配基准。其中定位基准用具体的定位表面体现，并与夹具保持正确接触，保证工件在机床上的正确位置，最终加工出位置正确的工件表面。

工序基准是在加工工序图上确定该工序加工面的尺寸、形状、位置所用的基准；测量基准是在测量时所采用的基准。图4-6所示为各种基准之间相互关系的实例。

图4-7所示的零件，顶面A是表面B、C和孔D轴线的设计基准；孔D的轴线是孔E的轴线的设计基准。而表面B是表面A、C及孔D、E加工时的定位基准。定位基准常用符号"$\underline{\wedge}$"来表示。

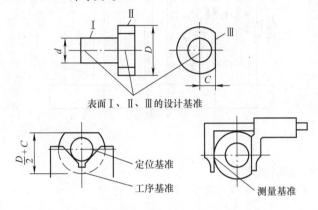
表面Ⅰ、Ⅱ、Ⅲ的设计基准

定位基准
工序基准

测量基准

图4-6　各种基准之间相互关系的实例

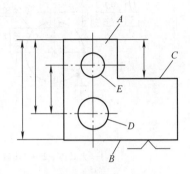

图4-7　基准分析

2. 工件定位的基本原理

由加工表面的成形原理可知，工件上的加工表面是刀具与工件相对运动所形成的轨迹。因此，要得到正确的加工表面，达到图样所限定的技术要求，就要保证工件在加工过程中的正确位置，即保证一批工件在夹具中占有正确位置、夹具在机床上的正确位置及刀具相对夹具的正确位置。

图4-8所示为凸轮轴导块工序简图，现要加工其上的$\phi 24.5^{+0.1}_{0}$mm孔。加工前，一方面要保证刀具轴线和工件轴线垂直相交；另一方面又要保证刀具轴线距B端面为（106 ± 0.2）mm，并且与B面平行。同时要求在整个加工过程中保持这一正确位置不变，否则就会出现废品。这就要求正确地安装工件、刀具。

所谓工件定位，是指保证同一批工件在夹具中占有一致的

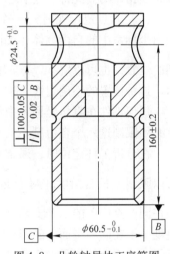

图4-8　凸轮轴导块工序简图

正确加工位置。但在实际加工中，由于定位基准和定位元件存在制造误差，故同批工件在夹具中所占据的位置不可能是一致的，这种位置的变化将导致加工尺寸产生误差。如图4-9所示，工件外圆柱面和V形块有制造误差，它将导致铣键槽时引起键槽深度的误差。但是，只要工件在夹具中位置变化所引起的加工尺寸误差没有超出本工序所规定的公差范围，就应当认为工件在夹具中已被确定的位置是正确的。

由此可知，定位方案是否合理将直接影响加工质量。工件的定位具有三项基本任务：其一，从理论上进行分析，如何使同一批工件在夹具中占据一致的正确位置；其二，选择合理的定位方法及相应的定位装置；其三，保证有足够的定位精度。即工件在夹具中定位时虽有一定误差，但仍然保证工件的加工要求。

另外，要正确区分定位与夹紧两个概念，定位与夹紧是装夹工件的两个有联系的过程。在工件定位以后，为了使工件在切削力作用下能保持确定的位置不变，通常还需将工件固定夹

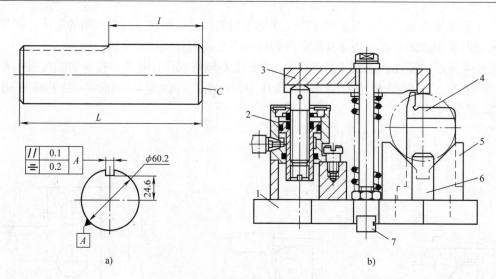

图 4-9　液压铣键槽夹具

1—夹具体　2—液压缸　3—压板　4—对刀块　5—V 形块　6—圆柱销　7—定向键

牢，因此它们之间是不相同的。若认为工件被定位后，其位置不能动了，因此就夹紧了，这种理解是错误的。此外，还有些机构能使工件的定位与夹紧同时完成，如自定心卡盘等。

（1）六点定位规则　一个尚未定位的工件在夹具中的位置将是任意的，可以视为在空间直角坐标系中的自由物体，如图 4-10 所示。在空间直角坐标中，工件可沿着 x、y、z 轴有不同的位置，也可以绕 x、y、z 轴回转方向有不同的位置，它们分别用 $\vec{x}$、$\vec{y}$、$\vec{z}$ 和 $\overset{\frown}{x}$、$\overset{\frown}{y}$、$\overset{\frown}{z}$ 表示。这种位置的不确定性，称为自由度。

任何工件在直角坐标系中都有以上六个自由度，要使工件在夹具中占据一致的正确位置，就必须限制这六个自由度。

在分析工件定位时，通常是用一个支承点限制工件的一个自由度。如图 4-11 所示，F 点可以限制 $\vec{y}$ 的自由度。两个支承点可以限制两个自由度，如 D、E 点可限制 $\vec{x}$、$\overset{\frown}{z}$ 的自由度。不在同一直线上的三个支承点可以限制三个自由度，如 A、B、C 三点限制了 $\vec{z}$、$\overset{\frown}{x}$、$\overset{\frown}{y}$ 三个自由度。不在同一平面上的四个支承点（如 A、B、C、F）可限制四个自由度。在两个平面内，且每一平面上的支承点不超过三个的五点支承（如 A、B、C、D、F）可限制五个自由度。在三个平面内，且在每一个平面上的支承点不超过三个的六点支承可限制全部六个自由度。表 4-1 所列为常见定位元件能限制的自由度。用适当分布的与工件接触的六个支承点来限制工件六个自由度的规则，称为六点定位规则。

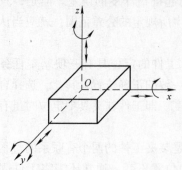

图 4-10　工件的六个自由度

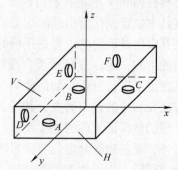

图 4-11　六点定位规则

（2）工件自由度与加工要求的关系　实际上工件加工时并非一定要求限制六个自由度才能使其位置正确地确定下来。而应根据不同工件的具体加工要求，限制它们某几个或全部自由度。

表 4-1　常见定位元件能限制的自由度

工件定位基面	定位元件	定位简图	定位元件的特点	限制的自由度
平面	支承钉			$1、2、3—\vec{z}、\widehat{x}、\widehat{y}$ $4、5—\vec{x}、\widehat{z}$ $6—\vec{y}$
	支承板			$1、2—\vec{z}、\widehat{x}、\widehat{y}$ $3—\vec{x}、\widehat{z}$
圆柱孔	定位销（心轴）		短销（短心轴）	$\vec{x}、\vec{y}$
			长销（长心轴）	$\vec{x}、\vec{y}$ $\widehat{x}、\widehat{y}$
	菱形销		短菱形销	$\vec{y}$
			长菱形销	$\vec{y}、\widehat{x}$

（续）

工件定位基面	定位元件	定位简图	定位元件的特点	限制的自由度
圆柱孔	锥销			$\vec{x}$、$\vec{y}$、$\vec{z}$
			1—固定锥销 2—活动锥销	$\vec{x}$、$\vec{y}$、$\vec{z}$ $\overset{\frown}{x}$、$\overset{\frown}{y}$
外圆柱面	支承板或支承钉		短支承板或支承钉	$\vec{z}$
			长支承板或两个支承钉	$\vec{z}$、$\overset{\frown}{x}$
	V形块		窄V形块	$\vec{x}$、$\vec{z}$
			宽V形块	$\vec{x}$、$\vec{z}$ $\overset{\frown}{x}$、$\overset{\frown}{z}$
	定位套		短套	$\vec{x}$、$\vec{z}$
			长套	$\vec{x}$、$\vec{z}$ $\overset{\frown}{x}$、$\overset{\frown}{z}$
	半圆套		短半圆套	$\vec{x}$、$\vec{z}$
			长半圆套	$\vec{x}$、$\vec{z}$ $\overset{\frown}{x}$、$\overset{\frown}{z}$
	锥套		1—固定锥套 2—活动锥套	$\vec{x}$、$\vec{y}$、$\vec{z}$ $\overset{\frown}{x}$、$\overset{\frown}{z}$

如图 4-12a 所示，在平行六面体上加工键槽时，为保证加工尺寸 $A \pm \delta_a$，需限制工件的 $\vec{z}$、$\hat{x}$、$\hat{y}$ 三个自由度；为保证 $B \pm \delta_b$，还需限制 $\vec{x}$、$\hat{z}$ 两个自由度；为保证 $C \pm \delta_c$，最后还需限制 $\vec{y}$ 自由度。

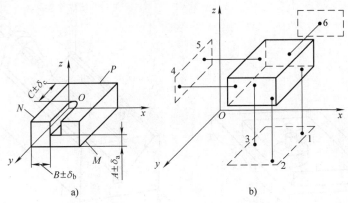

图 4-12　平行六面体定位时支承点的分布示例

在夹具上布置了六个支承点，当工件基准面安置在这六个支承点上时，就限制了它的全部自由度（图 4-12b）。工件底面 M 面紧贴在支承点 1、2、3 上，限制了工件的 $\vec{z}$、$\hat{x}$、$\hat{y}$ 三个自由度；工件侧面 N 面紧靠在支承 4、5 上，限制了 $\vec{x}$、$\hat{z}$ 两个自由度；工件的端面 P 面紧靠在支承点 6 上，限制了 $\vec{y}$ 自由度。

又如图 4-13 所示，由于加工的是通槽，工件沿 $\vec{y}$ 的自由度并不影响通槽的加工要求，可采用五点定位。

再如图 4-14 所示，在磨床上磨平面，要求保证尺寸 H 及上、下面平行。在此情况下，只要限制 $\vec{z}$、$\hat{x}$、$\hat{y}$ 三个自由度即可满足加工要求，而其他自由度并不影响其上平面的磨削加工。

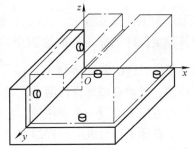

图 4-13　工件的部分定位

通过上述几个例子分析可知，工件在夹具中定位时，通常可用一定数量、适当布置的支承点来消除需要限制的自由度，这就是工件定位规律。工件定位规律说明，工件需要限制的自由度数量应由工件结构形状及其在该工序中的加工技术要求而定。加工技术要求的不同，导致工件应限制的自由度数量存在差别。

（3）工件定位规律

1）完全定位。用六个支承点限制工件的全部自由度的定位方式称为完全定位。当工件在 x、y、z 三个坐标方向上均有尺寸要求或位置精度要求时，一般采用这种定位方式，如图 4-11 所示。

2）不完全定位。有些工件，根据加工要求，并不需要限制其全部自由度，如图 4-13 所示的五点定位、图 4-14 所示的三点定位均根据工件的加工要求，并不需要限制工件全部自由度，这种定位方式称为不完全定位。

3）欠定位。在满足加工要求的前提下，采用不完全定位是允许的。但是应该限制的自由度，没有布置适当的支承点加以限制，是不允许的，这种定位方式称为欠定位。欠定位实质上是工件实际定位所限制的自由度数目，少于该工序加工要求所必须限制的自由度数目。如图4-15所示，若无防转销，工件绕 y 轴回转方向上的位置将不确定，铣出的油槽与键槽不一定能达到对称要求。欠定位是违反六点定位规则的定位，在定位设计时要加以防止。

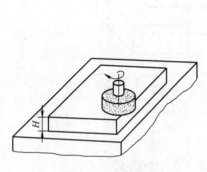

图4-14　磨平面

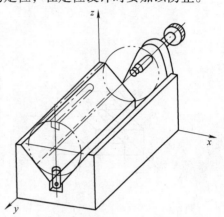

图4-15　圆柱体在V形块中的定位

　　在考虑定位方案时，对不必要限制的自由度，一般不应布置支承点，否则将使夹具结构复杂化。但有时也不尽然，如图4-16所示加工轴套工件，若要钻一个 ϕD 的通孔，自由度 $\vec{x}$ 和 $\vec{z}$ 并不影响加工要求，故本工序中工件只需消除 $\vec{x}$、$\vec{y}$、$\widehat{y}$ 和 $\widehat{z}$。但无论用心轴或其他定位件消除工件的这四个自由度时，也自然地消除了 $\vec{z}$。这时若人为地不消除 $\vec{z}$，不但不能简化夹

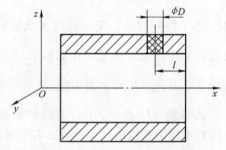

图4-16　工件需要消除的自由度

具结构，反而会增加设计困难，甚至无法实现。再如图4-13所示铣削工件的通槽，在铣削力的相对方向上设置一个圆柱销，它并不使夹具结构过于复杂，还可减小所需夹紧力，使加工稳定，有铣床工作台纵向行程的自动控制，这不仅是允许的，而且是必要的。

　　4）过定位。由两个或两个以上定位支承点重复限制同一个自由度，这种重复定位的现象称为过定位。过定位的情况较为复杂。如图4-17a所示，要求加工平面对 A 面的垂直度公差为0.04mm，若用夹具的两个大平面定位，则与 A 面接触的限位面限制了工件的 $\vec{x}$、$\widehat{y}$ 和 $\widehat{z}$ 三个自由度，而与 B 面接触的限位面则限制了工件的 $\vec{z}$、$\widehat{x}$、$\widehat{y}$ 三个自由度，其中 $\widehat{y}$ 自由度被两次重复限制，出现了过定位。由图可见，当工件处于加工位置Ⅰ时，可保证垂直度

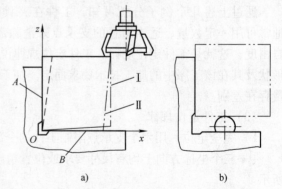

图4-17　过定位及消除方法示例

a）过定位　b）改进定位结构

要求；而当工件处于加工位置Ⅱ时，则不能。这种随机的误差造成了定位的不稳定，严重时会引起定位干涉。图4-18a所示为加工连杆孔的正确定位方案。平面1限制了工件的 $\vec{z}$、$\widehat{x}$、$\widehat{y}$

三个自由度，短销限制了工件的 $\vec{x}$、$\vec{y}$ 两个自由度，防转销限制了工件的 $\widehat{z}$ 自由度，属完全定位。假如用长销代替短销 2，如图 4-18b 所示，由于长销限制了 $\vec{x}$、$\vec{y}$、$\widehat{y}$ 和 $\widehat{x}$ 四个自由度，其中限制的 $\widehat{y}$ 和 $\widehat{x}$ 与平面 1 限制的自由度重复，会出现干涉现象。由于工件孔与端面、长销外圆与凸台面均有垂直度误差，若长销刚性很好，将造成工件与底面为点接触而出现定位不稳定或在夹紧力作用下，使工件变形；若长销刚性不足，在力的作用下将会弯曲变形使夹具损坏。这两种情况都是不允许出现的，因此在实际生产中应该尽量避免和消除过定位现象。

通常可采用下列措施来消除过定位：

① 减小接触面积。如图 4-17b 所示，把定位的面接触改为线接触，减去了引起过定位的自由度 $\widehat{y}$。

② 改变过定位元件的结构。如将图 4-19 所示两个圆柱销中的一个改成菱形销，就使该销失去了限制 $\vec{x}$ 自由度的能力，从而消除了过定位。

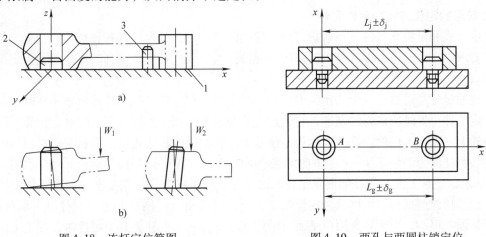

图 4-18　连杆定位简图　　　　　　图 4-19　两孔与两圆柱销定位
1—平面　2—短销　3—定位销

③ 撤除多余的固定支承。如一个平面上的四个支承点可以撤掉一个，把长定位销改为短销以及把大定位面改成小定位面等，实质上也是撤除多余支承点来消除过定位现象的一种措施。

④ 设法使定位元件在干涉方向上能浮动，以减少实际支承点数目。如图 4-20 所示的可浮动的定位元件，分别在 $\vec{x}$、$\vec{z}$ 和 $\widehat{y}$、$\widehat{z}$ 方向上浮动，从而消除了过定位。在通常情况下采用以上方法即可避免或消除过定位。

在生产中并非一定要消除过定位现象，而是采用提高工件定位面和定位元件限位面的加工精度，减小工件定位面、定位件限位面的形状误差及工件定位面间、夹具定位件限位面间的位置误差的办法，使过定位对加工精度的影响减小到许可程度。这样做可以简化夹具结构，但有时会不经济，要具体分析以决定取舍。如图 4-20 所示，主轴箱的 V 形槽和 A 面经过精加工保证有足够的平行度；夹具上的支承板装配后再经磨削，且与短圆柱 1 轴线平行，使产生的误差在允许的范围内，经过这样正确处理后，这种定位方法是可以采用的，而且夹具结构比较简单。如图 4-21 所示，在插齿机上加工齿轮时，心轴 2 限制了工件的 $\vec{x}$、$\vec{y}$、$\widehat{y}$ 和 $\widehat{x}$ 四个自由度，支承凸台 1 限制了 $\vec{z}$、$\widehat{x}$、$\widehat{y}$ 三个自由度，其中重复限制 $\widehat{x}$、$\widehat{y}$ 两个自由度，但由于已经在工艺上规定了定位基准之间的位置精度（垂直度），因此过定位的干涉可以不考虑。

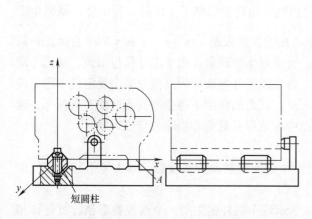

图4-20　主轴孔系加工定位简图

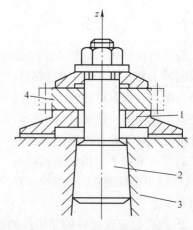

图4-21　齿轮加工减小过定位影响的方法
1—支承凸台　2—心轴　3—通用底盘　4—工件

3. 常见的定位方式和定位元件

定位方式和定位元件的选择包括定位元件的结构、形状、尺寸及布置形式等，决定于工件的加工要求、工件定位基准和外力的作用状况等因素。因此在定位选择时要注意分析定位基准的形态。

工件的定位是通过工件上的定位表面与夹具上的定位元件的配合或接触来实现的。定位基准是确定工件位置时所依据的基准，它通过定位基面来体现。如图4-22a 所示，套类工件以圆孔在心轴上定位，工件的内孔表面称为定位基面，它的轴线称为定位基准；与此对应，夹具上心轴的外圆柱面为限位基面，心轴的轴线称为限位基准。工件以平面与定位元件接触时，如图4-22b 所示，工件上实际存在的面是定位基面，它的理想状态是定位基准。如果工件上实际存在的平面形状误差很小，可以认为定位基面与定位基准重合。同样，定位元件以平面限位时，如果形状误差很小，也可认为限位基面与限位基准重合。工件在夹具上定位时，理论上定位基准与限位基准应重合，定位基面与限位基面应接触。定位基面与限位基面合称为定位副。当工件有几个定位基面时，限制自由度最多的称为主要定位面，相应的限位基面称为主要限位面。

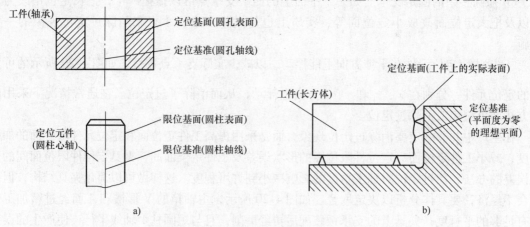

图4-22　定位副

（1）工件以平面定位时的定位元件　工件以平面定位时，一个平面上一般最多布置三个支承点。这种情况通常适用于工件定位面相对于工件尺寸较大，并且被加工表面与该平面有尺寸精度和位置精度要求时。当工件定位面比较狭长，又要求限制一个转动自由度，并且在一个方向上与被加工表面有尺寸和位置要求时，往往布置两个支承点。当工件定位面尺寸很小，并且在一个方向上与被加工表面有位置和尺寸精度要求时，往往只布置一个定位支承点。

在机械加工中，大多数工件都离不开平面作为定位基准，如箱体、机座、支架、杠杆、圆盘板状类零件等。当工件进入第一道工序时，只能使用粗基准定位；在进入后续加工工序时，才可使用精基准定位。

工件以平面作为定位基准时，常用的定位元件如下所示：

1）主要支承。主要支承用来限制工件的自由度，起定位作用。

① 固定支承。固定支承有支承钉和支承板两种形式，如图 4-23 所示。在使用过程中，它们都是固定不动的。

当工件以加工过的平面定位时，可采用平头支承钉（图 4-23a）或支承板。当工件以粗糙不平的毛坯面定位时，采用球头支承钉（图 4-23b），齿纹头支承钉（图 4-23c）用在工件的侧面，它能增大摩擦因数，防止工件滑动。图 4-23d 所示支承板的结构简单，制造方便，但孔边切屑不易清除干净，故适用于侧面和顶面定位。图 4-23e 所示支承板便于清除切屑，适用于底面定位。

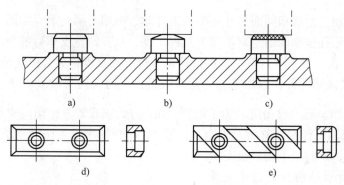

图 4-23　支承钉和支承板

当要求几个支承钉或支承板在装配后等高时，可采用装配后一次磨削法，以保证它们的限位基面在同一平面内。

工件以平面定位时，除采用上面介绍的标准支承钉和支承板之外，还可根据工件定位平面的不同形状设计相应的支承板。

② 可调支承。在工件定位过程中，支承钉的高度需要调整时，采用图 4-24 所示的可调支承。

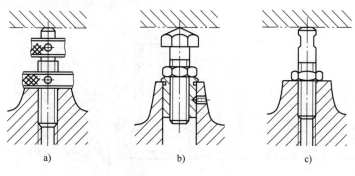

图 4-24　可调支承

在图 4-25a 中，工件以砂型铸件为毛坯，先以 A 面定位铣 B 面，再以 B 面定位镗双孔。

铣 B 面时，若采用固定支承，由于定位基面 A 的尺寸和形状误差较大，铣完后，B 面与两毛坯孔（图中的双点画线）的距离尺寸 H_1、H_2 变化也大，致使镗孔时余量很不均匀，甚至余量不够。因此，图中采用了可调支承，定位时适当调整支承钉的高度，便可避免出现上述情况。对于小型工件，一般每批调整一次，工件较大时，通常每件都要调整。

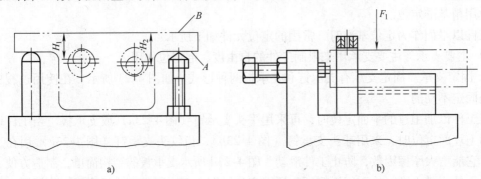

图 4-25　可调支承钉的应用

在同一夹具上加工形状相同而尺寸不等的工件时，可用可调支承。如图 4-25b 所示，在轴上钻径向孔时，对于孔至端面的距离不等的几种工件，只要调整支承钉的伸出长度便可加工。

③ 自位支承。在工件定位过程中，能自动调整位置的支承称为自位支承或浮动支承。

图 4-26 所示的叉形零件，以加工过的孔 D 及端面定位，铣平面 C 和 E，用心轴及端面限制了 $\vec{x}$、$\vec{y}$、$\vec{z}$、$\hat{z}$ 和 $\hat{x}$ 五个自由度。为了限制自由度 $\hat{y}$，需设置一个防转支承。此支承单独设在 A 处或 B 处，都因工件刚性差而无法加工，若 A、B 两处均设置防转支承，则属于过定位，夹紧后工件变形大，这时应采用自位支承。

图 4-27a、b 所示是两点式自位支承，图 4-27c 所示为三点式自位支承。这类支承的工作特点是：支承点的位置能随着工件定位基面的不同而自动调节，定位基面压下其中一点，其余点便上升，直至各点都与工件接触。接触点数的增加，提高了工件的装夹刚度和稳定性，但其作用仍相当于一个固定支承，只限制工件一个自由度。

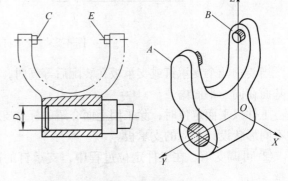

图 4-26　自位支承的应用

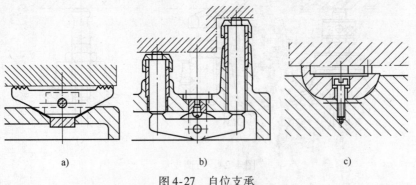

图 4-27　自位支承
a)、b) 两点式自位支承　c) 三点式自位支承

2）辅助支承。辅助支承用来提高工件的装夹刚度和稳定性，不起定位作用。如图 4-28 所示，工件以内孔及端面定位，钻右端小孔。若右端不设支承，工件装夹好后，右边为一悬臂，刚性差。若在 A 处设置固定支承，则属于过定位，有可能破坏左端的定位。在这种情况下，宜在右端设置辅助支

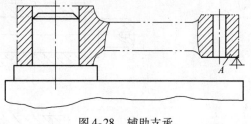

图 4-28　辅助支承

承。工件定位时，辅助支承是浮动的（或可调的），待工件夹紧后再固定下来，以承受切削力。

（2）工件以内孔定位时的定位元件　工件以内孔表面作为定位基面时，常用圆柱销、圆柱心轴、圆锥销、圆锥心轴等定位元件。

1）圆柱销。图 4-29 所示为常用圆柱定位销的结构。当定位销直径大于 3～10mm 时，为避免使用中折断或热处理时淬裂，通常把根部倒成圆角 R。夹具体上应有沉孔，使定位销的圆角部分沉入孔内而不影响定位。定位销有关参数可以查相关标准。

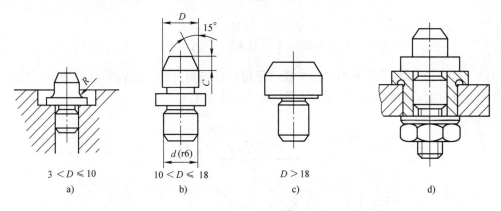

3 < D ≤ 10	10 < D ≤ 18	D > 18	
a)	b)	c)	d)

图 4-29　定位销

2）圆柱心轴。图 4-30 所示为常用圆柱心轴的结构形式。

图 4-30a 所示为间隙配合心轴。其限位基面一般按 H6、g6 或 f7 制造，装卸工件方便，但定心精度不高。为了减小因配合间隙而造成的工件倾斜，工件常以孔和端面联合定位，因而要求工件定位孔与定位端面之间、心轴限位圆柱面与限位端面之间都有较高的垂直度，最好能在一次装夹中加工出来。

图 4-30b 所示为过盈配合心轴，引导部分 1 的作用是使工件迅速而准确地套入心轴，其直径 d_3 按 e8 制造，d_3 的公称尺寸等于工件孔的下极限尺寸，长度约为工件定位孔长度的一半。当工件定位孔的长径比 $L/d > 1$ 时，心轴的工作部分应略带锥度，此时直径 d_1 按 r6 制造，其公称尺寸等于孔的上极限尺寸。这种心轴多用于定心精度要求高的精加工。

图 4-30c 所示为花键心轴，用于加工以内花键定位的工件。当工件定位孔的长径比 $L/d > 1$ 时，工作部分可以略带锥度。

心轴材料用工具钢 T10A，经过热处理至 58～64HRC。大型工件可用优质碳素结构钢 20 钢的无缝钢管制造。为保证工件的同轴度要求，设计心轴时，夹具总图上应标注心轴各限位基面之间、限位圆柱面与顶尖孔或锥柄之间的位置精度要求，其同轴度公差可取工件相应同轴度公差的 1/3～1/2。

（3）工件以外圆柱面定位时的定位元件　工件以外圆柱面定位时，常用 V 形块、定位套、半圆套和圆锥套等定位元件。

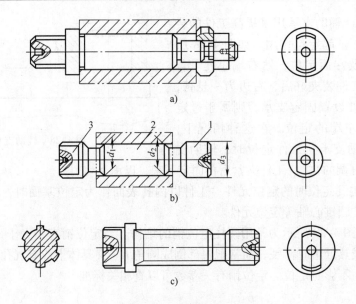

图4-30 圆柱心轴

1—引导部分 2—工作部分 3—传动部分

1）V形块。V形块的两半角对称布置，定位精度较高。当工件以长圆柱面定位时，可以限制其四个自由度。如图4-31所示，V形块的主要参数有：

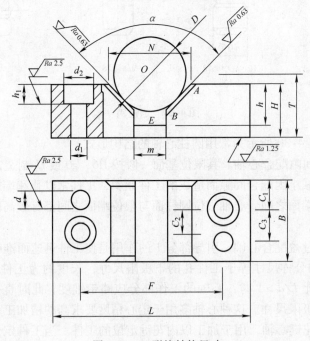

图4-31 V形块结构尺寸

d——V形块设计心轴直径，D为工件定位基面的平均尺寸，其轴线是V形块的限位基准。

α——V形块两限位基面之间的夹角，有60°、90°、120°三种，其中90°应用最广。

H——V形块的高度。

T——V形块的定位高度，即V形块的限位基面到V形块底面的距离。

N——V形块的开口尺寸。

V 形块已经标准化了，有关参数可从相关标准中查得，但 T 必须通过计算得到：

当 $\alpha = 90°$ 时，$T = H + 0.707d - 0.5N$。

图 4-32 所示为常用 V 形块的结构形式。图 4-32a 所示用于较短的定位基面；图 4-32b 所示用于粗定位基面和阶梯定位面；图 4-32c 所示用于较长的精定位面和相距较远的两个定位面。

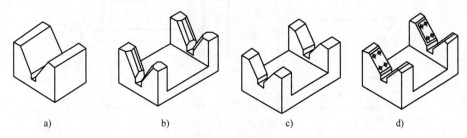

a)　　　　　　b)　　　　　　c)　　　　　　d)

图 4-32　常用 V 形块的结构形式

2）定位套。图 4-33 所示为常用的几种定位套。其内孔轴线是限位基准，内孔面是限位基面。为了限制沿轴向的自由度，常与端面联合定位。用端面作为主要限位面时，应控制定位套的长度，以免工件夹紧时产生变形。

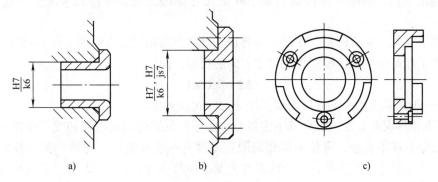

a)　　　　　　　　　b)　　　　　　　　　c)

图 4-33　常用定位套

（三）定位误差

1. 定位误差的分析

（1）产生定位误差的原因　六点定位原则解决了工件自由度的限制问题，即工件在夹具中位置"定与不定"的问题。现在需要进一步研究定位精度问题，即工件位置定得"准与不准"的问题。由于一批工件逐个在夹具上定位时，各工件实际所占据的位置不完全一致。加工后，各工件的加工尺寸必然大小不一，形成误差。这种只与工件定位有关的误差，称为定位误差，用 Δ_D 表示。工件位置"准"与"不准"更确切地说应是加工尺寸的工序基准位置是否一致。影响各工件工序基准位置不一致的原因有两个：一是定位基准与工序基准不重合；二是定位基准与限位基准不重合。

1）基准不重合误差。由于定位基准与工序基准不重合而造成的加工误差，称为基准不重合误差，用 Δ_B 表示。

图 4-34a 所示某零件，现要按 A、B 尺寸铣缺口，工件以底面和 E 面定位，加工示意如图 4-34b 所示。在一批工件的加工过程中，C、B 尺寸是不变的。但 A 尺寸是否不变，要看一批工件 A 尺寸的工序基准 F 面的位置是否一致。由于受 S 尺寸公差的影响，F 面的位置是变动的，变动的原因是 A 尺寸的定位基准是 E 面，而工序基准是 F 面。F 面的变动影响 A 尺寸的

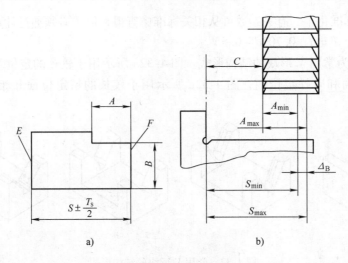

图 4-34　基准不重合误差

大小，给 A 尺寸造成误差，这个误差就是基准不重合误差。

显然，F 面变动范围等于 S 尺寸的公差 δ_S。S 尺寸是定位基准 E 与工序基准 F 间的联系尺寸，因此得出结论：基准不重合误差等于联系尺寸 S 的公差，即：$\Delta_B = A_{max} - A_{min} = S_{max} - S_{min} = \delta_S$。

以上例子是工序基准的最大变动方向与加工尺寸方向相同，当两者方向不同时，基准不重合误差等于工序基准变动范围在加工尺寸方向的投影，即

$$\Delta_B = \delta_S \cos\alpha$$

式中　α——工序基准的变动方向与加工尺寸方向间的夹角。

2）基准位移误差。工件在夹具中定位时，由于定位副的制造误差和配合间隙的影响，定位基准与限位基准不重合，定位基准相对限位基准有一变动范围，导致一批工件的位置不一致，从而给加工尺寸造成误差，这个误差称为基准位移误差，用 Δ_y 表示，其大小等于定位基准相对于限位基准的变动范围在加工尺寸上的投影。

图 4-35a 所示零件，在圆柱面上铣槽，加工尺寸为 A 和 B。图 4-35b 所示是加工示意图，工件以内孔 D 在圆柱心轴上定位，O 是心轴轴线，O_1、O_2 是工件孔的轴心。

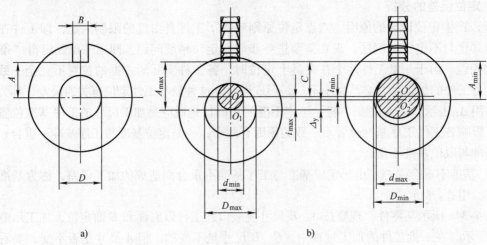

图 4-35　基准位移误差

尺寸 A 的工序基准是孔的轴线，定位基准也是内孔轴线，两者重合，$\Delta_B = 0$。但是由于定位副有制造误差和配合间隙，使得定位基准与限位基准不能重合。定位基准（工件的内孔轴线）相对于限位基准（心轴轴线）有了一个变动范围 $\overline{O_1O_2}$。由于有了这一变动范围，影响到尺寸 A 的大小，给尺寸 A 造成了误差，这个误差就是基准位移误差。

Δ_y 的大小为：

$$\Delta_y = \overline{O_1O_2} = \overline{OO_1} - \overline{OO_2}$$

式中　$\overline{OO_1}$——当孔最大、轴最小时的半径间隙；

$\overline{OO_2}$——当孔最小、轴最大时的半径间隙。

$$\overline{OO_1} = \frac{D_{max} - d_{min}}{2}, \quad \overline{OO_2} = \frac{D_{min} - d_{max}}{2}$$

$$\overline{O_1O_2} = \frac{D_{max} - d_{min}}{2} - \frac{D_{min} - d_{max}}{2} = \frac{D_{max} - D_{min}}{2} + \frac{d_{max} - d_{min}}{2} = \frac{\delta_D}{2} + \frac{\delta_d}{2}$$

从上式可以清楚地看出，基准位移误差是由定位副的制造误差 δ_D、δ_d 而产生的。

以上是定位基准变动方向与加工尺寸方向相同时，基准位移误差等于基准的变动范围。当两者变动方向不同时，这时基准位移误差等于定位基准的最大变动量在加工尺寸方向的投影，即

$$\Delta_y = \left(\frac{\delta_D}{2} + \frac{\delta_d}{2} \right) \cos\alpha$$

式中　α——定位基准的变动方向与加工尺寸方向间的夹角。

（2）定位误差的计算方法　由上面的分析可知，定位误差是由基准不重合误差和基准位移误差组合而成的。计算时，先分别计算出 Δ_B 和 Δ_y，然后按一定的规律将两者合成得到 Δ_D。合成的方法分下面几种情况：

1）两种特殊情况：

情况1：$\Delta_y \neq 0$、$\Delta_B = 0$ 时，$\Delta_D = \Delta_y$。

情况2：$\Delta_y = 0$、$\Delta_B \neq 0$ 时，$\Delta_D = \Delta_B$。

2）一般情况：$\Delta_y \neq 0$、$\Delta_B \neq 0$ 时，这种情况两者的合成要看工序基准是否在定位基面上。

当工序基准不在定位基面上时：$\Delta_D = \Delta_y + \Delta_B$。

当工序基准在定位基面上时：$\Delta_D = \Delta_y \pm \Delta_B$。

"+"和"-"可按如下的方法判断：当由于基准位移和基准不重合分别引起加工尺寸向相同方向变化（即同时增大或同时减小）时，取"+"号；而当引起加工尺寸彼此向相反方向变化时，取"-"号。

（3）定位误差计算实例

例1　在图4-35中，设 $A = (40 \pm 0.1)$ mm，$D = \phi 50^{+0.03}_{0}$ mm，$d = \phi 50^{-0.01}_{-0.04}$ mm，求加工尺寸 A 的定位误差。

解　① 判断：定位基准与工序基准重合，$\Delta_B = 0$；定位基准与限位基准不重合，$\Delta_y \neq 0$。

② 计算：$\Delta_y =$ 定位基准相对于限位基准在加工尺寸方向上的最大变动范围 $= \overline{O_1O_2} = \overline{OO_1} - \overline{OO_2} = \frac{\delta_D + \delta_d}{2} = \frac{0.03 + 0.03}{2}$ mm $= 0.03$ mm。

③ 综合：$\Delta_D = \Delta_y \pm \Delta_B = \Delta_y = 0.03$ mm。

例2　铣图4-36所示工件上的键槽，以圆柱面 $\phi d^{\,0}_{-\delta_d}$ 在 $\alpha = 90°$ 的 V 形块上定位，求加工

尺寸分别为 A_1、A_2、A_3 时的定位误差。

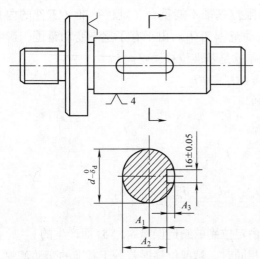
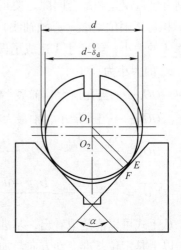

图 4-36　圆柱体铣键槽

解　1）A_1 的定位误差。

① 判断：工序基准是圆柱轴线，定位基准也是圆柱轴线，两者重合，$\Delta_B = 0$；定位基准与限位基准不重合，$\Delta_y \neq 0$。

② 计算：$\Delta_y =$ 定位基准相对于限位基准在加工尺寸方向上的最大变动范围 $= \overline{O_1 O_2} =$

$$\frac{d}{2\sin\frac{\alpha}{2}} - \frac{d-\delta_d}{2\sin\frac{\alpha}{2}} \quad \frac{\delta_d}{2\sin\frac{\alpha}{2}}。$$

③ 综合：$\Delta_D = \Delta_y \pm \Delta_B = \Delta_y = \dfrac{\delta_d}{2\sin\dfrac{\alpha}{2}}$。

2）A_2 的定位误差。

① 判断：工序基准是圆柱下素线，定位基准是圆柱轴线，两者不重合，$\Delta_B \neq 0$；由 A_1 判断过程得：$\Delta_y \neq 0$。

② 计算：$\Delta_B =$ 工序基准与定位基准之间联系尺寸在加工尺寸方向上的最大变动范围 $=$

$\dfrac{d_{\max}}{2} - \dfrac{d_{\min}}{2} = \dfrac{\delta_d}{2}$，$\Delta_y = \dfrac{\delta_d}{2\sin\dfrac{\alpha}{2}}$。

③ 综合：由于工序基准在定位基面上，因此 $\Delta_B = \Delta_y \pm \Delta_B$。符号的确定：当定位基面直径由大变小时，定位基准朝下运动，使 A_2 变大；当定位基面直径由大变小时，假设定位基准不动，工序基准相对于定位基准向上运动，使 A_2 变小。两者变动方向相反，$\Delta_D = |\Delta_y - \Delta_B| =$

$$\left| \frac{\delta_d}{2\sin\frac{\alpha}{2}} - \frac{\delta_d}{2} \right| = \frac{\delta_d}{2}\left| \frac{1}{\sin\frac{\alpha}{2}} - 1 \right|。$$

3）A_3 的定位误差。同理得　$\Delta_D = \Delta_y + \Delta_B = \dfrac{\delta_d}{2}\left(\dfrac{1}{\sin\dfrac{\alpha}{2}} + 1 \right)$。

常见定位方式的定位误差见表 4-2。

表 4-2　常见定位方式的定位误差

定位方式		定位简图	定位误差
定位基面	限位基面		
平面	平面		$\Delta_{DA}=0$ $\Delta_{DB}=\delta_H$
圆孔面及平面	圆柱面及平面		$\Delta_D=\delta_D+\delta_d+X_{min}=D_{max}-d_{min}$ （定位基准任意方向移动）
圆孔面	圆柱面		$\Delta_{DX}=0$ $\Delta_{DZ}=\dfrac{1}{2}(\delta_D+\delta_d)$ （定位基准同方向移动）
圆柱面	两垂直面		$\Delta_{DA}=0$ $\Delta_{DB}=\dfrac{\delta_d}{2}$ $\Delta_{DC}=\delta_d$
圆柱面	平面及V形面		$\Delta_{DA}=\dfrac{\delta_d}{2}$ $\Delta_{DB}=0$ $\Delta_{DC}=\dfrac{1}{2}\delta_d\cos\beta$
圆柱面	平面及V形面		$\Delta_{DA}=0$ $\Delta_{DB}=\dfrac{\delta_d}{2}$ $\Delta_{DC}=\dfrac{1}{2}\delta_d\,(1-\cos\beta)$

（续）

定位方式		定位简图	定位误差
定位基面	限位基面		
圆柱面	平面及 V 形面	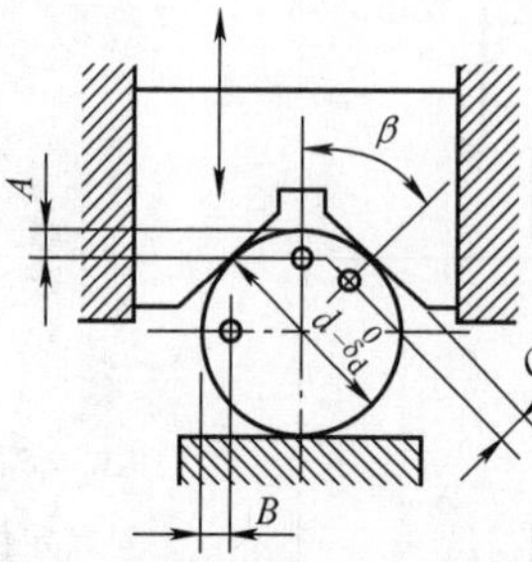	$\Delta_{DA} = \delta_d$ $\Delta_{DB} = \dfrac{\delta_d}{2}$ $\Delta_{DC} = \dfrac{1}{2}\delta_d\,(1+\cos\beta)$
圆柱面	V 形面	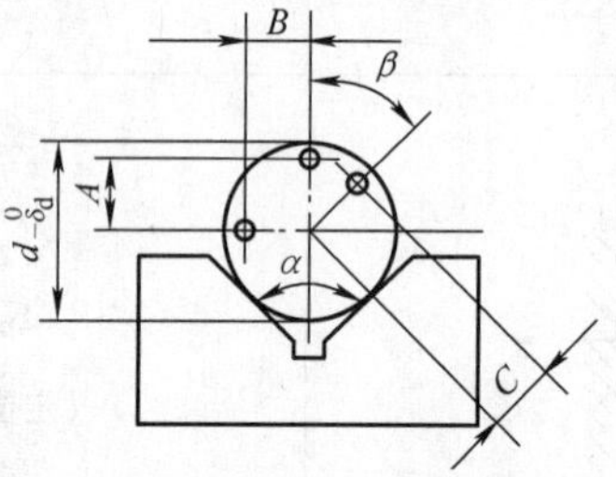	$\Delta_{DA} = \dfrac{\delta_d}{2\sin\frac{\alpha}{2}}$ $\Delta_{DB} = 0$ $\Delta_{DC} = \dfrac{\delta_d\cos\beta}{2\sin\frac{\alpha}{2}}$
圆柱面	V 形面	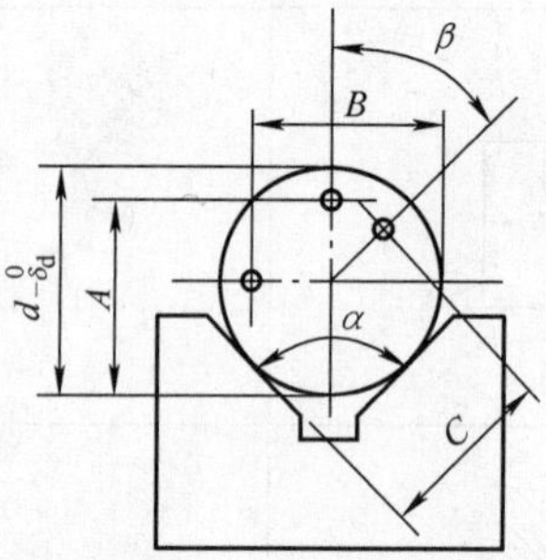	$\Delta_{DA} = \dfrac{\delta_d}{2}\left|\dfrac{1}{\sin\frac{\alpha}{2}} - 1\right|$ $\Delta_{DB} = \dfrac{\delta_d}{2}$ $\Delta_{DC} = \dfrac{\delta_d}{2}\left|\dfrac{\cos\beta}{\sin\frac{\alpha}{2}} - 1\right|$
圆柱面	V 形面	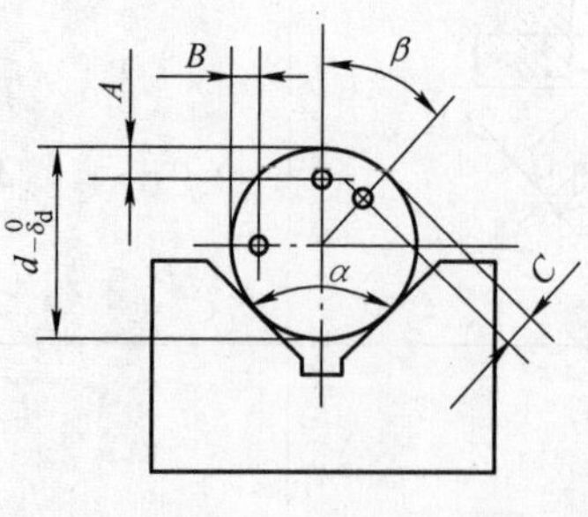	$\Delta_{DA} = \dfrac{\delta_d}{2}\left|\dfrac{1}{\sin\frac{\alpha}{2}} + 1\right|$ $\Delta_{DB} = \dfrac{\delta_d}{2}$ $\Delta_{DC} = \dfrac{\delta_d}{2}\left|\dfrac{\cos\beta}{\sin\frac{\alpha}{2}} + 1\right|$

2. 一面两孔定位

以上所述均为工件以单一定位基面定位的情况，在实际生产中为了实现工件的完全定位，通常要以两个或两个以上的表面组合定位，此时也需要有两个或两个以上的定位元件组合使用。如图 4-37 所示，要钻连杆盖上的四个定位销孔。按照加工要求，用平面 A 及直径为 $\phi12^{+0.027}_{0}$ mm 的两个螺栓孔定位。这种一平面两圆孔（简称一面两孔）的定位方式，在箱体、杠杆、盖板等类零件的加工中用得很广。

工件以一面两孔定位时，除了相应的支承板外，用于两个定位圆孔的定位元件有以下两种：

（1）两圆柱销　采用两个短圆柱销与两定位孔配合时，由于沿连心线方向移动的自由度被重复限制了，因而是过定位。这种定位的出现，当工件的孔间距 $\left(L \pm \dfrac{\delta_{LD}}{2}\right)$ 与夹具的销间距 $\left(L \pm \dfrac{\delta_{Ld}}{2}\right)$ 的公差之和大于两个定位副的配合间隙（X_1、X_2）之和时，将妨碍部分工件的装入。

要使同一工序中的所有工件都能顺利地装卸，必须同时满足下列三个条件：

1）两个定位副均为最大实体尺寸，即：$D_{1\min}$、$d_{1\max}$；$D_{2\min}$、$d_{2\max}$。

2）孔间距最大 $\left(L + \dfrac{\delta_{LD}}{2}\right)$、销间距最小 $\left(L - \dfrac{\delta_{Ld}}{2}\right)$ 或者孔间距最小 $\left(L - \dfrac{\delta_{LD}}{2}\right)$、销间距最大 $\left(L + \dfrac{\delta_{Ld}}{2}\right)$。

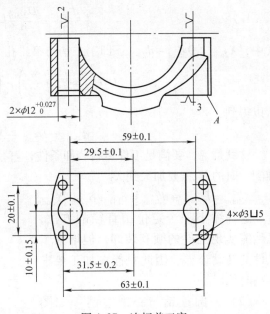

图 4-37　连杆盖工序

3）两定位副均存在最小配合间隙 $X_{1\min}$、$X_{2\min}$。

上述三个条件同时存在时，定位副的配合情况如图 4-38 所示。

从图 4-38 可以看出，为了同时满足上述三个条件，第二销与第二孔之间不能采用标准配合，第二销的直径必须缩小。由原来标准配合时的 d_2 缩小到现在的 d'_2，缩小后的第二销的最大直径为

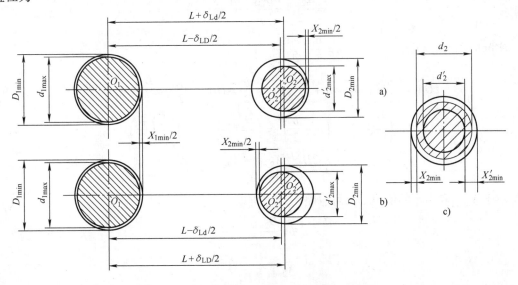

图 4-38　两圆柱销限位时工件顺利装卸的条件

$$\frac{d'_{2\max}}{2} = \frac{D_{2\min}}{2} - \frac{X_{2\min}}{2} - \overline{O_2O'_2}$$

式中，$X_{2\min} = D_{2\min} - d_{2\max}$，即第二销与第二孔采用标准配合时的最小间隙。

$$\overline{O_2O'}_2 = \left(L + \frac{\delta_{Ld}}{2}\right) - \left(L - \frac{\delta_{LD}}{2}\right) = \frac{\delta_{Ld}}{2} + \frac{\delta_{LD}}{2}$$

所以得到：

$$d'_{2\max} = D_{2\min} - X_{2\min} - \delta_{LD} - \delta_{Ld}$$

这就是说，要满足工件顺利装卸条件，直径缩小后的第二销与第二孔之间的最小间隙由标准配合时的 $X_{2\min}$ 要加大到 $X'_{2\min}$。

$$X'_{2\min} = D_{2\min} - d'_{2\max} = \delta_{LD} + \delta_{Ld} + X_{2\min}$$

这种缩小一个定位销直径的方法，虽然能实现工件的顺利装卸，但增大了工件的转动误差，因此只能在加工要求不高时使用。

（2）一圆柱销与一削边销 如图 4-39 所示，不缩小定位销的直径，采用定位销"削边"的方法也能增大连心线方向的间隙。削边量越大，连心线方向的间隙也越大。当间隙达到 $a = \dfrac{X'_{2\min}}{2}$ 时，便满足了工件顺利装卸的条件。由于这种方法只增大连心线方向的间隙，不减小第二销的直径，因而不增大工件的转动误差，定位精度较高。

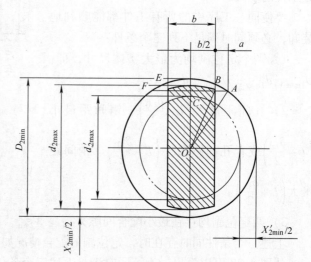

图 4-39 削边销的厚度

$$a = \frac{X'_{2\min}}{2} = \frac{\delta_{LD} + \delta_{Ld} + X_{2\min}}{2}$$

实际应用时，可取

$$a = \frac{\delta_{LD} + \delta_{Ld}}{2}$$

$$\overline{OA} = \frac{D_{2\min}}{2}, \quad \overline{AC} = a + \frac{b}{2}, \quad \overline{BC} = \frac{b}{2}, \quad \overline{OB} = \frac{d_{2\max}}{2} = \frac{D_{2\min} - X_{2\min}}{2}$$

$$\left(\frac{D_{2\min}}{2}\right)^2 - \left(a + \frac{b}{2}\right)^2 = \left(\frac{D_{2\min} - X_{2\min}}{2}\right)^2 - \left(\frac{b}{2}\right)^2$$

$$b = \frac{2D_{2\min}X_{2\min} - X_{2\min}^2 - 4a^2}{4a}$$

由于 $X_{2\min}^2$ 和 $4a^2$ 的值很小，可忽略不计，所以

$$b = \frac{D_{2\min}X_{2\min}}{2a}$$

或

$$X_{2\min} = \frac{2ab}{D_{2\min}}$$

削边销已标准化了，有图 4-40 所示的两种结构形式。B 型结构简单，容易制造，但刚性较差。A 型又名菱形销，应用较多，其尺寸见表 4-3。削边销的其他参数可查有关手册。

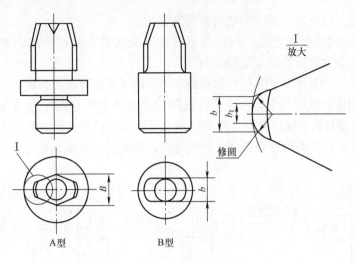

图 4-40　削边销的结构形式

表 4-3　菱形销的尺寸　　　　　　　　　　　　　　　（单位：mm）

d	>3~6	>6~8	>8~20	>20~24	>24~30	>30~40	>40~45
B	$d-0.5$	$d-1$	$d-2$	$d-3$	$d-4$	$d-5$	$d-6$
b_1	1	2	3	3	3	4	5
b	2	3	4	5	5	6	8

（四）工件夹紧

在机械加工过程中，工件将受到切削力、离心力、惯性力及重力等外力的作用。为了保证在这些外力作用下工件仍能在夹具中保持正确的加工位置而不致发生振动或位移，一般在夹具结构中都必须设置一定的夹紧装置，将工件可靠地夹紧。

1. 夹紧装置的组成

夹紧装置的种类很多，但其结构均由如下三部分组成：

（1）力源装置　力源装置是产生夹紧作用力的装置。通常是指机动夹紧时所用的气动、液压、电动等动力装置，如图 4-41 中的气缸 1，便是一种力源装置。

（2）中间递力机构　中间递力机构是介于力源和夹紧元件之间的传力机构。它把力源装置的夹紧作用力传递给夹紧元件，然后由夹紧元件最终完成对工件的夹紧。一般递力机构可以在传递夹紧力过程中，改变夹紧力的方向和大小，并根据需要也可有一定的自锁性能。图 4-41 中的斜楔 2 为中间递力机构。

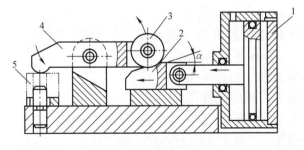

图 4-41　夹紧装置的组成
1—气缸　2—斜楔　3—滚子　4—压板　5—工件

（3）夹紧元件与夹紧机构　夹紧元件是夹紧装置的最终执行元件。通过它和工件受压面的直接接触而完成夹紧动作。图 4-41 中的压板 4 即为夹紧元件。对于手动夹紧装置来说，夹紧机构则是由中间递力机构和夹紧元件组成的。

2. 夹紧力的确定

确定夹紧力的方向、作用点和大小，要分析工件的结构特点、加工要求、切削力和其他外力作用工件的情况，以及定位元件的结构和布置方式。

1）夹紧力应朝向主要限位面。对工件只施加一个夹紧力或施加几个方向相同的夹紧力时，夹紧力的方向应尽可能朝向主要限位面。

如图 4-42a 所示，工件被镗的孔与左端面有一定的垂直度要求，因此，工件以孔的左端面与定位元件的 A 面接触限制三个自由度，以底面与 B 面接触限制两个自由度，夹紧力朝向主要限位面 A。这样做有利于保证孔与左端面的垂直度要求。如果夹紧力改朝 B 面，由于工件左端面与底面的夹角误差，夹紧时将破坏工件的定位，影响孔与左端面的垂直度要求。

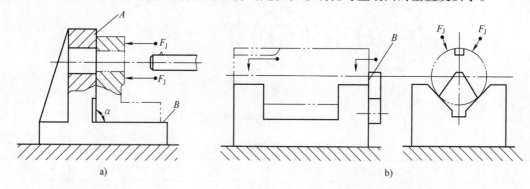

图 4-42   夹紧力朝向主要限位面

再如图 4-42b 所示，夹紧力朝向主要限位面——V 形块的 V 形面，使工件的装夹稳定可靠。如果夹紧力改朝 B 面，由于工件圆柱面与端面的垂直度误差，夹紧时，工件的圆柱面可能离开 V 形块的 V 形面。这不仅破坏了定位，影响加工要求，而且加工时工件容易振动。

对工件施加几个方向不同的夹紧力时，朝向主要限位面的夹紧力应是主要夹紧力。

2）夹紧力的作用点应落在定位元件的支承范围内。如图 4-43 所示，夹紧力的作用点落到了定位元件的支承范围之外，夹紧时将破坏工件的定位，因而是错误的。

3）夹紧力的作用点应落在工件刚性较好的方向和部位。这一原则对刚性差的工件特别重要。如图 4-44a 所示，薄壁套的轴向刚性比径向好，

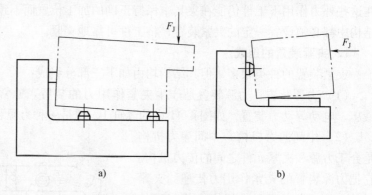

图 4-43   夹紧力作用点位置不正确

用卡爪径向夹紧，工件变形大，若沿轴向施加夹紧力，变形就会小得多。夹紧图 4-44b 所示薄壁箱体时，夹紧力不应作用在箱体的顶面，而应作用在刚性好的凸边上。可如图 4-44c 所示那样，将单点夹紧改为三点夹紧，从而改变了着力点的位置，降低了着力点的压强，减小了工件的夹紧变形。

4）夹紧力作用点应靠近工件的加工表面。如图 4-45 所示，在拨叉上铣槽时，由于主要夹紧力的作用点距加工表面较远，故在靠近加工表面的地方设置了辅助支承，增大了夹紧力 F_J，这样，提高了工件的装夹刚性，减小了加工时工件的振动。

3. 基本夹紧机构

夹紧机构的种类虽然很多，但其结构大都以斜楔夹紧机构、螺旋夹紧机构和偏心夹紧机构

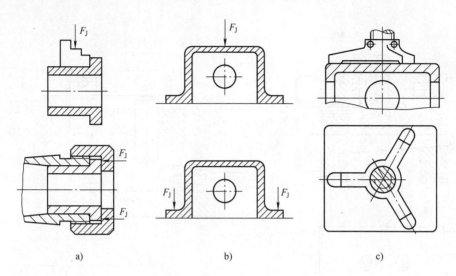

a)　　　　　　　　　b)　　　　　　　　　c)

图 4-44　夹紧力作用点与夹紧变形的关系

为基础，这三种夹紧机构合称为基本夹紧机构。

（1）斜楔夹紧机构　图 4-46 所示为几种用斜楔夹紧机构夹紧工件的实例。图 4-46a 所示是在工件上钻互相垂直的 $\phi 8mm$、$\phi 5mm$ 两组孔，工件装入后，锤击斜楔打头，夹紧工件。加工完毕后，锤击斜楔小头松开工件。由于用斜楔直接夹紧工件时的夹紧力较小，且操作费时，所以，实际生产中应用不多，多数情况下是将斜楔与其他机构联合起来使用。图 4-46b 所示是将斜楔与滑柱合成一种夹紧机构，可以手动，也可以气压传动。图 4-46c 所示是由端面斜楔与压板组合而成的夹紧机构。

（2）螺旋夹紧机构　由螺钉、螺母、压板等元件组成的夹紧机构，称为螺旋夹紧机构。图 4-47 所示是应用这种机构夹紧工件的实例。

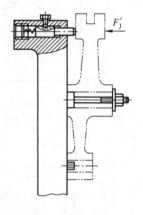

图 4-45　夹紧力作用点靠近工件表面

螺旋夹紧机构不仅结构简单、容易制造，而且，由于缠绕在螺钉表面的螺旋线很长，升角又小，所以螺旋机构的自锁性能好，夹紧力和夹紧行程都较大，是夹具上用得最多的一种机构。

1）单个螺旋机构。图 4-47a、b 所示是直接用螺钉或螺母夹紧工件的机构，称为单个螺旋机构。

在图 4-47a 所示机构中，螺钉头直接与工件表面接触，螺钉转动时，可能损伤工件表面，或带动工件旋转。克服这一缺点的办法是在螺钉头部装上图 4-48 所示的摆动压块。当摆动压块与工件接触后，由于压块与工件间的摩擦力矩大于压块与螺钉间的摩擦力矩，压块不会随螺钉一起转动。A 型（图 4-48a）的端面是光滑的，用于已加工表面；B 型（图 4-48b）的端面有齿纹，用于夹紧毛坯面。当要求螺钉只移动不转动时，可采用图 4-48c 所示结构。

2）螺旋压板机构。夹紧机构中，结构形式变化最多的是螺旋压板机构。图 4-49 所示是螺旋压板机构的四种典型结构。图 4-49a、b 所示为移动压板，图 4-49c、d 所示为回转压板。图 4-50 所示是螺旋钩形压板机构。其特点是结构紧凑、使用方便。当钩形压板妨碍工件装卸时，可采用图 4-51 所示的自动回转钩形压板，避免了用手转动钩形压板的麻烦。

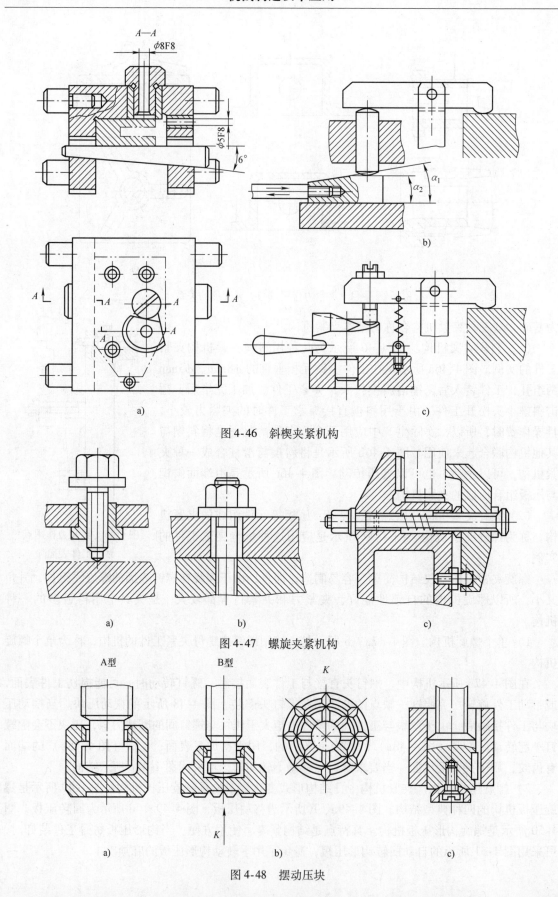

图 4-46　斜楔夹紧机构

图 4-47　螺旋夹紧机构

图 4-48　摆动压块

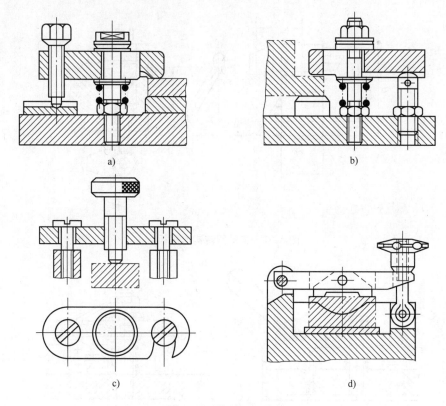

a)　　　　　　　　　　　　b)

c)　　　　　　　　　　　　d)

图 4-49　螺旋压板机构

（3）偏心夹紧机构　用偏心件直接或间接夹紧工件的机构，称为偏心夹紧机构，常用的偏心件是圆偏心轮和偏心轴。图 4-52 所示为偏心夹紧机构的应用实例，其中图 4-52a、b 中用的是圆偏心轮，图 4-52c 中用的是偏心轮，图 4-52d 中用的是偏心叉。

偏心夹紧机构操作方便、夹紧迅速，缺点是夹紧力和夹紧行程都较小。一般用于切削力不大、振动小、没有离心力影响的加工中。

（五）工序尺寸及公差的确定

叉类零件需铣、钻、磨削等多工序加工，根据各工序的安装特点和加工需要，有些尺寸不能按照图样的设计尺寸直接测量，因此只能采用工序尺寸间接加工和测量得出。工序尺寸是各工序应该控制或保证的尺寸，只有最后一道工序的尺寸是设计图样的尺寸，除此之外，中间各工序的尺寸及公差则应由工艺设计者根据加工工序间尺寸演变的联系进行确定和计算。在机械加工工艺过程中，工序尺寸的确定有如下几种情况：工艺

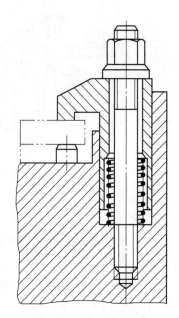

图 4-50　螺旋钩形压板

基准与设计基准重合时各工序尺寸的确定；工艺基准与设计基准不重合需要重新确定工序尺寸；设计基准有待进一步加工导致工序尺寸不断变化时；表面工艺处理时工序尺寸的确定。其计算需要借助于尺寸链原理。

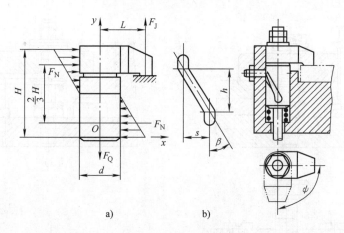

图 4-51　自动回转钩形压板

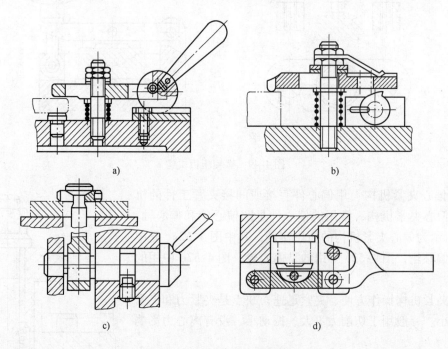

图 4-52　圆偏心夹紧机构

1. 尺寸链

（1）尺寸链的定义　尺寸链是在机器装配或零件机械加工过程中，由若干个相互连接的尺寸形成的封闭形式的尺寸组合。以下为两个尺寸链的例子。

图 4-53a 所示的结构中，轴承内环端面与轴用弹性挡圈侧面间的间隙 A_Σ 由不同零件上的尺寸 A_1、A_2 和 A_3 决定。各尺寸与间隙之间的相互关系可用图 4-53b 所示的尺寸链表示。

图 4-54a 所示台阶形零件的 B_1、B_Σ 尺寸在零件图中已注出。当上下表面加工完毕，欲使用表面 M 作定位基准加工表面 N 时，需要给出尺寸 B_2，以便按该尺寸对刀后用调整法加工表面 N。尺寸 B_2 及公差虽未在零件图中注出，但却与尺寸 B_1 和 B_Σ 相互关联。它们的关系可用图 4-54b 所示的尺寸链表示出来。

由此可知，尺寸链包含两个意义：一是尺寸链中各尺寸应构成封闭形式；二是尺寸链中任何一个尺寸变化都直接影响其他尺寸的变化。

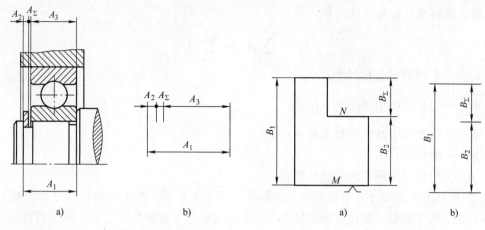

图 4-53　机器装配中的尺寸链　　　　　图 4-54　零件加工中的尺寸链

（2）尺寸链的组成

1）环：组成尺寸链中的每一尺寸，如图 4-53b 中的 A_Σ、A_1、A_2 和 A_3。

2）封闭环：在装配过程中最后形成的或在加工过程中间接获得的一环，如图 4-53b 中的 A_Σ 及图 4-54b 中的 B_Σ。

3）组成环：除封闭环外的全部其他环。

4）增环：该环尺寸增大封闭环随之增大，该环减小封闭环随之减小的组成环。通常在增环符号上标以向右的箭头，如 $\overrightarrow{A_1}$、$\overrightarrow{B_1}$。

5）减环：该环尺寸增大使封闭环减小，该环尺寸减小使封闭环增大的组成环。通常在减环符号上标以向左的箭头，如 $\overleftarrow{A_2}$、$\overleftarrow{A_3}$、$\overleftarrow{B_2}$。

（3）尺寸链分类

1）工艺过程尺寸链：零件按一定顺序安排的各个加工工序（包括检验工序）中，先后获得的各工序尺寸所构成的封闭尺寸组合，称为工艺过程尺寸链。

2）装配尺寸链：在机器设计或装配过程中，由机器或部件内若干个相关零件构成互相有联系的封闭尺寸组合，称为装配尺寸链。

3）工艺系统尺寸链：在零件生产过程中某工序的工艺系统内，由工件、刀具、夹具、机床及加工误差等有关尺寸所形成的封闭尺寸组合，称为工艺系统尺寸链。

（4）尺寸链的计算

1）正计算：已知全部组成环的尺寸及偏差，计算封闭环的尺寸及偏差。尺寸链正计算主要用于设计尺寸校核。

2）反计算：已知封闭环尺寸及偏差，计算各组成环的尺寸及偏差。它主要用于根据机器装配精度确定各零件尺寸及偏差的设计计算。

3）中间计算：已知封闭环及某些组成环的尺寸及偏差，计算某一组成环的尺寸及偏差。求解工艺尺寸链时经常用到中间计算。

（5）极值法解尺寸链的基本计算公式　尺寸链的计算方法有极值法和概率法两种。极值法适用于组成环数较少的尺寸链计算，而概率法适用于组成环数较多的尺寸链计算。工艺尺寸链计算主要应用极值法，故在本节仅介绍尺寸链的极值法计算公式，概率法请参考其他书籍。

1）封闭环的公称尺寸。封闭环的公称尺寸 A_Σ（或用 B_Σ、L_Σ 表示）等于所有增环公称尺

寸之和减去所有减环公称尺寸之和，即

$$A_\Sigma = \sum_{i=1}^{m} \overrightarrow{A_i} - \sum_{j=m+1}^{n-1} \overleftarrow{A_j}$$

式中　A_Σ——封闭环的公称尺寸；

　　　$\overrightarrow{A_i}$——组成环中增环的基本尺寸；

　　　$\overleftarrow{A_j}$——组成环中减环的基本尺寸；

　　　m——增环数；

　　　n——包括封闭环在内的总环数。

　　2）封闭环的极限尺寸。封闭环的上极限尺寸等于所有增环的上极限尺寸之和，减去所有减环的下极限尺寸之和。而其下极限尺寸等于所有增环的下极限尺寸之和，减去所有减环的上极限尺寸之和，即

$$A_{\Sigma,\max} = \sum_{i=1}^{m} \overrightarrow{A}_{i,\max} - \sum_{j=m+1}^{n-1} \overleftarrow{A}_{j,\min}$$

$$A_{\Sigma,\min} = \sum_{i=1}^{m} \overrightarrow{A}_{i,\min} - \sum_{j=m+1}^{n-1} \overleftarrow{A}_{j,\max}$$

式中　$A_{\Sigma,\max}$、$A_{\Sigma,\min}$——封闭环的上极限尺寸及下极限尺寸；

　　　$\overrightarrow{A}_{i,\max}$、$\overrightarrow{A}_{i,\min}$——增环的上极限尺寸及下极限尺寸；

　　　$\overleftarrow{A}_{j,\max}$、$\overleftarrow{A}_{j,\min}$——减环的上极限尺寸及下极限尺寸。

　　3）封闭环的极限偏差。封闭环的上极限偏差等于所有增环上极限偏差之和，减去所有减环下极限偏差之和；封闭环的下极限偏差等于所有增环下极限偏差之和，减去所有减环上极限偏差之和，即

$$ESA_\Sigma = \sum_{i=1}^{m} \overrightarrow{ESA_i} - \sum_{j=m+1}^{n-1} \overleftarrow{EIA_j}$$

$$EIA_\Sigma = \sum_{i=1}^{m} \overrightarrow{EIA_i} - \sum_{j=m+1}^{n-1} \overleftarrow{ESA_j}$$

式中　ESA_Σ、EIA_Σ——封闭环的上、下极限偏差；

　　　$\overrightarrow{ESA_i}$、$\overrightarrow{EIA_i}$——增环的上、下极限偏差；

　　　$\overleftarrow{ESA_j}$、$\overleftarrow{EIA_j}$——减环的上、下极限偏差。

　　4）封闭环的极值公差。封闭环的极值公差 T_Σ（即按极值法计算所得的可能出现的误差范围）等于各组成环公差之和，即

$$T_\Sigma = \sum T_i$$

式中　T_Σ——封闭环公差；

　　　T_i——组成环公差。

　　5）封闭环的中间偏差。封闭环的中间偏差 Δ_Σ 等于所有增环中间偏差之和减去所有减环中间偏差之和，即

$$\Delta_\Sigma = \sum_{i=1}^{m} \Delta_i - \sum_{j=m+1}^{n-1} \Delta_j$$

式中　Δ_Σ、Δ_i、Δ_j——封闭环、增环、减环的中间偏差。而中间偏差为上极限偏差与下极限偏差的平均值，即

$$\Delta = (ES + EI)/2$$

上式又可表示为
$$ES = \Delta + T/2$$
$$EI = \Delta - T/2$$

（6）工艺尺寸链问题的解决步骤

1）确定封闭环。解决工艺尺寸链问题时能否正确找出封闭环是求解关键。工艺尺寸链的封闭环必须是在加工过程中最后间接形成的尺寸，即该尺寸是在获得若干直接得到的尺寸后而自然形成的尺寸。

2）查明全部组成环、画出尺寸链图。确定封闭环后，由该封闭环尺寸循一个方向按照尺寸的相互联系依次找出全部组成环，并把它们与封闭环一起，按尺寸联系的相互顺序首尾相接，即得到尺寸链图。

3）判定组成环中的增、减环，并用箭头标出。箭头向左为减环，箭头向右为增环。

4）利用基本计算公式求解。在计算中同一问题可用不同公式求解，而不影响题解的正确性。

需要指出的是，当出现已知的若干组成环公差之和，等于或大于封闭环公差的情况时，则欲求的组成环必须是零公差或负公差才能有解，而负公差是不存在的。这时需要适当压缩某些组成环的公差。一般工艺人员无权放大封闭环公差，因为这样会降低产品技术要求。

解尺寸链得到的工艺尺寸一般按"入体"原则标注，即对于包容表面（孔），其公称尺寸是最小工序尺寸，标注为$\square\,_0^{+\square}$；对于被包容表面（轴），其公称尺寸是最大工序尺寸，标注为$\square\,_{-\square}^{\ 0}$。

2. 加工余量的确定

在零件加工过程中，各工序的工序尺寸确定与加工余量有密切关系，下面介绍加工余量问题。

（1）加工余量的描述　加工余量是指为使加工表面达到所需要的精度和表面质量而应从毛坯上切除的金属层厚度。加工余量可分为工序余量和加工总余量。

1）工序余量。工序余量是相邻两道工序的尺寸之差。

旋转表面（外圆和内孔）的工序余量为对称的双面加工余量（图4-55），可按下式计算：

对于轴（外表面）：　　　　$2Z_b = d_a - d_b$

对于孔（内表面）：　　　　$2Z_b = d_b - d_a$

式中　Z_b——本工序的单边工序余量；

　　　d_a——前工序完成后的轴（孔）径；

　　　d_b——本工序完成后的轴（孔）径。

2）加工总余量。加工总余量是指零件从毛坯变为成品的整个加工过程中，某一表面所切除金属层的总厚度，即零件上同一表面处的毛坯尺寸与零件尺寸之差。显然，零件上某一表面的加工总余量等于各工序余量之和，即

$$Z_\Sigma = Z_1 + Z_2 + \cdots + Z_n = \sum_{i=1}^{n} Z_i$$

式中　Z_Σ——加工总余量；

　　　Z_i——第i道工序的工序余量；

　　　n——该表面总的加工工序数。

由于毛坯尺寸和各个工序尺寸都不可避免地存在着误差，因而无论加工总余量还是工序余

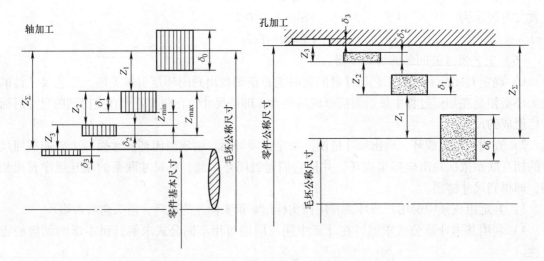

图 4-55　机械加工余量

量都是变动值。所以，加工余量又可分为基本加工余量（Z）、最大加工余量（Z_{max}）和最小加工余量（Z_{min}）。它们的关系如图 4-55 所示。最小加工余量 Z_{min} 是保证该工序加工表面的精度和表面质量所需切除的金属层最小深度。此图以外表面（轴）的情况加以说明，内表面（孔）的情况与此相类似。

由图 4-55 可知，轴的最小工序余量 Z_{min} 为上道工序的最小工序尺寸 a_{min} 和本工序最大工序尺寸 b_{max} 之差，而最大工序余量 Z_{max} 为上道工序的最大工序尺寸 a_{max} 与本工序最小工序尺寸 b_{min} 之差，即

$$Z_{min} = a_{min} - b_{max}$$
$$Z_{max} = a_{max} - b_{min}$$

显然，工序余量变动值为

$$\delta_Z = Z_{max} - Z_{min} = (a_{max} - b_{min}) - (a_{min} - b_{max})$$
$$= (a_{max} - a_{min}) + (b_{max} - b_{min}) = \delta_a + \delta_b$$

即工序余量变动值为上道工序尺寸公差（δ_a）与本工序尺寸公差（δ_b）之和。

对第一道工序而言，δ_a 即为毛坯尺寸公差，一般采用双向标注，即 ⌷ ±，对最后一道工序，即为零件图上标注的该表面的设计尺寸公差；而对中间工序的工序尺寸公差，规定按"入体"原则标注。

（2）加工余量的影响因素　加工余量大小对零件加工质量和生产率都有较大影响。加工余量不足，不能切除和修正上道工序残留的表面层缺陷和位置误差，不能保证加工质量。加工余量过大，又将使切削工时、材料、刀具和电力的消耗增大，从而使成本提高，生产率降低。因此，在工序设计中应选取合理的加工余量值。

最小工序余量的选取，应保证在本工序加工中切去足够的金属层以获得一个完整的新的加工表面，这取决于（图 4-56）：

1）上道工序加工后获得的表面粗糙度 H_a 和表面缺陷层深度 T_a。这里的表面缺陷层是指毛坯铸造冷硬层、气孔夹渣层、锻造氧化层、脱碳层、切削加工残余应力层及表面裂纹、组织过渡、塑性变形或其他破坏层等。

2）上道工序的工序尺寸公差 δ_a。对第一道加工工序则是毛坯尺寸公差。

3）上道工序加工的表面位置误差 ρ_a。包括轴线弯曲、偏移、偏斜以及平行度、垂直度、同轴度误差等。

4）本工序加工时工件的装夹误差 ε_b。包括定位误差、夹紧误差和夹具误差。

ε_b 和 ρ_a 都具有方向性，是矢量误差。

这样，最小工序余量的组成可由下式表示：

对于对称加工表面（取双面余量）：

$$2Z_b = \delta_a + 2(H_a + T_a) + 2|\vec{\rho_a} + \vec{\varepsilon_b}|$$

对于非对称加工表面（取单面余量）：

$$Z_b = \delta_a + (H_a + T_a) + |\vec{\rho_a} + \vec{\varepsilon_b}|$$

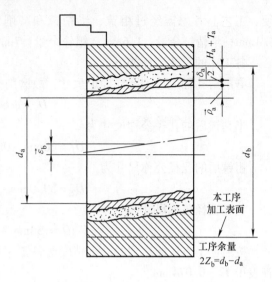

图 4-56 最小加工余量的确定

式中 $|\vec{\rho_a} + \vec{\varepsilon_b}|$ ——误差 ρ_a 和 ε_b 的矢量和的绝对值，计算时取

$$|\vec{\rho_a} + \vec{\varepsilon_b}| = \sqrt{\rho_a^2 + \varepsilon_b^2} \approx \begin{cases} 0.96\rho_a + 0.4\varepsilon_b & (\rho_a > \varepsilon_b \text{ 时}) \\ 0.4\rho_a + 0.96\varepsilon_b & (\rho_a < \varepsilon_b \text{ 时}) \\ \rho_a & (\rho_a \geqslant 4\varepsilon_b \text{ 时}) \\ \varepsilon_b & (\rho_a \leqslant 0.25\varepsilon_b \text{ 时}) \end{cases}$$

需要注意的是，对于不同零件和不同的工序，上述公式中各组成部分的数值与表现形式也各有不同。例如：对拉削、无心磨削、采用浮动铰刀的铰削等已加工表面本身定位进行加工的工序；对某些主要用来降低表面粗糙度值的超精加工、抛光等工序，工序加工余量大小仅与 H_a 值有关。

（3）确定加工余量的方法

1）经验估计法。此方法是根据工艺人员的实际经验确定加工余量。为了防止因余量不够而产生废品，所估计的加工余量一般偏大。此方法常用于单件小批量生产。

2）查表法。此方法是以工厂生产实践和试验研究积累的有关加工余量的资料数据为基础，先制成表格，再汇集成手册。确定加工余量时，查阅这些手册，再结合工厂的实际情况进行适当修改后确定。目前，这种方法用得比较广泛。

3）分析计算法。此方法是根据一定的试验资料和计算公式，对影响加工余量的各项因素进行综合分析和计算来确定加工余量的方法。通过这种方法确定的加工余量最经济合理，但必须有比较全面和可靠的试验资料。目前，只在材料十分贵重以及军工生产或少数大量生产的工厂中采用。

在确定加工余量时，要分别确定加工总量（毛坯余量）和工序余量。加工总余量的大小与所选择的毛坯制造精度有关。用查表法确定工序余量时，粗加工工序余量不能用查表法得到，而是由总余量减去其他各工序余量之和而得到。

3. 几种情况下工序尺寸的确定和计算

加工过程中由于基准不重合，需要进行工序尺寸的确定和计算，主要存在以下三种情况：工艺基准与设计基准重合时、工艺基准与设计基准不重合时、工序尺寸确定与设计基准有待进一步加工时。下面举例说明。

（1）工艺基准与设计基准重合时工序尺寸的确定与计算

例1 某法兰零件上有一个 $\phi 60_0^{+0.03}$ mm 的孔，内孔表面的表面粗糙度值为 $0.8\mu m$，需淬硬。工艺上考虑需经过粗镗、半精镗和磨削加工。各工序的公称加工余量为：磨削余量：0.4mm；半精镗余量：1.6mm；粗镗余量：7mm。

各工序的尺寸计算如下：

磨削后孔径应达到图样确定尺寸，故磨削工序尺寸即为图样上的尺寸。即

$$D = \phi 60^{+0.03}_{0}\text{mm}$$

半精镗后的孔径公称尺寸为

$$D_1 = 60\text{mm} - 0.4\text{mm} = 59.6\text{mm}$$

粗镗后的孔径公称尺寸为

$$D_2 = 59.6\text{mm} - 1.6\text{mm} = 58\text{mm}$$

毛坯孔径公称尺寸为

$$D_3 = 58\text{mm} - 7\text{mm} = 51\text{mm}$$

按照加工方法能达到的经济精度给各工序尺寸确定公差如下：磨前半精镗取 IT9 级精度，查表得 $T_1 = 0.074\text{mm}$。

粗镗孔取 IT12 级精度，查表得 $T_2 = 0.3\text{mm}$。

毛坯公差 $T_3 = \pm 2\text{mm}$。

按规定各工序尺寸的公差应取"入体"方向，则各工序尺寸及其公差如图 4-57 所示。

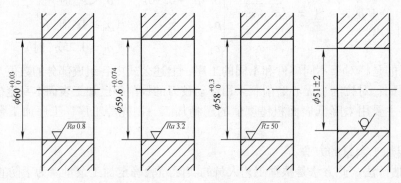

图 4-57　内孔工序尺寸计算

（2）工艺基准与设计基准不重合时工序尺寸的确定与计算

1）定位基准与设计基准不重合时工序尺寸的确定与计算。在零件加工过程中有时为方便定位或加工，选用不是设计基准的几何要素作为定位基准。在这种定位基准与设计基准不重合的情况下，需要通过尺寸换算，改注有关工序尺寸及公差，并按换算后的工序尺寸及公差加工，以保证零件的原设计要求。现举例说明这类问题的计算。

例 2　图 4-58a 所示零件以底面 N 为定位基准镗 O 孔，确定 O 孔位置的设计基准是 M 面 ［设计尺寸（100 ± 0.15）mm］。用镗刀镗孔时，镗刀杆相对于定位基准 N 的位置（即 L_1 尺寸）预先由夹具确定。这时设计尺寸 L_0 是在 L_1、L_2 尺寸确定后间接得到的。问如何确定 L_1 尺寸及公差，才能使间接获得的 L_0 尺寸在规定的公差范围之内？

解　（1）画尺寸链图并判断封闭环　根据加工情况，设计尺寸 L_Σ 是加工过程中间接获得的尺寸，因此 L_Σ（100 ± 0.15）是封闭环。然后从封闭环任一端出发，按顺序将 L_Σ 与 L_1、L_2 连接为一封闭尺寸组，即为求解的工艺尺寸链（图 4-58b）。

（2）判定增、减环　由定义或用画箭头的方法可判定 L_1 为增环，L_2（$200^{+0.10}_{0}$）为减环。将其标于尺寸链图上。

（3）按公式计算工序尺寸 L_1 的公称尺寸　由式

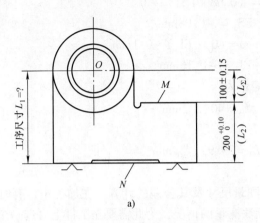
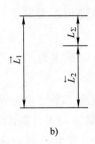

图 4-58 轴承座镗孔工序尺寸的换算

$$100\text{mm} = L_1 - 200\text{mm}$$

得 $$L_1 = 100\text{mm} + 200\text{mm} = 300\text{mm}$$

（4）按公式计算工序尺寸 L_1 的极限偏差 由式

$$+0.15 = \text{ES}L_1 - 0$$

得 L_1 上极限偏差为 $$\text{ES}L_1 = +0.15$$

由式 $$-0.15 = \text{EI}L_1 - 0.10$$

得 L_1 的下极限偏差为

$$\text{EI}L_1 = -0.15 + 0.10 = -0.05$$

因此工序尺寸 L_1 及其上、下极限偏差为

$$L_1 = 300 {}^{+0.15}_{-0.05}\text{mm}$$

L_1 作为中心高按双向标注，则为

$$L_1 = (300.05 \pm 0.10)\ \text{mm}$$

例 3 图 4-59a 所示零件的 A、B、C 面均已加工完毕，现欲以调整法加工 D 面，并选端面 A 为定位基准，且按工序尺寸 L_3 对刀进行加工。为保证车削过 D 面后间接获得的尺寸 L 能符合图样规定的要求，试求工序尺寸 L_3 及其极限偏差。

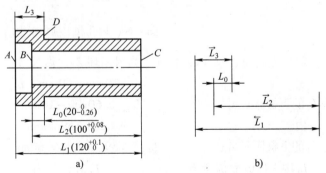

图 4-59 轴套零件加工工序尺寸换算

解 （1）画尺寸链图并判断封闭环 根据加工情况判断 L_0 为封闭环，并画出尺寸链，如图 4-59b 所示。

（2）判断增、减环 如图 4-59b 所示。

（3）计算工序尺寸的极限偏差

由 $$20\text{mm} = (100\text{mm} + L_3) - 120\text{mm}$$

得 $$L_3 = 20\text{mm} + 120\text{mm} - 100\text{mm} = 40\text{mm}$$

（4）计算工序尺寸的极限偏差

由 $$0 = (0.08 + ES_3) - 0$$

得 L_3 的上极限偏差为 $$ES_3 = -0.08\text{mm}$$

由 $$-0.26\text{mm} = (0 + EI_3) - 0.1\text{mm}$$

得 L_3 的下极限偏差为 $$EI_3 = -0.16\text{mm}$$

因此工序尺寸 L_3 及其上、下极限偏差为

$$L_3 = 40_{-0.16}^{-0.08}\text{mm}$$

按入体方向标注为

$$L_3 = 39.92_{-0.08}^{0}\text{mm}$$

此即为该道工序尺寸的解。

2) 测量基准与设计基准不重合时测量尺寸及其公差的计算。在加工中，有时会遇到某些加工表面的设计尺寸不便测量，甚至无法测量的情况，为此需要在工件上另选一个容易测量的测量基准。因此，要求通过对该测量尺寸的控制，能够间接保证原设计尺寸的精度。这就产生了测量基准与设计基准不重合时测量尺寸及公差的计算问题。

例 4　图 4-60 所示零件外圆及两端面已车好，现欲加工台阶状内孔。因设计尺寸 $10_{-0.4}^{0}\text{mm}$ 难以测量，现欲通过控制尺寸 L_1 间接保证尺寸 $10_{-0.4}^{0}\text{mm}$。求 L_1 公称尺寸及上、下极限偏差。

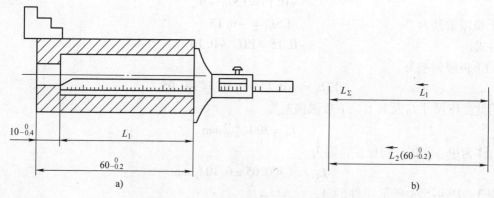

图 4-60　内孔和键槽加工中的尺寸换算

解　据题意，尺寸 $10_{-0.4}^{0}\text{mm}$ 为封闭环 L_3，做尺寸链并确定增、减环，如图 4-60b 所示。

由 $$10\text{mm} = 60\text{mm} - L_{1\min}$$

得 L_1 的下极限尺寸： $$L_{1\min} = 60\text{mm} - 10\text{mm} = 50\text{mm}$$

由 $$9.6\text{mm} = 59.8\text{mm} - L_{\max}$$

得 L_1 的上极限尺寸： $$L_{1\max} = 59.8\text{mm} - 9.6\text{mm} = 50.2\text{mm}$$

L_1 按入体方向标注为 $$L_1 = 50_{0}^{+0.2}\text{mm}$$

此即为换算所得测量尺寸及公差。

需要指出的是，利用这种换算控制设计加工尺寸时，会出现"假废品"的情况，即从测量尺寸看已经超差，似乎是废品，但实际上 $L_3 = 9.7\text{mm}$ 并未超差。由此可见，当测量尺寸超差数值不超过其他组成环公差之和时，就有可能出现"假废品"。但按换算结果控制尺寸，得到的一定是合格品。

(3) 工序尺寸确定与设计基准有待进一步加工的计算　在工件加工过程中，有时一个基准面的加工会同时影响两个设计尺寸的变化。这时，需要直接保证其中公差要求较严的一个设计尺寸，而另一设计尺寸需由该工序前面的某一中间工序的合理工序尺寸间接保证。为此，需

要对中间工序尺寸进行计算。

例5 图4-61a所示齿轮内孔孔径设计尺寸为 $\phi40^{+0.05}_{0}$ mm，键槽设计深度为 $43.6^{+0.34}_{0}$ mm，内孔需淬硬。内孔及键槽加工顺序为：①镗内孔至 $\phi39.6^{+0.34}_{0}$ mm；②插键槽至尺寸 L_1；③淬火热处理；④磨内孔至设计尺寸 $\phi40^{+0.05}_{0}$ mm，同时要求保证键槽深度为 $43.6^{+0.34}_{0}$ mm。试问：如何规定镗后的插键槽深度 L_1 值，才能最终保证得到合格产品？

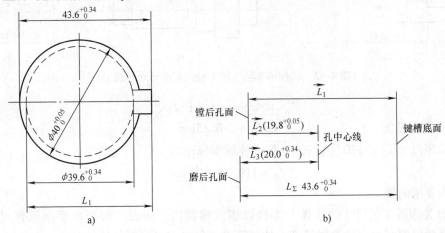

图4-61　内孔和键槽加工中的尺寸换算

解 由加工过程知，尺寸 $43.6^{+0.34}_{0}$ mm 的一个尺寸界限——键槽底面，是在插槽工序时按尺寸 L_1 确定的，另一尺寸界限——孔表面，是在磨孔工序由尺寸 $\phi40^{+0.05}_{0}$ mm 确定的，故尺寸 $43.6^{+0.34}_{0}$ mm 是一间接获得的尺寸，为封闭环。在不将磨孔余量作为一环列入尺寸链时可得到图4-61b所示的尺寸链，并确定增、减环。

由 $\qquad 43.6\text{mm} = (L_1 + 20\text{mm}) - 19.8\text{mm}$

得 L_1 的公称尺寸为 $\qquad L_1 = 43.6\text{mm} + 19.8\text{mm} - 20\text{mm} = 43.4\text{mm}$

由 $\qquad 0.34\text{mm} = (\text{ES}L_1 + 0.025\text{mm}) - 0$

得 L_1 的上极限偏差为 $\qquad \text{ES}L_1 = 0.34\text{mm} - 0.025\text{mm} = 0.315\text{mm}$

由 $\qquad 0 = (\text{EI}_1 + 0) - 0.05\text{mm}$

得 L_1 的下极限偏差为 $\qquad \text{EI}L_1 = 0.05\text{mm}$

因此 $\qquad L_1 = 43.4^{+0.315}_{+0.050}\text{mm}$

按入体原则标注为 $\qquad L_1 = 43.45^{+0.265}_{0}\text{mm}$

例6 一阶梯轴某段的设计尺寸如图4-62a所示，其加工工艺方案（图4-62b）为车工序后各部分留磨量（车时保证 L_2 尺寸），然后磨各部达到图样要求。磨大台肩面时要求直接保证尺寸 $40^{+0.1}_{0}$ mm（因其公差小，要求严格），而（160±0.15）mm为间接获得尺寸。试问：在前面车工序中尺寸 L_2 及其公差为多少，才能使间接获得的尺寸（160±0.15）mm恰在公差范围之内？

解 据题意，尺寸（160±0.15）mm为封闭环。建立尺寸链，如图4-62c所示，并确定 L_1、L_2 均为增环。由

$$160\text{mm} = 40\text{mm} + L_2$$

得 L_2 的公称尺寸为 $\qquad L_2 = 160\text{mm} - 40\text{mm} = 120\text{mm}$

由 $\qquad +0.15 = 0.1\text{mm} + \text{ES}L_2$

得 L_2 的上极限偏差为 $\qquad \text{ES}L_2 = 0.15\text{mm} - 0.1\text{mm} = 0.05\text{mm}$

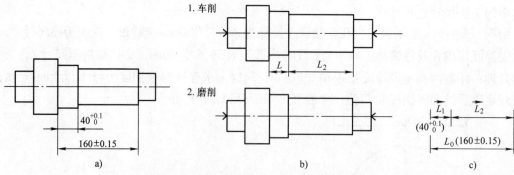

图 4-62　阶梯轴车削工序中轴向工序尺寸的确定

　　由 $\qquad$ $-0.15\text{mm} = 0 + \text{ES}L_2$

得 L_2 的下极限偏差为 $\qquad$ $\text{ES}L_2 = -0.15\text{mm}$

　　因此工序尺寸 $L_2 = 120_{-0.15}^{+0.05}$ mm。按入体原则标注为

$$L_2 = 119.75_{\ 0}^{+0.20}\text{mm}$$

此即为要求的解。

　　（4）有关渗碳工艺尺寸的计算　　零件渗碳或渗氮后，表面一般要经磨削保证尺寸精度，同时要求磨后保留有规定的渗层深度。这就要求进行渗碳或渗氮热处理时按一定渗层深度及公差进行（用控制热处理时间保证），并对这一合理渗层深度及公差进行计算。

　　例 7　图 4-63a 所示 38CrMoAlA 衬套内孔要求渗氮，其加工工艺过程及要求为：先粗磨内孔至 $\phi 144.76_{\ 0}^{+0.04}$mm；再氮化处理，深度为 L_1；最终精磨内孔至 $\phi 145_{\ 0}^{+0.04}$mm，并保证保留渗层深度为 (0.4 ± 0.1) mm。求氮化处理深度 L_1 及其公差。

　　解　由题意知，精磨后保留的渗层深度 (0.4 ± 0.1) mm 是间接获得的尺寸，为封闭环。由此可列出尺寸链如图 4-63b 所示，并确定增、减环（注意，其中 L_2、L_3 为半径尺寸）。

　　由 $\qquad$ $0.4\text{mm} = (72.38\text{mm} + L_1) - 72.5\text{mm}$

得 L_1 公称尺寸为 $\qquad$ $L_1 = 72.4\text{mm} - 72.38\text{mm} + 0.4\text{mm} = 0.52\text{mm}$

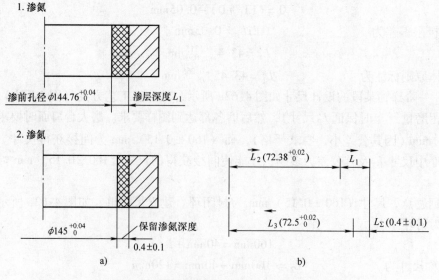

图 4-63　保证渗氮层厚度的工序尺寸换算

各环中间偏差：　　　　$\Delta_0 = 1/2 \times [0.1\text{mm} + (-0.1\text{mm})] = 0\text{mm}$

封闭环中间偏差：　　　$\Delta_0 = 1/2 \times [0.1\text{mm} + (-0.1\text{mm})] = 0\text{mm}$

L_2 中间偏差：　　　　$\Delta_2 = 1/2 \times (0.02\text{mm} + 0) = 0.01\text{mm}$

L_3 中间偏差：　　　　$\Delta_3 = 1/2 \times (0.02\text{mm} + 0) = 0.01\text{mm}$

　　由　　　　　　　　$0 = (\Delta_1 + 0.01\text{mm}) - 0.01\text{mm}$

得 L_1 中间偏差：　　　$\Delta_1 = 0.01\text{mm} - 0.01\text{mm} = 0\text{mm}$

　　另由　　　　　　　$0.2\text{mm} = T_1 + 0.02\text{mm} + 0.02\text{mm}$

得 L_1 的公差：　　　$T_1 = 0.2\text{mm} - 0.02\text{mm} - 0.02\text{mm} = 0.16\text{mm}$

　　又有　　　　　　　$\text{ES}L_1 = \Delta_1 + T_1/2 = 0.08\text{mm}$

　　　　　　　　　　　$\text{EI}_1 = \Delta_1 - T_1/2 = -0.08\text{mm}$

　　因此工序尺寸 L_1 为　　　$L_1 = 0.52\text{mm} \pm 0.08\text{mm}$

或　　　　　　　　　　　$L_1 = 0.44^{+0.16}_{0}\text{mm}$

　　即渗氮处理深度为 $0.44 \sim 0.60\text{mm}$。

　　（5）电镀零件工序尺寸的计算

　　1）电镀后无须加工而要求达到设计要求的情况。

　　例 8　一销轴磨后电镀，电镀时要求镀铬厚度为 $0.025 \sim 0.04\text{mm}$，要求镀后销轴直径为 $\phi 28^{0}_{-0.045}\text{mm}$。求镀前销轴直径尺寸及其公差（图 4-64a）。

　　解　镀前轴径由磨削工序获得，镀层厚度由电镀时控制保证，而镀后直径（或半径 $14^{0}_{-0.225}\text{mm}$）是由镀前直径及镀层厚度间接得到的，故为封闭环。尺寸链如图 4-64b 所示，其中 L_1、L_2 均为增环。

　　由　　　　　　　　$14\text{mm} = L_1 + 0.025\text{mm}$

得 L_1 的公称尺寸：　　$L_1 = 14\text{mm} - 0.025\text{mm} = 13.975\text{mm}$

　　由　　　　　　　　$0 = \text{ES}_1 + 0.015\text{mm}$

得 L_1 的上极限偏差：　　$\text{ES}_1 = -0.015\text{mm}$

　　由　　　　　　　　$-0.0225\text{mm} = \text{EI}_1 + 0$

得 L_1 的下极限偏差：　　$\text{EI}_1 = -0.0225\text{mm}$

　　故　　　　　　　　$L_1 = 13.975^{-0.0150}_{-0.0225}\text{mm}$

或　　　　　　　　　　$L_1 = 13.96^{0}_{-0.0075}\text{mm}$

　　即磨前直径应为 $27.92^{0}_{-0.015}\text{mm}$。

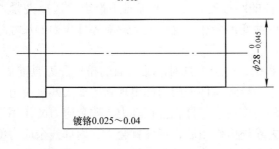

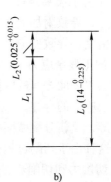

a)　　　　　　　　　　　　　　b)

图 4-64　电镀后无须加工工序尺寸换算

2）电镀后需经加工而达到设计尺寸要求的，和前述渗层厚度尺寸求算情况相类似，取加工后所保留的镀层厚度为封闭环。

用工艺尺寸链图解法计算的有关内容此处不予介绍，必要时请参考其他资料。

四、训练环节

拨叉零件安装

1. 训练目的与要求

1）熟悉拨叉零件的定位方法。

2）熟悉拨叉零件的夹紧方法。

2. 设备与仪器

1）XK53 铣床。

2）高度尺、游标卡尺。

3. 训练时间

训练时间为 2h。

4. 训练内容

1）在铣床上定位拨叉零件，准备铣削加工上平面。

2）把工件夹紧，正确安装。

3）设备保养和场地整理。加工完毕，清理切屑、保养镗床和清理场地。

4）写出本任务完成后的训练报告。具体内容有：训练目的、训练内容、训练过程、注意事项和训练收获。

五、拓展知识：薄壁零件装夹变形原因与改善方案

薄壁零件的加工变形，一直是机械加工制造业的一个难题，要解决变形问题首先要认清产生变形的原因。

1. 薄壁零件装夹变形的原因及区分

薄壁零件出现变形有很多的原因：在设计零件的过程中，不仅要考虑零件设计结构的工艺性，还要提高零件结构的刚性，防止在加工中出现变形；尽可能保证零件结构对称、薄壁厚度均匀；选择毛坯时，最好选择没有内应力的原材料。

在工艺系统中，零件加工变形的主要因素有：

（1）工件的装夹条件　由于薄壁零件的刚性比较差，加工时不恰当地选择夹紧力与支承力的作用点，导致附加应力；夹、压的弹性变形会在一定程度上影响零件表面的尺寸精度和形状、位置精度，导致变形。

（2）加工残余应力　在零件加工过程中，由于刀具对已加工面的挤压、刀具前面与切屑、后面与已加工表面之间的摩擦等综合作用，导致零件表层内部出现新的加工残余应力。由于不稳定的残余应力的存在，一旦零件受到外力作用，零件就会在外力与残余应力的作用下产生局部塑性变形，重新分配截面内的应力，去除外力作用后，零件就会受到内部残余应力的作用出现变形。这种由于切削过程中残余应力的重新分布造成的零件的变形，会严重影响加工质量。

（3）切削力和切削热、切削振动　切削过程中会产生切削力和切削热，在两者的作用下，容易导致零件振动和变形，从而影响零件的质量。

另外，造成零件变形的影响因素还有机床、工装的刚度，切削刀具及其角度、切削参数和零件冷却散热情况等。其中造成零件变形的主要因素是切削力、夹紧力以及残余应力。

2. 控制零件变形的工艺措施

（1）利用零件的未加工部分增强零件刚性　由于在加工薄壁零件过程中随着零件壁厚逐渐减小，零件的刚性也会降低，进而导致加工零件的变形增大。因而，在对零件进行切削过程中，最大限度地利用零件的未加工部分，支承正在切削部分，保证切削时处在最佳刚性状态。例如：腔内有腹板的腔体类零件，在加工过程中，铣刀以螺旋线方式从毛坯中间位置下刀进而降低垂直分力对腹板的压力，从深度方向铣到尺寸，再从中间扩张到四周至侧壁。如果内腔深度很大，根据上面的方法进行多层加工。这种方式能够尽可能地减小切削变形，减少了由于零件刚性的降低而出现的切削振动现象。

（2）采用辅助支承　在加工薄壁结构的腔类零件过程中，控制零件的变形就要首先解决由于装夹力造成的变形。因而，可利用腔内加膜胎（橡胶膜胎或硬膜胎）的方式来增强零件的刚性，避免零件在加工过程中出现变形；另外，还可以采用填充石蜡、低熔点合金等工艺，增强零件刚性。

（3）设计工艺加强筋，提高刚性　这是工艺设计中避免变形、提高刚性常用的手段之一。例如：在加工长槽过程中，在圆支管右端上下两槽口留3mm加强筋，可消除零件内部应力，然后用线切割去掉加强筋，再利用心轴进行校形。用这种方式加工的零件，能够最大限度地保证变形在设计精度范围内。

（4）对称分层铣削　均匀释放应力，对称释放毛坯初始残余应力。在处理两面都需要加工的板类零件时，可通过上下两面均等切除余量的原则轮流加工，即在上平面去除一定的余量，然后在另一面中也去除相同的余量。在零件加工过程中，遵循余量依次递减的原则，轮流的次数越多，相应释放的应力就会越彻底，零件的变形程度就会越小。

（5）刀具进给方式的优化　刀具进给方式直接影响零件的加工变形。例如：垂直进给方式下，对腹板有一定程度的向下压力，会造成腹板的弯曲变形；而水平进给方式下，对侧壁有一定程度的挤压作用，如果刀具刚性不足就会造成让刀，影响加工精度。

六、回顾与练习

1）工件在夹具中定位、夹紧的任务是什么？

2）试分析图4-65中的各定位方案中定位元件所限制的自由度，并判断有无欠定位或过定位以及定位是否合理，若不合理，应如何改进？

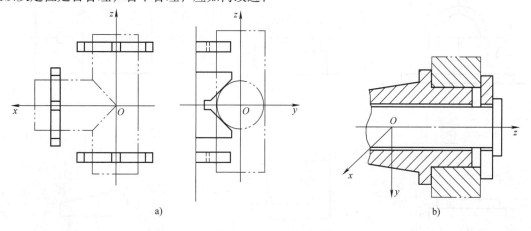

图4-65　自由度分析

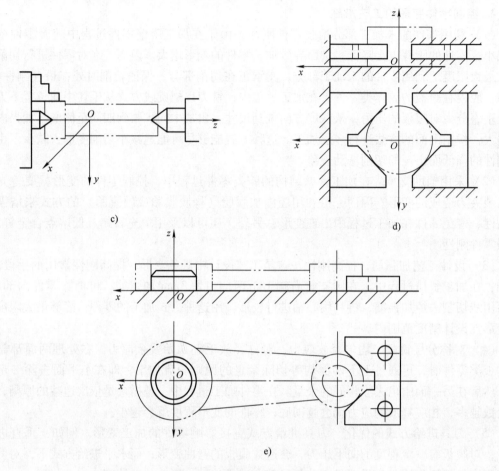

c)

d)

e)

图4-65 自由度分析（续）

3）工件的装夹方式有哪几种？试说明它们的特点和应用场合。

4）对夹紧装置的基本要求有哪些？

5）试分析图4-66中夹紧力的作用点与方向是否合理，为什么？若不合理，应如何改进？

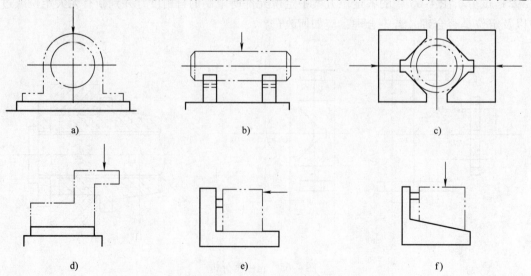

a)   b)   c)

d)   e)   f)

图4-66 夹紧力的作用点与方向

6）用图4-67所示的定位方式铣削连杆的两个侧面，计算加工尺寸$12^{+0.3}_{0}$mm的定位误差。

7）图4-68所示轴套零件的外圆、内孔及各端面均已加工。试确定当以B面定位钻ϕ10mm孔时的工序尺寸。

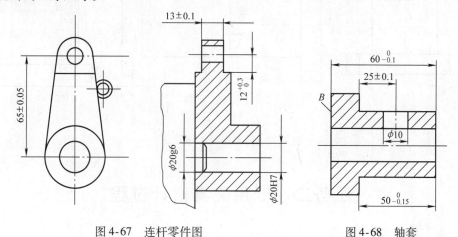

图4-67　连杆零件图　　　　　　　　图4-68　轴套

8）图4-69所示零件为销轴，要求电镀。工艺过程为"车—粗磨—精磨—电镀"，成批生产时镀层厚度为0.015～0.025mm，由电镀工艺保证。试确定精磨工序的工序尺寸及其公差。

9）图4-70所示为一圆形零件。三个圆弧槽的设计基准为素线A，当圆弧槽加工后，A点就不存在。为了测量方便，必须选择素线B或内孔素线C作为测量基准。试确定在工序图上应标注的工序尺寸，并确定测量尺寸。

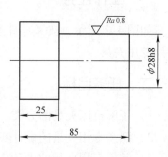

图4-69　销轴

10）在卧式铣床上采用调整法对车床溜板箱轴零件（图4-71）进行铣削加工，在加工中选取大端端面轴向定位，试确定应标注的工序尺寸。

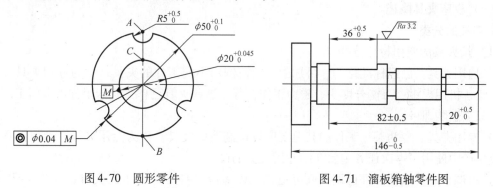

图4-70　圆形零件　　　　　　　图4-71　溜板箱轴零件图

11）图4-72所示零件已给出各轴向尺寸及有关工序草图。试问：

① 零件图中尺寸$40^{0}_{-0.35}$mm是否能够保证？并指出采取什么工艺措施才能解决。

② 工序15中H与ΔH之差为多少？

12）一根光轴，直径为ϕ30f6，长度为240mm，在成批生产的条件下，试计算外圆表面加工各道工序的工序尺寸及其公差。加工顺序为：棒料—粗车—精车—粗磨—精磨（各工序余量可查有关手册确定）。

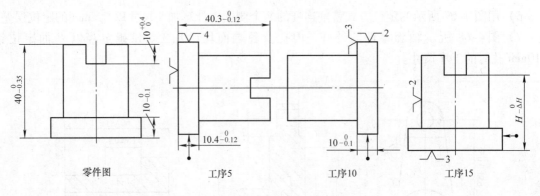

图 4-72　零件图及工序草图

任务二　专用夹具设计过程

一、工作任务

如图 4-2 所示，拨叉零件生产批量较大，为安装方便，提高生产率和保证加工精度，要求设计专用夹具。

二、任务目标

1）了解机床夹具的分类。

2）熟悉专用夹具的设计步骤。

3）掌握专用夹具的设计方法。

三、学习内容

（一）机床夹具概述

1. 夹具的分类

（1）按夹具的使用特点分类

1）通用夹具。已经标准化的、可加工一定范围内不同工件的夹具，称为通用夹具，如自定心卡盘、机用虎钳、万能分度头、磁力工作台等。这些夹具已作为机床附件由专门工厂制造供应，只需选购即可。

2）专用夹具。专为某一工件的某道工序设计制造的夹具，称为专用夹具。专用夹具一般在批量生产中使用，本次任务主要介绍专用夹具的设计。

3）可调夹具。某些元件可调整或可更换，以适应多种工件加工的夹具，称为可调夹具。它还分为通用可调夹具和成组夹具两类。

4）组合夹具。采用标准的组合夹具元件、部件，专为某一工件的某道工序组装的夹具，称为组合夹具。

5）拼装夹具。用专门的标准化、系列化的拼装夹具零部件拼装而成的夹具，称为拼装夹具。它具有组合夹具的优点，但比组合夹具精度高、效能高、结构紧凑。它的基础板和夹紧部件中常带有小型液压缸。此类夹具更适合在数控机床上使用。

（2）按使用机床分类　夹具按使用机床可分为车床夹具、铣床夹具、钻床夹具、镗床夹具、齿轮机床夹具、数控机床夹具、自动机床夹具、自动线随行夹具及其他机床夹具等。

（3）按夹紧的动力源分类 夹具按夹紧的动力源可分为手动夹具、气动夹具、液压夹具、气液增力夹具、电磁夹具及真空夹具等。

2. 专用夹具的组成

专用夹具通常由定位元件、导向元件、夹紧元件、夹具体等部分组成。

机床夹具的种类和结构繁多，但它们的组成均可概括为下面四个部分：

（1）定位装置 定位装置的作用是使工件在夹具中占据正确的位置。其专用夹具如图4-73所示，夹具上的圆柱销5、菱形销9和支承板4都是定位元件。通过它们使工件在夹具中占据了正确位置。

（2）夹紧装置 夹紧装置的作用是将工件压紧夹牢，保证工件在加工过程中受到切削力作用时不离开已占据的正确位置。如图4-73中的螺杆8（与圆柱销合成一个零件）、螺母7和开口垫圈6就起到上述作用。

（3）夹具体 夹具体是机床夹具的基础件，如图4-73中的夹具体3，通过它将夹具的所有元件连接成一个整体。

（4）其他装置或元件 除了定位装置、夹紧装置和夹具体之外，各种夹具还根据需要设置一些其他装置或元件，如分装置、对刀元件等。图4-73中的钻套1与钻模板2就是引导钻头而设置的两种元件。

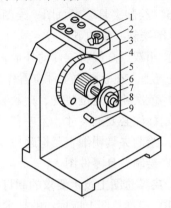

图 4-73 专用夹具
1—钻套 2—钻模板 3—夹具体
4—支承板 5—圆柱销 6—开口垫圈
7—螺母 8—螺杆 9—菱形销

（二）专用夹具设计

由于拨叉不易装夹，在加工批量较大时，拨叉的平面加工需要设计专用的夹具，才能保证加工质量和效率。专用夹具设计得是否合理，直接影响工件的质量、产量和加工成本。在生产实践中经常出现设计和制造出来的夹具不能满足使用要求的情况，因而只有正确应用夹具设计的基本原理和知识，掌握夹具设计的方法，才能设计出既能保证工件质量、提高劳动生产率，又能降低成本和减轻工人劳动强度的机床夹具。

由于各类机床的加工工艺特点、夹具和机床的连接方式等不尽相同，因此每一类机床夹具在总体结构、所需元件和技术要求等方面都有其各自的特点，但是它们的设计步骤和方法则基本相同。

1. 专用夹具设计步骤

（1）明确设计任务与收集设计资料 夹具设计的第一步是在已知纲领的前提下，研究被加工零件的零件图、工艺规程的设计任务书，对工件进行工艺分析，了解工件的结构特点、材料；本工序的加工表面、加工要求、加工余量、定位基准和夹紧表面及所用的机床、刀具、量具等。

其次是根据设计任务收集有关资料，还可收集一些同类夹具的设计图样，并了解该厂的工装制造水平，以供参考。

（2）拟订夹具结构方案、绘制夹具草图

1）确定工件的定位方案，绘制夹具草图。

2）确定工件的夹紧方案，设计夹紧装置。

3）确定其他装置及元件的结构形式，如对刀、导向装置、分度装置等。

4）确定夹具体的结构形式及夹具在机床上的安装方式。

5）绘制夹具草图，并标注尺寸、公差及技术要求。

（3）进行必要的分析计算 包括定位误差的计算、夹紧力的估算、精度要求较高的加工尺寸的精度分析计算及经济效益的分析计算。

（4）审查方案与改进设计 夹具草图画出后，应征求有关人员的意见，并送至有关部门审查，然后根据他们的意见对夹具方案做进一步修改。

（5）绘制夹具装配总图 绘图比例尽可能采用1∶1。主视图按夹具面对操作者方向绘制。夹具总图绘制次序如下：

1）用双点画线将工件的外形轮廓、定位、基面、夹紧表面及加工表面绘制在各个视图的合适位置上。在总图中工件应看作透明体，不遮挡后面的线条。

2）依次绘出定位装置、夹紧装置、其他装置及夹具体。

3）标注必要的尺寸、公差和技术要求。

4）绘制夹具明细表及标题栏。

5）绘制夹具零件图。

2. 夹具总图上技术要求的制订

（1）夹具总图上应标注的技术要求 通常夹具总图上应标注下列五种技术要求：

1）夹具外形的最大轮廓尺寸。这类尺寸表示夹具在机床上所占空间的尺寸大小和可能的活动范围，以便校核所设计的夹具是否会和机床、刀具发生干涉。

2）与定位有关的尺寸和公差。它们主要是指工件与定位元件及定位元件之间的尺寸、公差，如确定定位元件工作部分的配合性质，规定夹具定位平面的平面度或等高性，定位表面间的平行度和垂直度等。

3）刀具与定位元件的位置尺寸和公差。如对刀或导向元件与定位元件之间的尺寸和公差，导向元件本身的尺寸和公差等。

4）与夹具在机床上安装有关的技术要求。如夹具安装基面与机床相应配合表面之间的尺寸和公差，定位元件与夹具安装基面之间的位置尺寸和公差等。

5）其他装配尺寸及技术条件。这类技术要求是指属于夹具内部各组成连接副的配合、各组成元件之间的位置关系等，如定位元件与夹具体、滑柱钻模的滑柱与导孔的配合等。虽不一定与工件、刀具、机床有直接关系，但也影响加工精度和规定的使用要求。

此外，对夹具制造和使用的一些特殊要求，如夹具的平衡、装配使用中的注意事项等，则用文字在夹具总图上加以说明。

（2）夹具技术要求公差值的确定 由于目前在误差分析计算方面的资料还不完善，故一般多凭经验估算或根据已有经验数据来确定夹具技术要求的公差值（简称夹具公差），在确定时可分两种情况考虑：

1）直接影响工件加工精度的夹具公差 T_J。这种情况一般可按以下原则估算夹具公差：

夹具上的线性尺寸和角度公差： $$T_J = \left(\frac{1}{2} \sim \frac{1}{5}\right) T_K$$

夹具上工作面的相互位置公差： $$T_J = \left(\frac{1}{2} \sim \frac{1}{5}\right) T_K$$

式中 T_K——与 T_J 相对应的工件尺寸公差或位置公差。

当加工尺寸为自由尺寸时，夹具公差取为 ±0.1mm，加工表面没有提出相互位置要求时，夹具上的制造误差不超过（0.02~0.05）mm/100mm。

在确定比值 T_J/T_K 时，对于生产规模较大、夹具结构复杂而加工精度要求不太高时，可以取得较小，以延长夹具的使用寿命。而对于小批量生产或加工精度要求较高的情况，则可以取得稍大一些，以便于制造。

2）与加工要求无直接关系的夹具公差。这类夹具公差并非对加工精度没有影响，而是指无法直接从相应的加工尺寸公差中取其几分之几作为夹具公差。属于这类夹具公差的多为夹具中各组成连接副的配合性质，如定位元件与夹具体、可换钻套与衬套、导向套与刀柄等，这类公差配合可参考相关资料进行选择。

为便于夹具的制造和装配，夹具的距离尺寸公差应做对称分布，其公称尺寸应为工件相应尺寸的平均值。

3. 专用夹具设计示例

如图 4-74 所示，本工序需在导块上铣 $30^{+0.14}_{0}$ mm 槽。此零件属于成批生产，为节省单件时间，提高劳动生产率，要求一次装夹六个工件。其铣槽的技术要求如下：槽宽 $30^{+0.14}_{0}$ mm，深度要保证（74 ± 0.13）mm；位置精度要保证槽的中心平面与孔 $\phi 24.7^{+0.033}_{0}$ mm 轴线的垂直度误差不大于 0.1mm，槽的中心平面与外圆 $\phi 60.5^{0}_{-0.046}$ mm 轴线的对称度误差不大于 0.15mm。

（1）定位方案的确定

1）定位基准的选择。为保证导块槽的中心平面与 $\phi 60.5^{0}_{-0.046}$ mm 外圆轴线的对称度，取 $\phi 60.5^{0}_{-0.046}$ mm 外圆轴线为定位基准。又考虑槽的中心平面与 $\phi 24.7^{+0.033}_{0}$ mm 轴线的垂直度要求，取 $\phi 24.7^{+0.033}_{0}$ mm 孔的轴线为定位基准，为满足尺寸（74 ± 0.13）mm 要求，取底平面为定位基准。

2）定位元件的选择　根据工件定位基面的形状和工件加工时所需限制的自由度数目，可采用几种不同

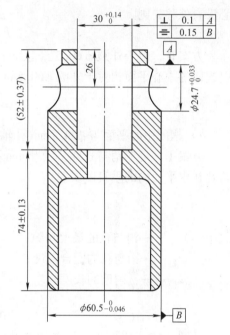

图 4-74　导块零件铣槽工序简图

的定位元件进行组合，其选择原则除考虑结构简单、装卸方便之外，还需满足加工精度要求。如图 4-75 所示，有三种定位方案。

方案 Ⅰ，$\phi 60.5$mm 外圆用长套筒定位，限制工件 $\vec{x}$、$\vec{y}$、$\hat{x}$、$\hat{y}$ 四个自由度；底平面用支承板定位，限制工件 $\vec{z}$ 一个自由度，$\phi 24.7$mm 孔采用菱形销定位，限制 $\hat{z}$ 一个自由度，实现六点定位，如图 4-74a 所示。

方案 Ⅱ，$\phi 60.5$mm 外圆采用自定心卡盘定位兼夹紧，限制工件 $\vec{x}$、$\vec{y}$、$\hat{x}$、$\hat{y}$ 四个自由度；底平面仍采用支承板定位，限制工件 $\vec{z}$ 一个自由度；而 $\phi 24.7$mm 孔采用活动锥形菱形销定位，限制工件 $\hat{z}$ 一个自由度，仍保持六点定位，如图 4-74b 所示。

方案 Ⅲ，$\phi 60.5$mm 外圆采用长 V 形块定位，限制工件 $\vec{x}$、$\vec{y}$、$\hat{x}$、$\hat{y}$ 四个自由度；底面仍采用支承板，限制工件 $\vec{z}$ 一个自由度；$\phi 24.7$mm 孔也采用活动锥形菱销，限制工件 $\hat{z}$ 一个自由度，总共也为六点定位，如图 4-74c 所示。

现对三个定位方案，进行定位误差分析：

1）工序尺寸（74±0.13）mm 的定位误差分析。由于三种定位方案的定位基准都与设计基准重合，故定位误差为零。

2）工序尺寸 $30^{+0.14}_{0}$ mm 的定位误差分析。槽的宽度取决于铣刀宽度，故工序尺寸 $30^{+0.14}_{0}$ mm 由刀具保证，与定位方式无关。

3）槽的中心平面与外圆 $\phi 60.5$ mm 轴线的对称度误差分析：

方案Ⅰ，定位套筒与 $\phi 60.5^{\ 0}_{-0.046}$ mm 外圆柱面之间有配合间隙，使工件中心线可能产生的最大偏移范围是套筒与工件外圆间的最大间隙，故最大的对称度误差

$$\Delta = 0.046\text{mm} + 0.046\text{mm} = 0.092\text{mm}$$

方案Ⅱ，由于自定心卡盘与工件外圆间没有间隙，自定心卡盘有自动定心作用，故工件中心没有偏移，则

$$\Delta = 0$$

方案Ⅲ，由于外圆 $\phi 60.5^{\ 0}_{-0.046}$ mm 有公差，采用 V 形块定位时，工件中心可能产生偏移，引起槽的中心平面相对于外圆 $\phi 60.5$ mm 的轴线有对称度误差：

$$\Delta = \frac{0.046\text{mm}}{2\sin 45°} = 0.032\text{mm}$$

4）槽的中心平面与 $\phi 24.7$ mm 孔轴线的垂直度误差分析：

方案Ⅰ，菱形销与 $\phi 24.7^{+0.033}_{0}$ mm 孔有配合间隙，使工件可绕竖直轴线转动，因而产生槽与孔在水平面内的垂直度误差：

$$\Delta = \frac{\Delta_{\max}}{l_{销}} L_{槽}$$

式中　$\Delta_{\max}$——销与孔的最大间隙；

　　　$l_{销}$——销与孔的配合长度；

　　　$L_{槽}$——铣削槽的长度。

$$\Delta = \frac{0.033\text{mm} + 0.021\text{mm}}{10\text{mm}} \times 50\text{mm} = 0.27\text{mm}$$

外圆 $\phi 60.5^{\ 0}_{-0.046}$ mm 与定位套筒有配合间隙，工件可绕水平轴线转动，因而产生槽与 $\phi 24.7$ mm 孔轴线在垂直平面内的垂直度误差：

$$\Delta = \frac{\Delta_{\max}}{l_{套筒}} H_{槽}$$

式中　$l_{套筒}$——套筒与工件的配合长度；

　　　$H_{槽}$——铣削槽的深度。

$$\Delta = \frac{0.046\text{mm} + 0.046\text{mm}}{70\text{mm}} \times 52\text{mm} = 0.068\text{mm}$$

方案Ⅱ，由于锥形菱销和孔及自定心卡盘与工件外圆之间，都没有间隙存在，故 $\Delta = 0$。

方案Ⅲ，由于锥形菱销和孔之间没有间隙，工件外圆用长 V 形块定位，故工件绕水平轴、竖直轴均无转动可能，所以 $\Delta = 0$。

由前面分析可知，方案Ⅱ既没有垂直度误差，也没有对称度误差。方案Ⅰ加工所得零件的对称度误差和垂直度误差都超过工件公差的 1/3。而方案Ⅲ加工所得零件的垂直度误差为零；对称度误差小于工件公差的 1/3。虽然方案Ⅱ定位精度最高，但用于多件装夹结构复杂，故选用方案Ⅲ的定位形式，其结构简单，又能满足精度要求。

（2）夹紧装置的确定

1）铣床夹具对夹紧装置的要求。一般铣削加工切削用量较大，切削力也较大，又因为铣

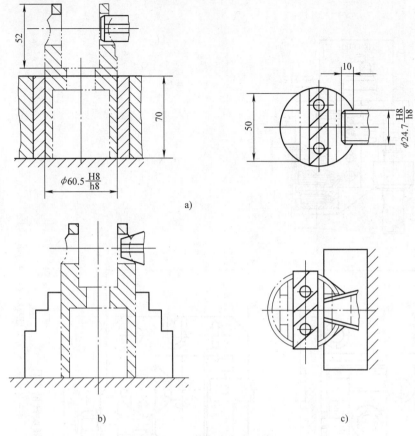

图 4-75 三种定位方案示意图

a) 方案Ⅰ b) 方案Ⅱ c) 方案Ⅲ

刀刀齿的不连续切削，故切削振动较大，因此要求有足够大的夹紧力，且自锁性能要好。又由于铣削加工大多是多件装夹，夹紧动作须迅速，所以常采用多件联动夹紧装置。

2）夹紧力方向与作用点的选择。夹紧力的方向应指向主要定位面的定位元件 V 形块上。夹紧力的作用点应落在 $\phi60.5$mm 外圆的最高素线上，并尽量靠近加工表面。

3）夹紧装置形式的选择。为考虑夹紧动作迅速以及结构简单、操作方便，采用一次夹紧两个工件的螺旋压板式夹紧装置，在螺杆上套有压簧，以利于装卸工件，螺母下面采用球面垫圈，使螺母与压板接触良好。

（3）铣床夹具结构的拟订　如图 4-76 所示，六个定位元件 V 形块做成一体，采用铸铁材料，为防止磨损，在 V 形块的工作表面镶有淬硬钢板。六个锥形削边销穿过夹具体墙上镶有六个衬套的孔，插入工件 $\phi24.7$mm 的孔中。锥形削边销也需要淬硬以防磨损。工件底面用支承板定位，支承板用螺钉固定在夹具体上。每两个 V 形块的中间装有一副螺旋压板装置。

本设计为考虑使 V 形块支承面便于加工，将 V 形块部分与夹具体底座分离，采用装配式夹具体。夹具体的安装表面都铸有凸台，以减小加工面积。定位元件和夹具体用螺钉连接，用定位销定位。考虑到 V 形块较长，其上部还有插锥形削边销的孔，所以其结构高度较大，必须添加四根加强筋，以增强夹具体的刚性。由于此夹具体积较大，宜加装四个吊环螺钉以利于搬运。

4. 定向键、对刀块的使用

（1）定向键的使用　为保证六个工件的槽铣削后都对称于外圆 $\phi60.5$mm 的轴线，加工时必须保证 V 形块的顶面与进给方向平行。因此在夹具底面铣出一条与 V 形块顶面相平行的键槽，在槽的两端嵌入两个定向键，并用沉头螺钉与夹具体底部连接。

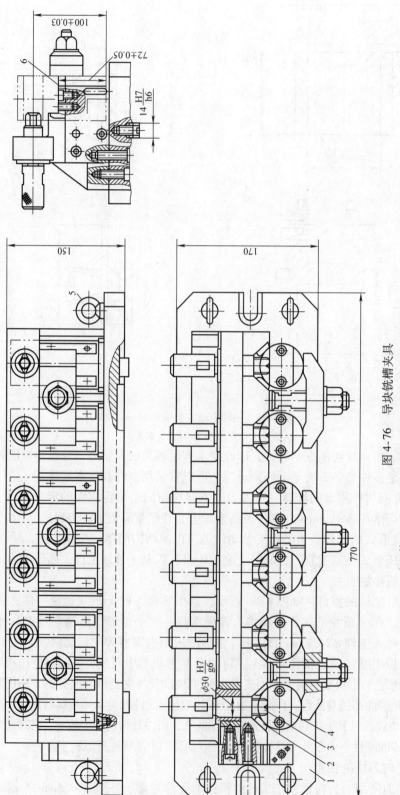

图 4-76　导块铣槽夹具

1—夹具体　2—V 形块　3—锥形削边销　4—支承板　5—起吊螺栓　6—对刀块

（2）对刀块的使用　为使刀具与工件被加工表面的相对位置能迅速而正确地对准，在夹具上采用了对刀块。它在夹具上的位置应放在刀具开始铣削的前端。对刀块的工作表面与定位元件支承板和 V 形块的定位面之间，应有一定的位置尺寸要求，待找正后，用定位销定位，用螺钉固紧。

5. 标注尺寸和公差配合

1）保证最大外形轮廓尺寸：$L \times B \times H = 770\text{mm} \times 170\text{mm} \times 150\text{mm}$。

2）保证工件定位精度的有关尺寸和公差。

① 夹具体壁上的插销孔轴线至支承板定位面的距离为 100mm，其公差应按工件相应尺寸公差而定。今工件公差按工艺尺寸链求得为（100 ± 0.07）mm，所以按照夹具公差为工件相应公差的 1/3～3/5 原则，取为（100 ± 0.03）mm。

② 销孔轴线必须在 V 形块的对称平面内，其偏移量将影响槽与孔 $\phi24.7$mm 轴线的垂直度偏差。销孔轴线与 V 形块对称的偏移值，取槽与孔 $\phi24.7$mm 垂直度误差的 1/3，即 $0.1 \times 1/3 = 0.03$mm。

③ 锥形削边销的圆柱部分与壁上衬套内孔的配合取 $\dfrac{\text{H7}}{\text{g6}}$，衬套外径与夹具体的配合取 $\dfrac{\text{H7}}{\text{r6}}$。

3）保证对刀精度的尺寸和公差。

① 对刀块的水平工作面离支承板定位面的距离为工序尺寸减去塞尺厚度，即

$$74\text{mm} - 2\text{mm} = 72\text{mm}$$

其公差取工件相应公差的 1/3～3/5，今工件公差为 ± 0.13mm，则尺寸 72mm 的公差可取为 ± 0.05mm。

② 对刀块垂直工作面位置的确定。对刀块垂直工作面的位置，一般可以在对刀块装配时，按标准样件来找正，然后用螺钉固定并用定位销定位。

4）保证夹具安装精度的有关尺寸和公差。

① 定向键槽的侧面与 V 形块的顶面须平行，其偏差会影响工件槽与外圆中心平面的对称度和槽与 $\phi24.7$mm 孔的垂直度，尤以对称度影响较大。本设计中六个 V 形块总长约为 500mm，而槽与外圆中心平面的对称度误差允许到 0.15mm，所以槽的单向偏移值仅允许为 $\dfrac{0.15\text{mm}}{2}$，即 V 形块顶面与进给方向的平行度公差为 $\dfrac{0.075\text{mm}}{500\text{mm}}$，故定向键槽侧面与 V 形块顶面的平行度公差应为 $\dfrac{1}{2} \times \dfrac{0.075}{500} = \dfrac{0.0075\text{mm}}{100\text{mm}}$，取 $\dfrac{0.01\text{mm}}{100\text{mm}}$。

② 定向键与夹具体键槽的配合取 H7/h6，定向键与铣床工作台 T 形槽的配合取 H6/h6，装夹具时将两个定向键推向 T 形槽的同一侧，使之紧贴，然后用螺钉在铣床夹具耳座外锁紧。这样可以消除间隙的影响，保证 V 形块的顶面与进给方向平行。

四、训练环节：拨叉加工路线分析

1. 训练目的与要求

1）学会分析拨叉零件的工艺性。

2）能合理选用拨叉毛坯。

3）能正确选择加工基准。

4）能够制订拨叉的加工步骤。

2. 训练内容

（1）零件工艺性分析　从拨叉零件图（图 4-2）上可看出，$\phi45^{+0.12}_{+0.06}$mm 圆不易加工，为

便于装夹,在铸造时将两件合铸为一体,让工件在叉处形成一个整圆。

拨叉共有两处加工表面,其间有一定的位置要求。

1) 以 $\phi16^{+0.135}_{0}$ mm 为中心的加工表面。这一组加工表面包括: $\phi16^{+0.135}_{0}$ 的孔及其上下端面,上端面与孔有位置要求, $\phi16^{+0.135}_{0}$ mm 孔可车削或铣削加工。

2) 以 $\phi45^{+0.12}_{+0.06}$ mm 为中心的加工表面。这一组加工表面包括: $\phi45^{+0.12}_{+0.06}$ mm 的孔及其上下两个端面。

这两组表面有一定的位置度要求,即 $\phi45^{+0.12}_{+0.06}$ mm 孔的上下两个端面与 $\phi16^{+0.135}_{0}$ 孔有垂直度要求。

由上面的分析可知,加工时应先加工一组表面,再以这组加工后的表面为基准加工另外一组。

(2) 选用毛坯或明确来料状况　考虑零件在机床运行过程中所受冲击不大,零件结构又比较简单,故选择铸件 HT200 毛坯。

(3) 基面的选择　基面选择是工艺规程设计中的重要工作之一。基面选择得正确与否关系到零件的加工质量和生产率。如果基面选得不对,可能造成零件的大批报废。

1) 粗基准的选择。尽可能选择不加工表面为粗基准,若工件有多个不加工表面,则应以与加工表面位置精度要求较高的不加工表面作为粗基准。根据这个基准选择原则,选取 $\phi16^{+0.135}_{0}$ mm 孔的不加工外轮廓表面作为粗基准,利用一组共两对 V 形块支承这两个 $\phi28$ mm 外圆表面作为主要定位面,限制 Y、Z 方向上的两个移动自由度和 X、Y、Z 方向上的三个转动自由度,再以一个销钉限制一个 X 方向上的移动自由度,达到完全定位,然后进行铣削。

2) 精基准的选择。主要考虑基准重合的问题,当工序基准与设计基准不重合时,应进行尺寸换算。

(4) 制订工艺路线

1) 工序一。以 $\phi28$ mm 外圆上端面为粗基准,粗铣 $\phi28$ mm 外圆下端面、拨叉厚 12 mm 处下端面。

2) 工序二。以 $\phi28$ mm 外圆下端面为精基准,粗铣拨叉厚 12 mm 处上端面,精铣 $\phi28$ mm 外圆上端面。

3) 工序三。以 $\phi28$ mm 外圆上端面为精基准,钻、扩、铰、精铰、倒角 $\phi16^{+0.135}_{0}$ mm 孔,保证垂直度误差不超过 0.05 mm,孔的精度达到 IT7。

4) 工序四。以 $\phi16^{+0.135}_{0}$ mm 孔为精基准,钻、扩、铰、精铰、倒角 $\phi45$ mm 孔,保证孔的精度达到 IT7。

5) 工序五。以 $\phi16^{+0.135}_{0}$ mm 孔为精基准,插键槽,保证键槽的对称度误差不超过 0.05。

6) 工序六。切断。

7) 工序七。以 $\phi16^{+0.135}_{0}$ mm 孔为精基准,精铣 $\phi45^{+0.12}_{+0.06}$ mm 孔上下端面,保证端面相对孔的垂直度误差不超过 0.07 mm。

拨叉零件机械加工工艺过程卡见表 4-4。

表 4-4　拨叉零件机械加工工艺过程卡

序号	工序名称	工序内容	定位基准	工艺装备
1	铸	铸造(两件合铸)	—	
2	热处理	退火	—	回火炉

（续）

序号	工序名称	工序内容	定位基准	工艺装备
3	划线	划各端面线及三个孔的线	$\phi28$mm、$\phi45^{+0.12}_{+0.06}$mm 端面及孔的中心	平板、划针
4	铣	粗铣 $\phi28$mm 下端面至 35mm、拨叉厚 12mm 处下端面至 15mm	$\phi28$mm 外圆上端面	X53K 型铣床专用夹具
5	铣	粗铣拨叉厚 12mm 处上端面至 13mm，精铣 $\phi28$mm 外圆上端面至尺寸	$\phi28$mm 外圆下端面	X53K 型铣床专用夹具
6	钻	钻、扩、铰、精铰、倒角 $\phi16^{+0.135}_{0}$mm 孔	$\phi28$mm 外圆上端面	Z5132A 型铣床专用夹具
7	钻	钻、扩、铰、精铰、倒角 $\phi45^{+0.12}_{+0.06}$mm 孔	$\phi16^{+0.135}_{0}$mm 外圆上端面	Z5132A 型铣床专用夹具
8	钻	倒另一端孔口 $C1$ 角	$\phi16^{+0.135}_{0}$mm 内孔及下端面	Z5132A 型铣床专用夹具
9	插	插键槽至尺寸 $17.4^{+0.1}_{0}$mm、（5 ± 0.015）mm，保证键槽的对称度不超过 0.05mm	$\phi16^{+0.135}_{0}$mm 孔	插床专用夹具
10	铣	切工件成单件，切口 2mm	$\phi16^{+0.135}_{0}$mm 内孔及下端面	X62W 型铣床专用夹具
11	铣	精铣 $\phi45^{+0.12}_{+0.06}$mm 孔上下端面，保证尺寸（12 ± 0.015）mm 及端面相对孔的垂直度误差不超过 0.07mm	$\phi16^{+0.135}_{0}$mm 孔	X62W 型铣床专用夹具
12	钳	去毛刺		
13	磨	磨 $\phi28$mm 及尺寸（12 ± 0.015）mm 上下端面	尺寸（12 ± 0.015）mm 及 $\phi28$mm 上下端面	M7120A 型磨床
14	检验	按图样要求检查各部尺寸及精度		
15	入库	入库		

五、拓展知识　铣床夹具

铣床夹具主要用于加工零件上的平面、凹槽、花键及各种成形面。

按照铣削时的进给方式，通常将铣床夹具分为直线进给式、圆周进给式和靠模式三种。

1. 直线进给式铣床夹具

图 4-77 所示为直线进给式铣床夹具。工件以一面两孔定位，夹具上相应的定位元件为支承板、一个圆柱销和一个菱形销。

工件的夹紧是使用螺旋压板夹紧机构来实现的。卸工件时，松开压紧螺母，螺旋压板在弹簧作用下抬起，转离工件的夹紧表面。使用定位键和对刀块，确定夹具与机床、刀具与夹具正确的相对位置。

图 4-78a 所示为带料框的直线进给式铣床夹具。该夹具由两部分组成：一部分是可装卸的装料框（图 4-78b）；另一部分固定在机床工作台上。前者有定位元件，后者有夹紧装置。工件在支架的右端面、圆柱销和菱形销上定位，拧紧螺

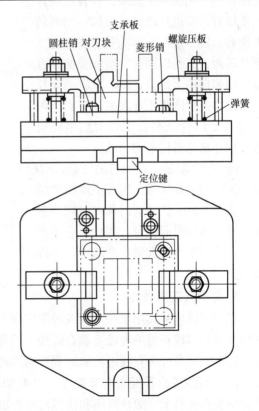

图 4-77　直线进给式铣床夹具

母，通过压板、压块将工件压紧。为提高效率，减少安装工件的辅助时间，一个夹具应准备两个以上装料框，操作者利用切削的基本时间装好工件，与装料框一起装在夹具体上，再由夹具体上的夹紧机构夹紧。

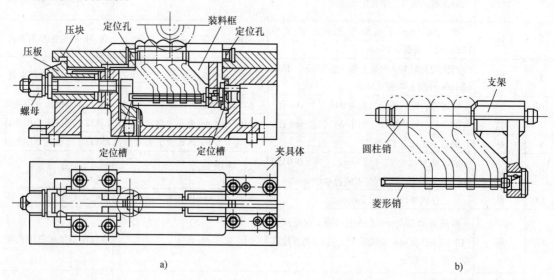

图 4-78　带装料框的铣床夹具

2. 圆周进给式铣床夹具

圆周进给式铣床夹具一般在有回转工作台的专用铣床上使用，在普通铣床上使用时，应进行改装，增加一个回转工作台。图 4-79 所示为铣削拨叉上、下两端面，工件以圆孔、端面及侧面在定位销和挡销上定位，由液压缸驱动拉杆通过快换垫圈将工件夹紧。夹具上可同时装夹 12 个工件。工作台由电动机通过蜗杆蜗轮机构带动回转。

图中 AB 段是工件的切削区域，CD 段是工件的装卸区域，可在不停机的情况下装卸工件，使切削的基本时间和装卸工件的辅助时间重合。因此，它生产率高，适用于大批大量生产的中、小件加工。

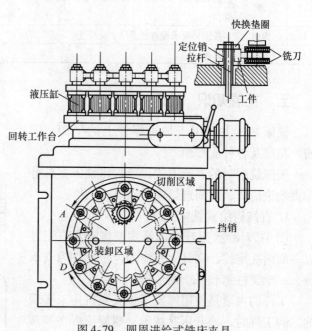

图 4-79　圆周进给式铣床夹具

3. 靠模式铣床夹具

靠模式铣床夹具用于在专用或通用铣床上加工各种成形面。靠模式铣床夹具的作用是使主进给运动和靠模获得的辅助运动合成加工所需要的仿形运动。按照主进给运动的运动方式，靠模式铣床夹具可分为直线进给和圆周进给两种。

（1）直线进给靠模式铣床夹具　图 4-80a 所示为直线进给靠模式铣床夹具。靠模板和工件分别装在夹具上，滚柱滑座和铣刀滑座连成一体，它们的轴线距离 k 保持不变。滑座在强力弹簧或重锤拉刀作用下沿导轨滑动，使滚柱始终压在靠模板上。当工作台做纵向进给时，滑座即获得一横向辅助运动，使铣刀仿照靠模板的曲线轨迹在工件上铣出所需的成形表面。此种加工方法一般在靠模铣床上进行。

（2）圆周进给靠模式铣床夹具　　图 4-80b 所示为装在普通立式铣床上的圆周进给靠模式铣床夹具。靠模板和工件装在回转台上，回转台由蜗杆蜗轮带动做等速圆周运动。在强力弹簧的作用下，滑座带动工件沿导轨相对于刀具做辅助运动，从而加工出与靠模外形相仿的成形面。

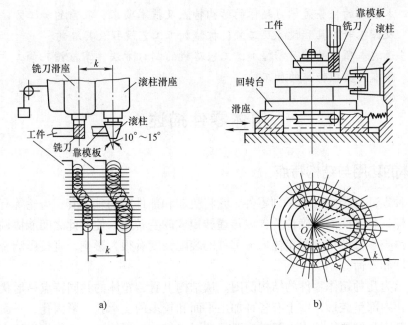

a) 　　　　　　　　　　b)

图 4-80　靠模式铣床夹具

六、回顾与练习

1）叉类零件的结构特点和加工要求是什么？
2）试述专用夹具设计需要准备的资料。
3）试述专用夹具设计步骤。
4）机床夹具在机械加工中的主要作用有哪些？
5）机床夹具设计与其他产品设计比较主要有哪些特点？
6）机床夹具设计应满足哪些基本要求？
7）夹具装置设计的基本要求有哪些？

项目五　箱体零件的加工

【学习内容】　本项目的任务是学习箱体的结构特点及技术要求；孔系的加工方法、镗削刀具及镗模等刀具和设备及工装；机械加工工艺规程及其编制。

【基本要求】　通过本项目的学习掌握加工工艺路线的制订方法，掌握镗孔加工方法，完成箱体零件典型特征的加工。

箱体零件描述

一、箱体的功用与结构特点

箱体是各种零部件装配时的基础零件，它将机器和部件中的轴、套、齿轮等有关零件连接成一个整体，保证相互间的正确位置，以传递转矩或改变转速，使彼此之间能协调地运转和工作。因此，箱体类零件的精度对箱体内零部件的装配精度有很大影响，直接影响着整机的使用性能、工作精度和寿命。

图 5-1 所示为几种箱体零件的结构简图。从结构上看，箱体的共同特点是形状复杂，壁薄且壁厚不均匀，内部呈腔形，壁上有各种加工平面和较多的支承孔、紧固孔，平面和支承孔一般都有较高的精度和较严格的表面粗糙度要求，加工量大。据统计，一般中型机床厂花在箱体上的机械加工工时占整个产品的 15% ~ 20%。

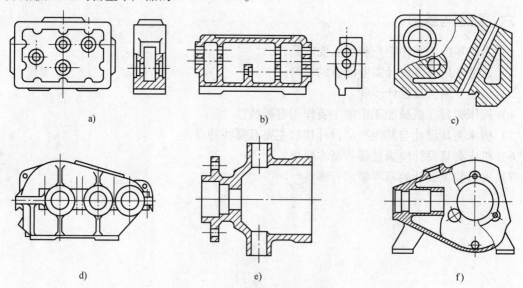

a)　　　　　　　　　　b)　　　　　　　　　　c)

d)　　　　　　　　　　e)　　　　　　　　　　f)

图 5-1　几种箱体零件的结构简图

a）组合机床主轴箱　b）车床进给箱　c）磨床尾座壳体

d）分离式减速箱　e）泵壳　f）曲轴箱

箱体零件由于功用不同，其结构形状往往有较大差别。但各种箱体零件在结构上仍有一些共同点，如：其外表面主要由平面构成，结构形状都比较复杂，内部有腔型，箱壁较薄且壁厚不均匀；在箱壁上既有许多精度较高的轴承孔和基准平面需要加工，也有许多精度较低的紧固孔和一些次要平面需要加工。一般说来，箱体零件需要加工的部位较多，且加工难度也较大，因此，精度要求较高的孔、孔系和基准平面构成了箱体零件的主要加工表面。

1. 平面

平面是箱体、机座、机床床身和工作台等零件的主要表面。根据其作用不同平面可分为以下几种：

（1）非接合平面　这种平面不与任何零件相配合，一般无加工精度要求，只有当表面为了增强抗腐蚀性和美观时才进行加工，属于低精度平面。

（2）接合平面　这种平面多数属于零部件的连接面，如车床的主轴箱、进给箱与床身的连接平面，一般对精度和表面质量的要求均较高。

（3）导向平面　如各类机床的导轨面，这种平面的精度和表面质量要求很高。

（4）精密工具和量具的工作表面　如钳工的平台、平尺的测量面和计量用量块的测量平面等，这种平面的精度和表面质量要求均极高。

2. 孔和孔系

孔和孔系是由轴承支承孔和许多相关孔组成的。由于它们加工精度要求高、加工难度大，是机械加工中的关键。

二、箱体的类型

箱体的种类很多，按其功用可分为主轴箱、变速箱、操纵箱、进给箱等。

三、箱体的技术特点

图 5-2 所示为机床主轴箱零件图。箱体零件中主轴箱的精度要求最高，现以此为例归纳为以下五项精度要求：

（1）孔的尺寸精度和形状精度　孔的尺寸误差和形状误差会造成轴承与孔的配合不良，因此，对孔的尺寸精度与形状精度要求较高。主轴孔的尺寸公差为 IT6，其余孔为 IT6～IT7。孔的形状精度未做规定，一般控制在尺寸公差范围内即可。

（2）孔的位置精度　同一轴线上各孔的同轴度误差和孔端面对轴线的垂直度误差，会使轴和轴承装配到箱体内时出现歪斜，从而造成主轴径向圆跳动和端面圆跳动，也加剧了轴承磨损。为此，一般同轴上各孔的同轴度约为最小孔径公差的一半。孔系之间的平行度误差会影响齿轮的啮合质量，也须规定相应的精度要求。

（3）孔和平面的位置公差　主要孔和主轴箱安装基面的平行度要求，决定了主轴与床身导轨的位置关系。这项精度是在总装中通过刮研来达到的。为了减小刮研量，一般都要规定主轴轴线对安装基面的平行度公差，在垂直和水平两个方向上，只允许主轴前端向上和向前偏。

（4）主要平面的精度　装配基面的平面度影响主轴箱与床身连接时的接触刚度，并且常作为孔加工的定位基准面，对孔的加工精度直接产生影响，因此规定底面和导向面必须平直。顶面的平面度要求是为了保证箱盖的密封，防止工作时润滑油的泄出；若生产中还需将其顶面作为加工孔的定位基面，对其平面度要求还要提高。

（5）表面粗糙度　重要孔和主要平面的表面粗糙度会影响连接面的配合性质或接触刚度，一般要求主轴孔的表面粗糙度值为 $Ra0.4\mu m$，其余各纵向孔的表面粗糙度值为 $Ra1.6\mu m$，孔的内端面表面粗糙度值为 $Ra3.2\mu m$，装配基准面和定位基准面表面粗糙度值为 $Ra0.63\sim$

$2.5\mu m$，其他平面的表面粗糙度值为 $Ra2.5\sim 10\mu m$。

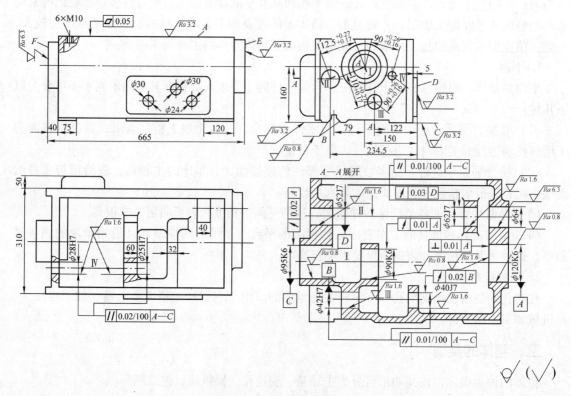

图 5-2　机床主轴箱零件图

四、箱体的材料选择、毛坯选用和热处理

箱体毛坯制造方法有两种，一种是采用铸造，另一种是采用焊接。对于金属切削机床的箱体，由于形状较为复杂，而铸铁具有成形容易、可加工性良好、吸振性好、成本低等优点，所以一般都采用铸铁件；对于动力机械中的某些箱体及减速器壳体等，除要求结构紧凑、形状复杂外，还要求体积小、重量轻等，所以可采用铝合金压铸件为毛坯或压力铸造毛坯，因其制造质量好、不易产生缩孔和缩松而应用十分广泛；对于承受重载和冲击的工程机械、锻压机床的一些箱体，可采用铸钢件或钢板焊接件；对于某些简易箱体，为了缩短毛坯制造周期，也常采用焊接，但焊接件的残余应力较难消除干净。

箱体铸铁材料采用最多的是各种牌号的灰铸铁，如 HT200、HT250、HT300 等。对一些要求较高的箱体，如镗床的主轴箱、坐标镗床的箱体，可采用耐磨铸铁，以提高铸件质量。

毛坯的加工余量与生产批量、毛坯尺寸、结构和铸造方法等因素有关。

箱体材料一般是铸铁，通常铸造后进行的热处理有：

1）去应力退火。目的是消除铸造应力，改善力学性能和机械加工性能。

2）石墨化退火。如果箱体截面尺寸差别较大，薄的截面容易形成白口，必须进行石墨化退火消除白口组织。

3）均匀化退火。比较重要的箱体，需要进行均匀化退火，均匀组织，保证各个截面力学性能一致。

4）其他材料。重要的铝合金箱体为提高力学性能需要进行固溶 + 时效处理。

任务一　箱体孔系加工

一、工作任务

如图 5-2 所示，车床主轴箱上有平行孔系 $\phi95k6$、$\phi90k6$、$\phi120k6$、$\phi52J7$、$\phi62J7$、$\phi64$ 等需要镗削加工，表面粗糙度值为 $Ra0.8 \sim 6.3\mu m$，孔轴线应平行。

二、任务目标

1）熟悉镗床的结构及分类方法。
2）熟悉镗刀的结构及类型。
3）熟悉镗模的结构及选用方法。
4）掌握镗削加工方法。
5）熟悉箱体孔系的检测方法。
6）善于合理安排箱体孔系镗削加工准备工作。
7）学会镗削加工箱体孔系。

三、学习内容

（一）镗削描述

镗削时工件安装在工作台上，刀具随镗床主轴做回转切削运动（主运动）。进给运动根据机床类型不同，有主轴进给和工作台进给。

图 5-3 所示为卧式镗床，它由主轴箱 1、前立柱 2、前支架 3、平旋盘 4、径向刀架 5、主轴 6、工作台 7、上滑座 8、下滑座 9、床身 10、后支架 11 和后立柱 12 等部分组成。加工时，刀具安装在主轴 6 或平旋盘 4 上，由主轴箱获得各种转速和进给量。主轴箱沿前立柱导轨可以上下移动，以适应不同高度工件的加工要求。工件安装在工作台上，可随下滑座、上滑座一起做纵向或横向移动。此外，工作台还可以绕上滑座 8 的圆导轨在水平面内调整至一定的角度位置。当切削端面时，把刀具装在平旋盘 4 的径向刀架中，刀具旋转的同时做径向进给，完成端面加工。

镗削加工工艺范围广，镗床精度高、刚度大，并有微量进给装置可以实现微量进给，因此镗削加工精度较高，一般作为半精加工和精加工。

1. 镗削的加工工艺范围

镗削多用于工件上尺寸精度和位置精度较高的孔和孔系的加工，特别适合于多孔的箱体零件的加工。此外，还可以加工平面及各种沟槽，进行钻孔、扩孔、铰孔，加工大端面及短外圆柱面，加工内外环形槽及内外螺纹等，如图 5-4 所示。

2. 镗削的特点

1）镗削主要是加工外形复杂的大型零件上直径较大的孔及孔系，以及位置精度要求较高的孔和孔系，如机座、箱体、支架等，如图 5-5 所示。

2）镗削加工灵活性大，适应性强，除加工孔外，还可以车外圆、车端面、铣平面，加工尺寸可大可小。

3）镗削加工能获得较好的精度（IT7 ~ IT8）和较小的表面粗糙度值（$Ra0.8 \sim 1.6\mu m$）。

4）镗削加工操作技术要求较高，生产率低。要保证工件的尺寸精度和表面粗糙度，除取

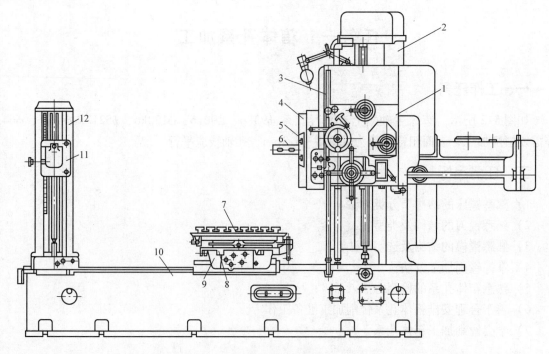

图 5-3　卧式镗床

1—主轴箱　2—前立柱　3—前支架　4—平旋盘　5—径向刀架　6—主轴
7—工作台　8—上滑座　9—下滑座　10—床身　11—后支架　12—后立柱

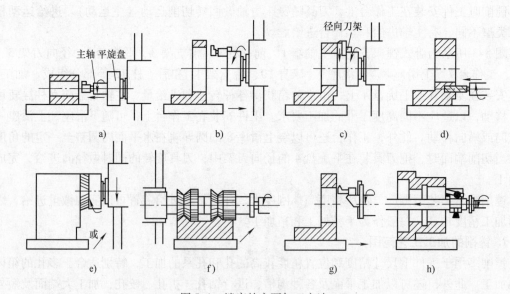

图 5-4　镗床的主要加工方法

a) 镗小孔　b) 镗大孔　c) 车端面　d) 钻孔　e) 铣平面　f) 铣成形面　g)、h) 加工螺纹

决于所用的设备外，更主要的是与工人的技术水平有关，同时花在机床、刀具上的调整时间也较多。镗削加工时参加工作的切削刃少，所以一般情况下，镗削加工生产率较低。若使用镗模可以提高生产率，但一般用于大批量生产。

（二）镗床

1. 镗床的分类

镗床根据结构特点、加工精度、自动化程度等大致分四类，即普通镗床、坐标镗床、专用镗床、数控镗床。其中普通镗床的控制精度为 0.02 ~ 0.1mm，坐标控制是由百分表测杆装置与量块实现的，通常用于对箱体等大型零件上的孔及面的加工，如普通卧式镗床、普通立式镗床、普通铣镗床、转塔式镗（铣、钻）床等。而专用镗床是专门加工某一类工件的镗床，主要用于大批量生产的工业部门，如汽车、拖拉机等生产部门。数控镗床是一种由电子计算机控制的镗床，具有加工精度高、效率高、自动化程度高等特点。自动换刀数控铣床（也叫加工中心），具有自动换刀和程序控制功能，可完成转位及定位、主轴转速和进给量的变换，工件装夹一次就可完成多面的铣削及钻、扩、镗孔各种工序的加工。

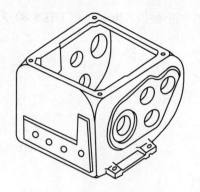

图 5-5　采用镗削加工的箱体

镗床的型号编制，是金属切削机床型号编制的一部分，它反映了镗床的具体类型、主要规格及结构特点等内容。镗床用字母"T"来表示，镗床的组、代号、名称及主参数分类见表 5-1。

表 5-1　镗床的组、代号、名称及主参数分类表

组	代号	名称	折算系数	主参数
深孔镗床	21	深孔钻镗床	1/10	最大镗孔直径
	22	深孔镗床	1/10	最大镗孔直径
坐标镗床	41	立式单柱坐标镗床	1/10	工作台面宽度
	42	立式双柱坐标镗床	1/10	工作台面宽度
	43	卧式单柱坐标镗床	1/10	工作台面宽度
	44	卧式双柱坐标镗床	1/10	工作台面宽度
	46	卧式坐标镗床	1/10	工作台面宽度
立式镗床	51	立式镗床	1/10	最大镗孔直径
	56	立式铣镗床	1/10	镗轴直径
	57	转塔式铣镗床	1/10	最大镗孔直径
卧式铣镗床	61	卧式镗床	1/10	镗轴直径
	62	落地镗床	1/10	镗轴直径
	63	卧式铣镗床	1/10	镗轴直径
	64	短床身卧式铣镗床	1/10	镗轴直径
	65	刨台卧式铣镗床	1/10	镗轴直径
	66	立卧复合铣镗床	1/10	镗轴直径
	69	落地铣镗床	1/10	镗轴直径
精镗床	70	单面卧式精镗床	1/10	工作台面宽度
	71	双面卧式精镗床	1/10	工作台面宽度
	72	立式精镗床	1/10	最大镗孔直径
	73	十字工作台立式精镗床	1/10	最大镗孔直径
	78	多工位立式精镗床	1/10	最大镗孔直径
汽车拖拉机修理用镗床	80	气缸镗床	1/10	最大镗孔直径
	81	缸体轴瓦镗床	1/10	最大镗孔直径
	82	连杆瓦镗床	1/10	最大镗孔直径
	83	制动鼓镗床	1/10	最大镗孔直径
	84	卧式制动鼓镗床	1/10	最大镗孔直径
	85	气门座镗床	1	最大镗孔直径
	86	气缸磨镗床	1/10	最大镗孔直径
其他镗床	90	卧式电机座镗床	1/10	最大镗孔直径

下面以 TM6110 和 THK6380 为例，来说明镗床型号的阅读方法。

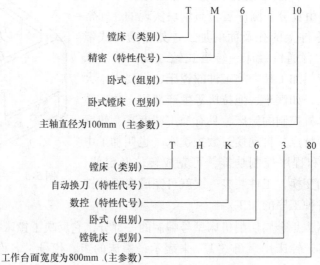

2. 镗床

镗床的主要工作是用镗刀进行镗孔，此外，还可进行钻孔加工。镗床可以分为卧式镗床、坐标镗床及金刚镗床等。

（1）卧式镗床　卧式镗床因其工艺范围广泛而得到普遍使用，尤其适应大型、复杂的箱体零件精度要求高的镗孔加工。卧式镗床除镗孔外，还可车端面、铣平面、车外面、车螺纹及钻孔等。零件可在一次安装中完成大量的加工工序。卧式镗床的外形如图 5-3 所示，主轴箱 1 可沿前立柱 2 的导轨上下移动。在主轴箱中，装有主轴 6、平旋盘 4、主运动和进给运动变速传动机构及操纵机构。

根据加工情况，刀具可以装在主轴 6 上，如图 5-4a、d、f、h 所示；也可装在平旋盘 4 上，如图 5-4b、c、e、g 所示。主轴 6 旋转（主运动），并可沿轴向移动（进给运动）；平旋盘只能做旋转主运动。装在后立柱 12 上的后支架 11，用于支承悬伸长度较大的镗刀杆的悬伸端，以增加刚性，如图 5-4f 所示。后支架可沿后立柱上的导轨与主轴箱同步升降，以保持后支架支承孔与镗刀杆在同一轴线上。后立柱可沿床身 10 的导轨移动，以适应镗刀杆的不同悬伸长度。工件安装在工作台 7 上，可与工作台一起随下滑座 9 或上滑座 8 做纵向或横向移动。工作台还可绕上滑座的圆导轨在水平面内转位，以便加工互相成一定角度的平面或孔。当刀具装在平旋盘 4 的径向刀架上时，径向刀架可带着刀具做径向进给，以车削端面，如图 5-4c 所示。

综上所述，卧式镗床具有下列运动：

1）主轴 6 的旋转主运动。

2）平旋盘 4 的旋转主运动。

3）主轴 6 的轴向进给运动，用于加工，如图 5-4a、d、h 所示。

4）主轴箱 1 的垂直进给运动，用于铣平面，如图 5-4e 所示。

5）工作台 7 的纵向进给运动，用于孔加工，如图 5-4b、g 所示。

6）工作台 7 的横向进给运动，用于铣平面，如图 5-4e、f 所示。

7）平旋盘 4 上径向刀架 5 的进给运动，用于车削端面，如图 5-4c 所示。

8）辅助运动：主轴、主轴箱及工作台在进给方向上的快速调位运动，后立柱的纵向调位运动，后支架的垂直调位移动，工作台的转位运动，这些辅助运动可以手动，也可以由快速电动机传动。

（2）其他类型镗床

1）坐标镗床。坐标镗床是一种高精密机床，主要用于镗削高精度的孔，特别适用于加工相互位置精度很高的孔系，如钻模、镗模等的孔系。由于机床上具有坐标位置的精密测量装置，加工孔时，按直角坐标来精密定位，所以称为坐标镗床。坐标镗床还可以进行钻孔、扩孔、铰孔以及精铣工作。此外，还可以进行精密刻度、样板划线、孔距及直线尺寸的测量等工作，所以坐标镗床是一种万能性能强的精密机床。

坐标镗床有立式的，也有卧式的，立式坐标镗床适用于加工轴线与安装基面垂直的孔系和铣削顶面；卧式坐标镗床适用于加工与安装基面平行的孔系和铣削侧面。立式坐标镗床还有单柱、双柱之分。图 5-6 所示即为立式单柱坐标镗床。工件固定在工作台 3 上，坐标位置由工作台 3 沿滑座 2 的导轨纵向移动（X 方向）和滑座 2 沿底座 1 的导轨横向移动（Y 方向）实现。装有主轴组件的主轴箱 5 可以在立柱 4 的竖直导轨上调整上下位置，以适应不同高度的工件。主轴箱内装有主电动机和变速、进给及操纵机构，主轴由精密轴承支承在主轴套筒中，当进行镗孔、钻孔、扩孔及铰孔时，主轴由主轴套筒带动，在竖直方向做机动或手动进给运动。当进行铣削时，则由工作台在纵、横方向完成进给运动。

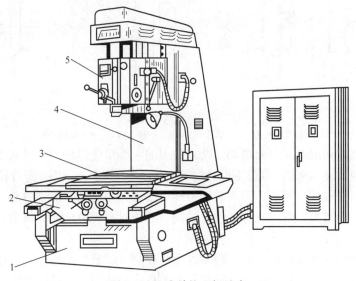

图 5-6　立式单柱坐标镗床
1—底座　2—滑座　3—工作台　4—立柱　5—主轴箱

2）数控自动换刀镗床。数控自动换刀镗床又称加工中心。机床除了具有数字程序控制装置来控制其自动工作外，其最大的特点是机床有能储存数十把刀具的刀库以及能自动换刀的机械手。加工前按照工件工艺过程编好程序，加工时由数字程序控制装置控制机床进行切削加工、换刀以及全部工作循环。由于刀库可储存各种刀具，能对工件依次进行钻、扩、铣、镗、铰和攻螺纹等加工，故适用于加工工序多的复杂箱体工件。当工件更换时，只需更换程序和刀库中的刀具，机床调整较方便，自动化程度高，特别适合中小批量生产。

（三）镗刀

镗刀是在车床、镗床、自动机床及组合机床上使用的孔加工刀具。镗刀种类很多，按切削刃数量可分为单刃镗刀和双刃镗刀。

1. 单刃镗刀

单刃镗刀适用于孔的粗、精加工。单刃镗刀的切削效率低，对工人操作技术要求高。加工小直径孔的镗刀通常做成整体式，加工大直径孔的镗刀可做成机夹式。图 5-7 所示为机夹式单刃镗刀，它的刀杆可长期使用，可节省制造刀杆的工时和材料。刀头通常做成正方形或圆形。正方形刀头的强度与刚度是直径与其边长相等的圆形刀头的80%～100%，故在实际生产中都采用正方形刀头。刀杆不宜太细太长，以免切削时产生振动。刀杆、刀头尺寸与镗孔直径的关系见表5-2。为了使刀头在刀杆内有较大的安装长度，并具有足够的位置安置压紧螺钉和调节螺钉，在镗不通孔或阶梯孔时，刀头在刀杆上的安装倾斜角一般取10°～45°；镗通孔时取0°，以便于刀杆的制造。通常压紧螺钉从镗刀杆端面或顶面来压紧刀头，如图5-7所示。在设计不通孔镗刀时，应使压紧螺钉不影响镗刀的切削工作。在刀杆上可设置调节螺钉来调节镗刀的伸出长度。

表5-2　刀杆、刀头尺寸与镗孔直径的关系

镗孔直径/mm	32～28	40～50	51～70	71～85	86～100	101～140	141～200
刀杆直径/mm	24	32	40	50	60	80	100
刀头直径（或长度）/mm	8	10	12	16	18	20	24

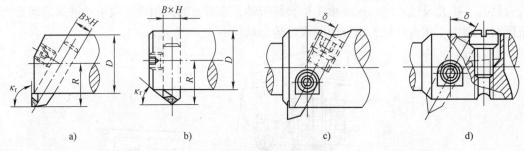

图5-7　机夹式单刃镗刀
a）不通孔镗孔刀　b）通孔镗刀　c）阶梯孔镗刀　d）阶梯孔镗刀

镗刀的刚性差，切削时易引起振动，所以镗刀的主偏角选得较大，以减小背向力。镗铸件孔或精镗时，一般取 $\kappa_r = 90°$；粗镗钢件孔时，取 $\kappa_r = 60°～75°$，以提高刀具的寿命。刀杆上刀孔通常对称于刀杆轴线，因而，刀头装入刀孔后，刀尖一定高于工件中心，而使切削时工作前角减小，工作后角增大，所以在选择镗刀的前、后角时要相应地增大前角，减小后角。

2. 微调镗刀

单刃镗刀尺寸调节较费时间，调节精度也不易控制。随着生产的发展需要，出现了许多新型的微调镗刀。例如：在坐标镗床、自动线和数控机床上使用的一种微调镗刀，它具有结构简单、制造容易、调节方便、调节精度高等优点。图5-8所示为微调镗刀，调节时，先将锁紧螺钉松开，旋转带刻度的微调螺母，使镗刀达到要求尺寸，再旋紧锁紧螺钉即可。刀头与刀杆轴向倾斜53°8′，微调螺母的螺距为0.5mm，其上刻线有40格，螺母每转动一格，刀头沿刀杆径向移动量为 $(0.5\,\text{mm}/40) \times \sin53°8′ = 0.01\,\text{mm}$。微调镗刀使用方便，常用于数控机床和组合机床上。

3. 双刃镗刀

常用的双刃镗刀有固定式镗刀块和浮动镗刀。

（1）固定式镗刀块　高速钢固定式镗刀块如图5-9所示，也可制成焊接式或可转位式硬质合金镗刀块。固定式镗刀块用于粗镗或半精镗直径大于40mm的孔。工作时，镗刀块可通过楔块或者在两个方向倾斜的螺钉等夹紧在刀杆上。安装后，刀块相对轴线的不垂直、不平行与不对称，都会造成孔径扩大，所以，刀块与刀杆上方孔的配合要求较高，方孔对轴线的垂直度与对称度误差不大于0.01mm。

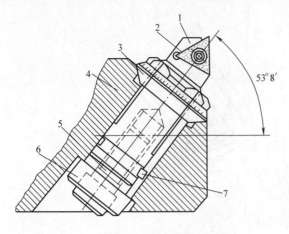

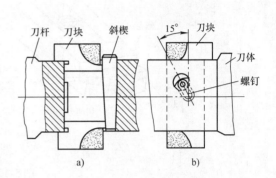

图 5-8　微调镗刀　　　　　　　　　　图 5-9　高速钢固定式镗刀

1—刀体　2—刀片　3—微调螺母　4—刀杆　　　a) 斜楔夹紧　b) 螺钉压紧

5—锁紧螺钉　6—螺母　7—防转销

固定式镗刀块镗削通孔时 $\kappa_r = 45°$，镗削不通孔时取 $\kappa_r = 90°$，而 γ_o 取 5°～10°，α_o 取 8°～12°，修光刃起导向和修光作用，一般取 $L = (0.1～0.2) d_w$。

（2）浮动镗刀　镗孔时，浮动镗刀装入刀杆的方孔中，不需夹紧，通过作用在两侧切削刃上的切削力来自动平衡其切削位置，因此它能自动补偿由刀具安装误差、机床主轴偏差而造成的加工误差，能获得较高的标准公差等级（IT6～IT7）。加工铸件孔时，表面粗糙度值达 $Ra0.2～0.8\mu m$，加工钢件时达 $Ra0.4～1.6\mu m$，但它无法纠正孔的直线度误差和位置误差，因而要求预加工孔的直线性好，表面粗糙度值不大于 $Ra3.2\mu m$。浮动镗刀结构简单、刃磨方便，但操作费事，加工孔径不能太小，刀杆上方孔制造较难，切削效率低于铰孔，因此适用于单件、小批生产加工直径较大的孔，特别适用于精镗孔径大（$d > 200mm$）而深（$L/d > 5$）的筒件和管件孔。

浮动镗刀可分为整体式、可调焊接式和可转位式。

1）整体式。通常用高速钢制作或在 45 钢刀体上焊两块硬质合金刀片。制造时直接磨到尺寸，不能调节，适用于零件品种规格多、批量小、生产周期短的加工。

2）可调焊接式。如图 5-10a 所示，它由刀体 1、紧固螺钉 2 及调节螺钉 3 组成。调节尺寸时，稍微松开紧固螺钉 2、旋转调节螺钉 3 推动刀体，就可增大尺寸，一般调节量为 3～10mm。

3）可转位式。图 5-10b 所示为可转位式浮动镗刀，它由刀体 1、压紧螺钉 5、调节螺钉 3、压板 4、销子 6、刀片 7 等组成。销子 6 压入刀垫的 3°斜面上，将刀片 7 套在销子 6 上，旋转压紧螺钉 5，压板 4 向下移动，压板 4 的 3°斜面将刀片楔紧在销子 6 上。压板靠调节螺钉 3 顶紧定位，刀片承受切削力时不会松动。硬质合金刀片的切削刃磨损后，可转位后继续使用。当刀片上的两刃都磨损后可进行重磨。只需旋松调节螺钉 3 和压紧螺钉 5，便可方便地装卸刀片、调节直径尺寸，一般调节范围在 1～6mm 内。

浮动镗刀的主偏角 κ_r 取得很小，通常取为 1°30′～2°30′，若 κ_r 取得过大，而使进给力增大，从而引起镗刀在刀孔中的摩擦力过大，将失去浮动作用。刀杆上装浮动镗刀的方孔对称于刀杆中心线，因而镗刀工作时，主切削刃比工件中心线高 $0.5H$（H 为浮动镗刀刀体的厚度）。由于刀体较厚，所以实际切削前角为负值，切削铜和铸铁时影响不大，而切削韧性材料时切削条件较差。所以在选择前角时，必须考虑工作前角的变化值，以保证切削轻快和加工表面质量。一般切削铸件时前角取 0°，切削钢时取 6°～8°。

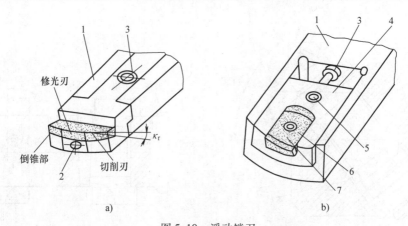

图 5-10　浮动镗刀
a) 可调焊接式　b) 可转位式
1—刀体　2—紧固螺钉　3—调节螺钉　4—压板　5—压紧螺钉　6—销子　7—刀片

浮动镗刀切削时若工作后角过大，易引起振动，影响切削速度的提高。因此在选择浮动镗刀的后角时，应考虑工作时后角的变化值，以保证实际工作后角为 6°。

浮动镗刀工作时，其镗削用量为：$v_c = 5 \sim 8\text{m/min}$、$f = 0.5 \sim 1\text{mm/r}$、$a_p = 0.03 \sim 0.06\text{mm}$。加工钢时采用乳化油或硫化切削油，加工铸铁时采用煤油或柴油作为切削液。

（四）镗模

镗模又称镗床夹具，与钻床夹具相似，除有一般元件外，也采用了引导刀具的镗套。镗套按照工件被加工孔系的坐标布置在一个或几个专门的零件即导向支架（镗模架）上。镗模主要用于保证箱体工件孔及孔系的加工精度。

1. 镗床夹具结构

对于不同的工件、不同的镗床，镗模的结构也不尽相同，但其基本结构组成是一致的。

（1）镗套　镗套的结构形式和精度直接影响被加工孔的精度和表面粗糙度。常用的镗套有以下两类：

1）固定式镗套。图 5-11 所示即为固定式镗套，它与快换钻套相似，加工时镗套不随刀杆运动。A 型不带油杯和油槽，靠刀杆上开的油槽润滑；B 型则带油杯和油槽，使刀杆和镗套之间能充分地润滑，从而减小镗套的磨损。固定式镗套的优点是外形尺寸小、结构简单、精度高，但易磨损，只适用于低速镗孔。一般摩擦线速度 $v < 0.3\text{m/s}$。

2）回转式镗套。回转式镗套随刀杆一起转动，刀杆与镗套之间只有轴向相对移动，无相对转动，减小了摩擦。也不会因摩擦发热而出现"卡死"现象，适用于高速镗孔。回转式镗套又可分为滑动式回转镗套、滚动式回转镗套和立式滚动回转镗套三种，其结构如图 5-12 所示。

（2）刀杆　图 5-13 所示为用于固定式镗套的刀杆导向部分结构。当刀杆导向部分直径 $d < 50\text{mm}$ 时，刀杆常采用整体式结构。图 5-13a 所示为开油槽的刀杆。刀杆与镗套接触面积大，磨损大，若切屑从油槽内进入镗套，会出现"卡死"现象。图 5-13b、c 所示为有较深直槽和螺旋槽的刀杆，这种结构可减小刀杆与镗套的接触面积，沟槽内有一定的存屑能力，可避免"卡死"现象。当 $d < 50\text{mm}$ 时，采用图 5-13d 所示的镶条结构。镶条宜选用摩擦因数小和耐磨的材料。

图 5-14 所示为用于回转镗套的刀杆引进结构。如图 5-14a 所示，在刀杆前端设置平键，键下装压缩弹簧，键的前部有斜面，适用于开有键槽的镗套。无论刀杆以何位置进入镗套，平

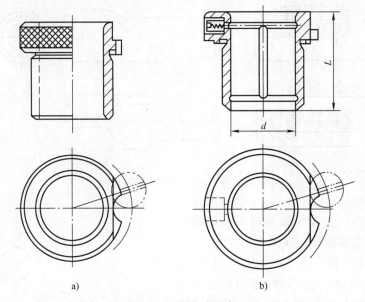

图 5-11　固定式镗套

a）不带油杯的固定镗套　b）带油杯的固定镗套

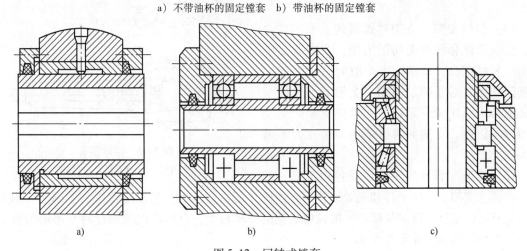

图 5-12　回转式镗套

a）滑动式回转镗套　b）滚动式回转镗套　c）立式滚动回转镗套

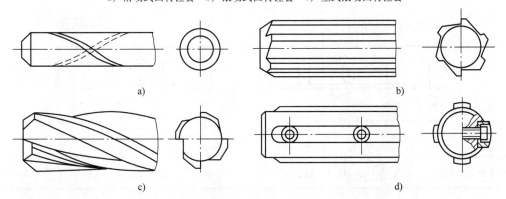

图 5-13　用于固定式镗套的刀杆导向部分结构

a）开油槽刀杆　b）螺旋槽刀杆　c）直槽镗杆　d）镶条式刀杆

键均能自动进入键槽，带动镗套回转。如图 5-14b 所示，刀杆上开有键槽。

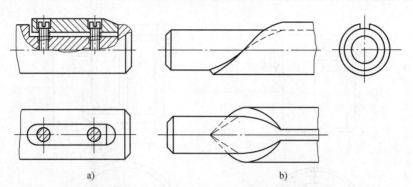

图 5-14　用于回转镗套的刀杆引进结构

a）带键式刀杆　b）开键槽刀杆

（3）浮动接头　双支承镗模的刀杆均采用浮动接头与机床主轴连接。如图 5-15 所示，刀杆 1 上的拔销 3 插入接头体 2 的槽中，刀杆与接头体间留有浮动间隙，接头体的锥柄安装在主轴锥孔中。主轴的回转可通过接头体、拔销传给刀杆。

（4）镗模支架　支架是镗模的主要零件之一，供安装镗套和承受切削力用，要求有足够的刚性和稳定性，在结构上一般要有较大的安装基面和设置必要的加强筋。支架上不允许安装夹紧机构或承受夹紧应力，以免支架产生变形而破坏精度。支架的典型结构和尺寸可参考表 5-3。

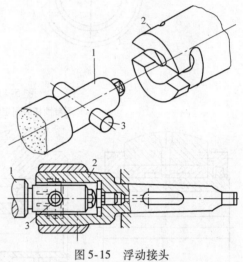

图 5-15　浮动接头

1—刀杆　2—接头体　3—拔销

（5）底座　镗模底座要承受包括工件、刀杆、镗套、支架、定位元件和夹紧装置等在内的全部重量，以及加工过程中的切削力，因此，底座要有高的刚度、高的强度。一般镗模底座的壁厚较大，且底座内腔设计有十字形加强筋，底座的典型结构和尺寸见表 5-4。

表 5-3　镗模支架的典型结构和尺寸　　　　　　　　　（单位：mm）

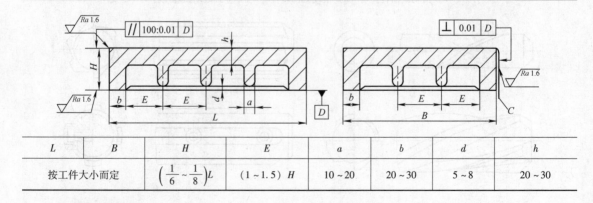

L	B	H	E	a	b	d	h
按工件大小而定	$\left(\frac{1}{6} \sim \frac{1}{8}\right)L$	$(1 \sim 1.5)H$	$10 \sim 20$	$20 \sim 30$	$5 \sim 8$	$20 \sim 30$

2. 双支承镗模

双支承镗模上有两个引导刀杆的支承，镗孔的位置精度由镗模保证，不受机床主轴精度的影响。

（1）前后双支承镗模　图 5-16 所示为镗削车床尾座孔镗模，镗模的两个支承分别设置在刀具的前方和后方，刀杆 9 和主轴间通过浮动接头 10 连接。工件以底面、槽及侧面在定位板 3、4 及可调支承螺钉 7 上定位，限制六个自由度，采用联动夹紧机构，拧紧夹紧螺钉 6，压板 5、8 同时将工件夹紧。镗模支架 1 上装有浮动回转镗套 2，用以支承和引导刀杆。镗模以底面 A 安装在机床工作台上，其位置用 B 面找正。

表 5-4　底座的典型结构和尺寸

型式	B	L	H	s_1，s_2	l	a	b	c	d	e	h	k
I	$\left(\dfrac{1}{2} \sim \dfrac{3}{5}\right)H$	$\left(\dfrac{1}{3} \sim \dfrac{1}{2}\right)H$	按工件相应尺寸取		10 ~ 20	15 ~ 25	30 ~ 40	3 ~ 5		20 ~ 30	20 ~ 30	3 ~ 5
II	$\left(\dfrac{2}{3} \sim 1\right)H$	$\left(\dfrac{1}{3} \sim \dfrac{2}{3}\right)H$										

注：本表材料为铸铁，对铸铜件，其厚度可减薄。

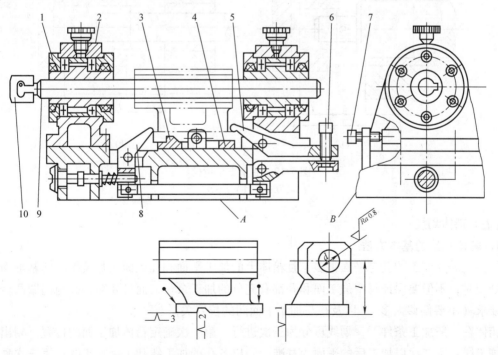

图 5-16　镗削车床尾座孔镗模
1—镗模支架　2—浮动回转镗套　3、4—定位板
5、8—压板　6—夹紧螺钉　7—可调支承螺钉　9—刀杆　10—浮动接头

前后双支承镗模一般用于镗削孔径较大、孔的长径比 $L/D > 1.5$ 的孔或孔系，加工精度较高，但更换刀具不方便，当工件同一轴线的孔较多、两支承间距离 $L > 10D$ 时，应增设中间支承，以提高刀杆刚度。

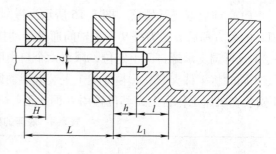

图 5-17　后双支承镗模

（2）后双支承镗模　图 5-17 所示为后双支承镗模，双支承设置在刀具的后方，为保证刀杆的刚度，刀杆的悬伸量 $L_1 < 5d$；为保证镗孔精度，两个支承的导向长度 $L >$（1.25 ~ 1.5）L_1。后双支承镗模可在箱体的一个壁上镗通孔或不通孔。此类镗模便于装卸工件、刀具，也便于观察和测量。

3. 单支承镗模

这类镗模只有一个导向支承，刀杆与主轴采用固定连接。安装镗模时，应使镗套轴线与机床主轴轴线重合。主轴的回转精度将影响镗孔精度。根据支承相对刀具的位置，单支承镗模又可分为以下两种：

1）前单支承镗模。如图 5-18 所示，镗模支承设置在刀具的前方。

2）后单支承镗模。如图 5-19 所示，镗模支承设置在刀具的后方。

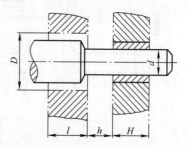

图 5-18　前单支承镗模

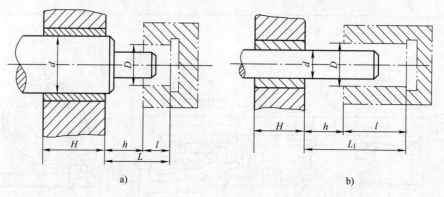

a)　　　　　　　　　　　　b)

图 5-19　后单支承镗模

a) $L < D$　b) $L \geqslant D$

（五）箱体划线

1. 箱体划线的基本方法

箱体上需要加工的孔与平面很多，且箱体上的加工平面和孔表面又是装配时的基准面，因此在划线时，不但要保证每个加工面和孔都有充分的加工余量，而且要兼顾孔与内壁凸台的同轴度要求（不要偏移太多），以及孔与加工平面间的位置关系。

箱体在一般加工条件下，划线可分为三次进行：第一次确定箱体加工面的位置，划出各平面的加工线；第二次以加工后的平面为基准，划出各孔的加工线和十字找正线；第三次划出与加工后的孔和平面尺寸有关的螺孔、油孔等加工线。

划线时，除按一般划线时选择基准、找正、借料外，还要掌握以下要点：

1）划线前必须仔细检查毛坯质量，有严重缺陷和很大误差毛坯时，就不要勉强划线，避免出现废品和浪费工时。

2）认真掌握技术要求，如箱体工件的外观要求、精度要求和几何公差要求。分析箱体的加工部位与装配工件的相互关系，避免因划线前考虑不周而影响工件的装配质量。

3）了解零件机械加工工艺路线，知道各加工部位应划的线与加工工艺的关系，确定划线的次数和每次要划哪些线，避免因所划的线被加工掉而重划。

4）第一划线位置应该是选择待加工表面和非加工表面比较重要和比较集中的位置，这样有利于划线时能正确找正和及早发现毛坯的缺陷，既保证了划线质量，又可减少工件的翻转次数。

5）箱体工件划线，一般都要准确地划出十字找正线，为划线后的刨、铣、镗、钻等加工工序提供可靠的找正依据。一般常以基准孔的轴线作为十字找正线，划在箱体的长而平直的部位，以便提高找正的精度。

6）第一次划出的箱体十字找正线，在经过加工以后每次划线时，必须以已加工的面作为基准面，划出新的十字找正线，以备下道工序找正。

7）为避免和减少翻转次数，其垂直线可利用角尺或角铁一次划出。

8）某些箱体，其内壁不需加工，而且装配齿轮或其他零件的空间又较小，在划线时要特别注意找正箱体内壁，以保证加工后能顺利装配。

2. 箱体划线实例

对于不同生产批量，划线方法不同。现以车床主轴箱为例来说明。

1）小批生产时，由于毛坯精度较低，一般采用划线装夹，其方法如下：

首先将箱体用千斤顶安放在平台上（图5-20a），调整千斤顶，使主轴孔 I 和 A 面与台面基本平行，D 面与台面基本垂直，根据毛坯的主轴孔划出主轴孔的水平线 I—I，在四个面上均要划出，作为第一找正线。划此线时，应根据图样要求，检查所有加工部位在水平方向是否均有加工余量，若有的加工部位无加工余量，则需要重新调整 I—I 线的位置，做必要的借正，直到所有的加工部位均有加工余量，才将 I—I 最终确定下来。I—I 确定之后，即画出 A 面和 C 面的加工线。然后将箱体翻转90°，D 面一端置于三个千斤顶上，调整千斤顶，使 I—I 与台面垂直（用大角尺在两个方向上找正），根据毛坯的主轴孔并考虑各加工部位在垂

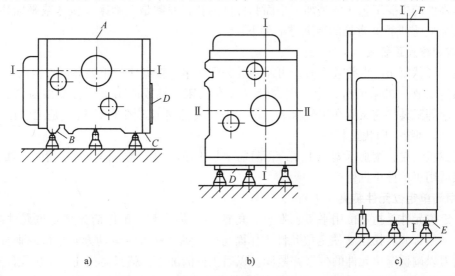

a)　　　　　　　　　　b)　　　　　　　　　　c)

图 5-20　主轴箱的划线

直方向的加工余量，按照上述同样的方法划出主轴孔的垂直轴线Ⅱ—Ⅱ作为第二找正线（图5-20b），也在四个面上均画出。依据Ⅱ—Ⅱ线画出 D 面加工线。再将箱体翻转 $90°$（图5-20c），将 E 面一端置于三个千斤顶上，使Ⅰ—Ⅰ线和Ⅱ—Ⅱ线与台面垂直。根据凸台高度尺寸，先画出 F 面，然后画出 E 面加工线。

加工箱体平面时，按线找正装夹工件，这样，就体现了以主轴孔为粗基准。

2）大批大量生产时，毛坯精度较高，可直接以主轴孔在夹具上定位，采用图5-21所示的专用夹具装夹。

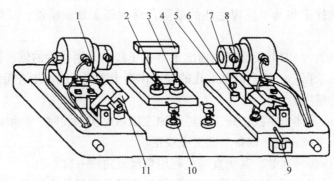

图5-21　以主轴孔为粗基准铣顶面的夹具
1、3、5—支承　2—辅助支承　4—支架　6—挡销　7—短轴　8—活动支柱
9—手柄　10—螺杆　11—夹紧块

先将工件放在支承1、3、5上，并使箱体侧面紧靠支架4，端面紧靠挡销6，进行工件预定位。然后操纵手柄9，将液压控制的两个短轴7伸入主轴孔中。每个短轴上有三个活动支柱8，分别顶住主轴孔的毛面，将工件抬起，离开支承1、3、5。这时，主轴孔轴线与两短轴轴线重合，实现了以主轴孔为粗基准定位。为了限制工件绕两短轴的回转自由度，在工件抬起后，调节两可调支承，辅以简单找正，使顶面基本成水平，再用螺杆10调整辅助支承2，使其与箱体底面接触。最后操纵手柄9，将液压控制的两个夹紧块11插入箱体两端相应的孔内夹紧，即可加工。

（六）箱体安装

箱体零件的主要工艺任务是加工平面和各种内孔，通常是在刨床（铣床或平面磨床）、镗床（或车床）上进行。常见的装夹方法如下：

1. 按划线找正装夹

当毛坯形状复杂、误差较大时，可用划线分配余量，按划线找正装夹。先根据工件粗基准划线，然后安放在机床工作台上，用划针（装在机床主轴或床头上）按划线位置，用垫铁、压板、螺栓等工具将它夹压在工作台上，进行平面或孔加工。图5-22所示是工件在镗床上按1、2、3三个划线方向找正装夹。

划线找正装夹，增加了划线工序，而且需要技术较高的工人，操作费事费时，加工误差也大，故只适用于单件小批生产。

2. 用简单定位元件装夹

简单定位元件是指定位用平板、平尺、角铁和Ｖ形块等。工作前先将定位元件装在机床工作台上，用百分表找正（使定位元件工作面与机床纵、横进给运动方向平行或垂直），或装上工件试刀以调整定位元件的位置并紧固。以后工件的加工，就只需按简单定位元件定位，再用压板、螺栓等工具压紧就可以了。图5-23所示是在铣床上用平板和平尺以两个已加工面定位加工垂直面。

这种装夹方法，一般用在工件已有 1 ~ 3 个已加工表面的情况下。它简单、方便、成本低，一套定位元件对多种工件都可使用。但定位的可靠性差，工件的装卸比较费时，适用于单件小批生产。

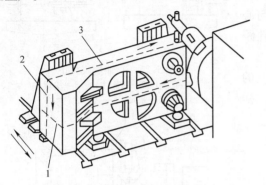

图 5-22　工件按三个划线方向找正装夹

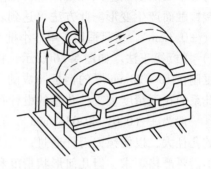

图 5-23　工件用简单定位元件在铣床上定位

3.　划线与简单定位元件配合使用装夹

以一个已加工表面作为主要定位基准，将工件安放在简单定位元件上；再用装在机床主轴或机头上的划针，按划线找正工件其余方向的位置；然后夹紧。图 5-24 所示是将工件已加工面装在平板上，按线找正后压紧进行镗孔。

4.　采用夹具装夹

采用夹具装夹，工件定位可靠，装卸迅速方便，但箱体零件的夹具一般比较复杂，体积庞大，成本高，且制造周期长，因此只适用于成批大量生产精度要求较高的箱体零件。

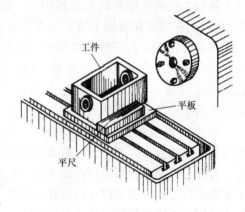

图 5-24　划线与简单定位元件配合使用装夹

为熟悉箱体划线过程，本例采用第一种装夹方法，即划线找正法，将箱体安装在铣床工作台上，用螺栓压板压紧。

（七）箱体孔系的加工方法

箱体上一系列有相互位置精度要求的孔称为孔系。孔系可分为平行孔系、同轴孔系和交叉孔系。孔系加工是箱体加工的关键。根据箱体批量的不同和孔系精度要求的不同，所用的加工方法也不一样，下面分别讨论。

1.　平行孔系的加工方法

平行孔系的主要技术要求为：各平行孔中心线之间及孔中心线与基准面之间的尺寸精度和相互位置精度。生产中常采用以下几种方法保证孔系的位置精度。

（1）用找正法加工孔系　　找正法的实质是在通用机床（如铣床、普通镗床）上，依据操作者的技术，并借助一些辅助装置去找正每一个被加工孔的正确位置。根据找正的手段不同，找正法又可分为划线找正法、量块心轴找正法、样板找正法等。

1）划线找正法。加工前先在毛坯上按图样要求划好各孔位置轮廓线，加工时按划线找正进行装夹。这种方法所能达到的孔距精度一般为 ±0.5mm 左右。此方法所用设备简单，但操作难度大，生产率低，加工精度低，并受操作者技术水平和采用的方法影响较大，故仅适用于单件小批生产。

2）心轴量块找正法。如图 5-25 所示，将精密心轴分别插入机床主轴孔和已加工孔中，然后用一定尺寸的量块组合来找正心轴的位置。找正时，在量块与心轴之间要用塞尺测定间隙，以免量块与心轴直接接触而产生变形。此方法可达到较高的孔距精度（±0.3mm），但只适用于单件小批生产。

3）样板找正法。如图 5-26 所示，将工件上的孔系复制在 10～20mm 厚的钢板制成的样板上，样板上孔系的孔距精度较工件孔系的设计孔距精度高［一般为 ±（0.01～0.03）mm］，孔径较工件的孔径大，以便镗刀刀杆通过；孔的直径精度不需要严格要求，但几何形状精度和表面粗糙度要求较高，以便找正。使用时，将样板装于被加工孔的箱体端面上（或固定于机床工作台上），利用装在机床主轴上的百分表找正，按样板上的孔逐个找正机床主轴的位置进行加工。该方法加工孔系不易出差错，找正迅速，孔距精度可达 ±0.05mm，工艺装备也不太复杂，常用于加工大型箱体的孔系。

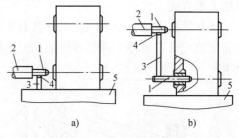

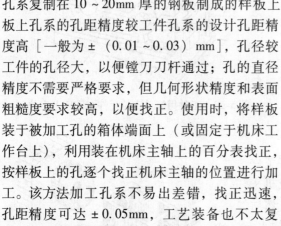

图 5-25　心轴量块找正
1—心轴　2—镗床主轴　3—块规
4—塞尺　5—工作台

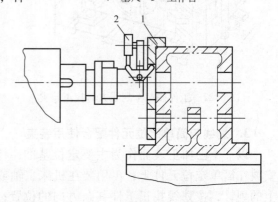

图 5-26　样板找正
1—样板　2—千分尺

（2）用镗模加工孔系　如图 5-27 所示，工件装夹在镗模上，镗刀刀杆被支承在镗模的导套里，由导套引导刀杆在工件的正确位置镗孔。刀杆与机床主轴多采用浮动连接，机床精度对孔系加工精度影响较小，孔距精度主要取决于镗模的精度，因而可以在精度较低的机床上加工出精度较高的孔系；刀杆刚度大大提高，有利于采用多刀同时切削；定位夹紧迅速，不需找正，生产率高。因此不仅在中批生产中普遍采用镗模技术加工孔系，就是在小批生产中，对一些结构复杂、加工量大的箱体孔系，采用镗模加工也是合算的。

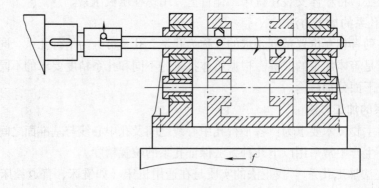

图 5-27　镗模法加工孔系

由于镗模自身的制造误差和导套与刀杆的配合间隙对孔系加工精度有一定影响，所以，该方法不可能达到很高的加工精度。一般孔径尺寸精度为 IT7 左右，表面粗糙度值为 $Ra0.8$～$1.6\mu m$；孔与孔的同轴度和平行度，从一头开始加工时可达到 0.02～0.03mm，从两头加工时可达到 0.04～0.05mm；孔距精度一般为 ±0.05mm 左右。对于大型箱体零件来说，由于镗模体积庞大、笨重，给制造和使用带来困难，故很少采用。

用镗模加工孔系，既可以在通用机床上进行，也可以在专用机床或组合机床上进行。

（3）用坐标法加工孔系　坐标法镗孔是在普通卧式镗床、坐标镗床或数控镗铣床等设备上，借助于精密测量装置，调整机床主轴与工件间在水平和垂直方向的相对位置，来保证孔心距精度的一种镗孔方法。

采用坐标法加工孔系时，要特别注意选择基准孔和镗孔顺序，否则，坐标尺寸累积误差会影响孔距精度。基准孔应尽量选择本身尺寸精度高、表面粗糙度值小的孔（一般为主轴孔），这样在加工过程中，便于校验其坐标尺寸。孔距精度要求较高的两孔应连在一起加工；加工时，应尽量使工作台朝同一方向移动，因为工作台往复移动，其间隙会产生误差，影响坐标精度。

现在国内外许多机床厂，已经直接用坐标镗床或加工中心来加工一般机床箱体。这样就可以加快生产周期，适应机械行业多品种小批量生产的需要。

2. 同轴孔系的加工方法

在中批以上生产中，一般采用镗模加工同轴孔系，其同轴度由镗模保证；当采用精密刚性主轴组合机床从两端同时加工同轴线的各孔时，其同轴度则由机床保证，可达 0.01mm。

单件小批生产时，在通用机床上加工，且一般不使用镗模。保证同轴线孔的同轴度有下列方法：

（1）利用已加工孔作为支承导向　如图 5-28 所示，当箱体前壁上的孔加工完后，在该孔内装一导套，支承和引导镗刀加工后壁上的孔，以保证两孔的同轴度要求。此方法适用于加工箱体壁相距较近的同轴线孔。

（2）利用镗床后立柱上的导向套支承刀杆　采用这种方法时，刀杆是两端支承，刚性好，但立柱导套的位置调整麻烦、费时，往往需要用心轴量块找正，且需要用较长的刀杆。此方法多用于大型箱体的同轴孔系加工。

（3）采用调头镗法　当箱体箱壁相距较远时，宜采用调头镗法。如图 5-29 所示，在工件的一次安装中，当箱体一端的孔加工后，将工作台回转 180°，再加工箱体另一端的同轴线孔。调头镗不用夹具和长刀杆，准备周期短；刀杆悬伸长度短，刚度好；但需要调整工作台的回转误差和调头后主轴应处于正确位置，比较麻烦，又费时。调头镗的调整方法如下：

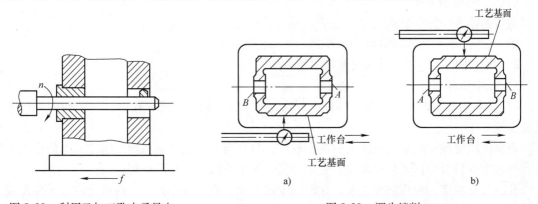

图 5-28　利用已加工孔支承导向　　　　　　图 5-29　调头镗削
　　　　　　　　　　　　　　　　　　　　　a）第一工位　b）第二工位

1）找正工作台回转轴线与机床主轴轴线相交，定好坐标原点。其方法如图 5-29a 所示，将百分表固定在工作台，回转工作台 180°，分别测量主轴两侧，使其误差小于 0.01mm，记下此时工作台在 X 轴上的坐标值作为原点的坐标值。

2）调整工作台的回转定位误差，保证工作台精确地回转 180°。其方法如图 5-29b 所示，先使工作台紧靠在回转定位机构上，在台面上放一平尺，通过装在刀杆上的百分表找正平尺一侧面后将其固定，再回转工作台 180°，测量平尺的另一侧面，调整回转定位机构，使其回转定位误差小于 0.02mm/1000mm。

3）当完成上述调整准备工作后，就可以进行加工。先将工件正确地安装在工作台面上，用坐标法加工好工件一端的孔，各孔到坐标原点的坐标值应与调头前相应的同轴线孔到坐标原点的坐标值大小相等，方向相反，其误差小于 0.01mm，这样就可以得到较高的同轴度。

3. 交叉孔系的加工方法

交叉孔系的主要技术条件为控制各孔的垂直度误差，在普通镗床上加工时，主要靠机床工作台的 90°对准装置。因为它是挡块装置，故结构简单，但对准精度低；每次对准，需要凭经验保证挡块接触松紧程度一致，否则不能保证对准精度，所以，有时采用光学瞄准装置。

当普通镗床的工作台 90°对准装置精度很低时，可用心棒与百分表找正法进行，即在加工好的孔中插入心棒，然后将工作台转 90°，摇工作台用百分表找正，如图 5-30 所示。

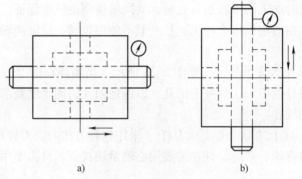

a)　　　　　　　　　　b)

图 5-30　找正法加工交叉孔系

a）第一工位　b）第二工位

箱体上如果有交叉孔存在，则应将精度要求高或表面要求较精细的孔全部加工好，然后加工另外与之相交叉的孔。

（八）箱体的检测

通常箱体零件的主要检验项目包括：

1）各加工表面的表面粗糙度及外观。

2）孔与平面尺寸精度及几何形状精度。

3）孔距精度。

4）孔系相互位置精度（各孔同轴度、轴线间平行度与垂直度、孔轴线与平面的平行度及垂直度等）。

表面粗糙度检验通常用目测或样板比较法，只有当表面粗糙度值很小时才考虑使用光学量仪。外观检查只需根据工艺规程检查完工情况及加工表面有无缺陷即可。

孔的尺寸精度一般用塞规检验。在需确定误差数值或单件小批生产时可用内径千分尺或内径千分表检验；若精度要求很高可用气动量仪检验。平面的直线度可用平尺和塞尺或水平仪与桥板检验；平面的平面度可用自准直仪或水平仪与桥板检验，也可用涂色法检验。

孔距精度及相互位置精度的检验比较麻烦，下面着重介绍。

1. 孔系同轴度检验

一般工厂常用检验棒检验同轴度。如图 5-31a 所示，若检验棒能自由通过同轴线上的孔，则孔的同轴度在公差范围之内；当孔系同轴度要求不高（公差较大）时，可用图 5-31b 所示方法；若孔系同轴度公差很小，可改用专用检验棒。图 5-31c 所示方法可测定孔同轴度误差的具体数值。

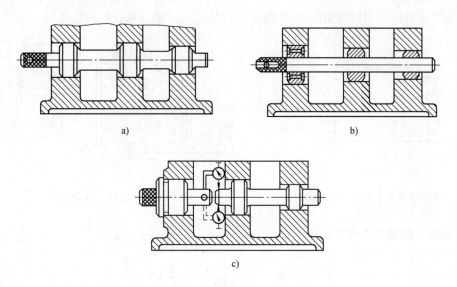

图 5-31　孔系同轴度检验

2. 孔距检验

如图 5-32 所示，根据孔距精度的高低，可分别使用游标卡尺或千分尺。使用游标卡尺时也可不用心轴和衬套，直接量出两孔素线间的最小距离。孔距精度和平行度要求较高时，也可用量块测量。

3. 孔与孔轴线平行度检验

如图 5-33 所示，将主轴箱箱体放在平台上，用三个千斤顶支起。在 I 、II 孔内分别插入检验心轴，用以模拟孔的实际轴线。然后调整千斤顶，使 II 轴上相距为 L_2 的 c、d 两点读数相等，再在 I 轴相距也为 L_2 的 a、b 两点位置上打表，测得 M_a、M_b，则 I 轴在 L_1 长度上对 II 轴的平行度误差 f 为

$$f = L_1 |M_a - M_b|/L_2$$

在水平面内的轴线平行度误差的测量方法与垂直面内一样，将箱体转 90° 即可。

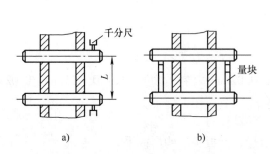

图 5-32　孔距检验

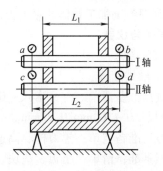

图 5-33　孔与孔轴线平行度检验

4. 孔轴线对基准平面的距离和平行度检验

检验方法如图 5-34 所示，在主轴孔中插入测量心轴（与孔无间隙配合），在距离为 L_2 的两个位置上分别测得 M_1 和 M_2，则主轴孔中心线对顶面的平行度误差为：

$$f = L_1 \mid M_1 - M_2 \mid /L_2$$

5. 两孔轴线垂直度检验

两孔轴线垂直度的检验可用图 5-35 所示的方法，基准轴线和被测轴线均用心轴模拟。

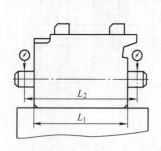

图 5-34　轴线对平面的平行度检验

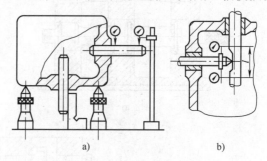

a)　　　　　　b)

图 5-35　两孔轴线垂直度检验

6. 孔轴线与端面垂直度检验

在被测孔内装模拟心轴，并在其一端装上千分表，使表的测头垂直于端面并与端面接触，将心轴旋转一周即可测出孔与端面的垂直度误差，如图 5-36a 所示。将带有检验圆盘的心轴插入孔内，用着色法检验圆盘与端面的接触情况，或用塞尺检查圆盘与端面的间隙 Δ，也可确定孔轴线与端面的垂直度误差，如图 5-36b 所示。

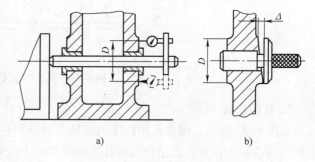

a)　　　　　　b)

图 5-36　孔轴线与端面垂直度检验

四、训练环节：箱体孔系加工

1. 训练目的与要求

1）熟悉镗床的结构及分类。

2）熟悉镗刀的结构及种类。

3）了解镗模的结构及安装方法。

4）掌握镗削加工箱体孔系的方法。

2. 设备与仪器

1）T68 镗床。

2）工量具准备。

① 量具准备清单。游标卡尺：0～150mm/0.02mm；游标高度卡尺：0～150mm/0.02mm；内径千分尺：0～100mm/0.01mm。

② 刀具准备清单：镗刀杆、高速钢镗刀、浮动镗刀。

③ 工具准备清单：压板、垫块、螺杆、螺母、活扳手、钩形扳手。

3. 训练时间

训练时间为 6h。

4. 训练内容

1）箱体零件图分析。箱体上有三个平行孔系：Ⅰ轴上 $\phi95K6$、$\phi90K6$、$\phi120K6$ 孔，Ⅱ轴上 $\phi52J7$、$\phi62J7$、$\phi64$ 孔，Ⅲ轴上 $\phi42H7$、$\phi40J7$ 孔需要镗削加工。

2）制订装夹方案。为保证主轴箱箱体三个平行孔系的加工精度，以箱体底平面作为定位基准，将主轴箱箱体上、下两部分合在一起，用螺杆夹板装夹固定，镗刀镗削加工较方便。

3）确定加工步骤。先用高速钢镗刀粗镗孔，留 0.3mm 余量，再用浮动镗刀加工至尺寸。

4）进行主轴箱箱体孔的镗削加工。按以上分析的步骤，先粗镗，再用浮动镗刀加工至尺寸。

5）设备保养和场地整理。加工完毕，清理切屑、保养镗床和清理场地。

6）写出本任务完成后的训练报告。具体内容有：训练目的、训练内容、训练过程、注意事项、训练收获。

五、拓展知识：变速箱

变速箱是改变机床、汽车、拖拉机等机器运转速度或牵引力的装置，由许多直径大小不同的齿轮组成，通常装在发动机的主动轴和从动轴之间。变速箱是能固定或分档改变输出轴和输入轴传动比的齿轮传动装置，又称变速器。变速箱由传动机构和变速机构组成，可制成单独变速机构或与传动机构合装在同一壳体内。传动机构大多用普通齿轮传动，也有的用行星齿轮传动。普通齿轮传动变速机构一般用滑移齿轮和离合器等。滑移齿轮有多联滑移齿轮和变位滑移齿轮之分。用三联滑移齿轮变速，轴向尺寸大；用变位滑移齿轮变速，结构紧凑，但传动比变化小。离合器有啮合式和摩擦式之分，用啮合式离合器时，变速应在停机或转速差很小时进行，用摩擦式离合器可在运转中任意转速差时进行变速，但承载能力小，且不能保证两轴严格同步。为克服这一缺点，在啮合式离合器上装以摩擦片，变速时先靠摩擦片把从动轮带到同步转速后再进行接合。行星齿轮传动变速箱可用制动器控制变速。变速箱广泛用于机床、车辆和其他需要变速的机器上。机床主轴常装在变速箱内，所以又称主轴箱，其结构紧凑，便于集中操作。在机床上用以改变进给量的变速箱称为进给箱。

六、回顾与练习

1）箱体零件的关键加工技术是什么？

2）主轴上装刀、平旋盘上装刀都可以镗孔，各有什么优点？

3）单刃镗刀和浮动镗刀各有何特点？

4）镗刀在镗刀杆中有几种安装位置？各有何特点？

5）试述用镗模加工工件的精度和表面粗糙度范围。

6）箱体零件质量检测的项目有哪些？

7）镗削同轴孔系的方法有哪几种？

8）镗削时常采用哪些方法保证平行孔系的位置精度？

9）镗削垂直孔系时，可采用哪些方法保证孔系的位置精度？

任务二　制订机械加工工艺规程

完整的零件需要车、铣、钻、磨削等多工种、多工序合作，采用合理的加工工艺才能加工出来，制订合理的机械加工工艺规程是保证产品质量、提高工作效率、降低生产成本的关键。

机械加工工艺规程不仅是规定零件机械加工工艺过程和加工方法的工艺文件，而且是指导生产和组织生产以及进行工厂和车间设计（或改建）的重要技术文件。但是，工艺规程能否在生产和生产准备工作中起到上述作用，关键在于工艺规程的正确性、可行性和先进性。

一、工作任务

如图5-37所示，透盖零件批量加工，需编制机械加工工艺规程。

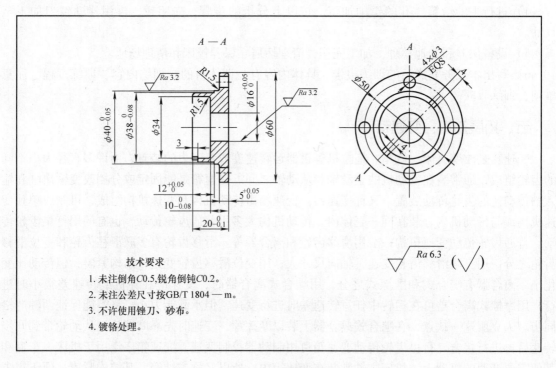

图5-37　透盖零件图

二、学习目标

1）掌握工艺规程制订的基本方法。

2）学会编制零件工艺过程卡、工艺卡和工序卡。

三、学习内容

（一）工艺规程的制订

1. 制订工艺规程的作用

以一定文件形式规定的产品生产过程，称为工艺规程。其中从毛坯加工成零件的机械加工工艺过程称为机械加工工艺规程，本任务所述的"工艺规程"仅指机械加工工艺规程。它有以下几个方面的作用：

1）工艺规程是指导生产的主要技术文件。合理的工艺规程是依据机械加工工艺学原理和工艺试验，结合广大工人和技术人员的实践经验而制订的指导生产的技术文件，是科学技术和广大人民群众智慧的结晶。因此，工艺规程在生产中应具有法规性效力，必须严格遵守。实践证明，不按科学的工艺进行生产，往往会引起产品质量严重下降，造成安全事故，生产率显著降低，过量消耗原材料和工时，增加产品成本。

2）工艺规程是新建或扩建机械制造厂或车间的基本文件。新建制造厂或车间的机床种类和数量、工人工种和人数、车间面积及布置、辅助部门的设置等都是依据产品年产量及产品工艺规程计算出来，再加以适当对比调整而确定的。

3）工艺规程是现有生产方法和技术的总结，是工艺改革的基础。

2. 制订工艺规程原则和所需的原始资料

（1）制订工艺规程的原则　　制订工艺规程的原则是，在一定的生产条件下，以最少的劳动消耗和最低的费用，按计划规定的速度，可靠地加工出符合图样及技术要求的零件，并尽可能在现有生产条件的基础上采用国内外先进工艺技术和检测技术，保证有良好的劳动条件。

由于工艺规程是直接指导生产和操作的主要文件，因此工艺规程要求正确、完整、规范、清晰，所用术语、符号、计量单位、编号都要符合相应的标准。

（2）制订工艺规程所需的原始资料

1）产品的全套图样，有关产品质量验收标准的技术文件。

2）零件的生产纲领及投产批量。

3）毛坯和半成品资料、毛坯制造方法、生产能力及供货状态。

4）本厂现有质量管理体系、生产设备、生产能力、技术水平、外协条件等有关资料。

5）工艺设计及夹具设计方面的手册及技术资料。

6）国内外同类产品的参考工艺文件及资料。

3. 制订工艺规程的步骤

机械加工工艺规程的编制是一个复杂的循环设计过程，细分为四个阶段十五个步骤（图5-38）。

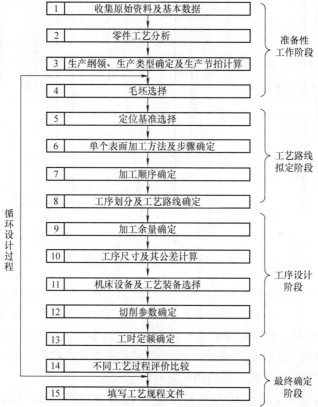

图 5-38　工艺过程拟定步骤图

（1）准备性工作阶段　包括收集原始资料和基本数据、对零件进行工艺分析、生产纲领计算和生产类型确定、毛坯选择四个步骤。

（2）工艺路线拟订阶段　这是工艺规程制订的主要工作阶段，这一阶段要确定整个工艺过程路线（工序顺序）。完成这一工作要考虑到很多方面的影响因素，这在相当程度上依靠工艺编制人员的工作经验。因而，同一种零件，在同样生产条件下，不同的工艺员设计出的工艺路线可能有较大的不同，尤其是定位基准选择方案不同，工艺路线相差更大。该过程可以用图5-39表示。

1）在分析零件技术要求的基础上，根据定位基准选择的原则，确定零件上每一加工表面（如零件有组成表面 A、B、C、D 等）的加工方法和获得步骤。例如：表面 A 依次经 A1、A2、A3 三次加工得到；表面 B 经 B1、B2 两次加工得到等。

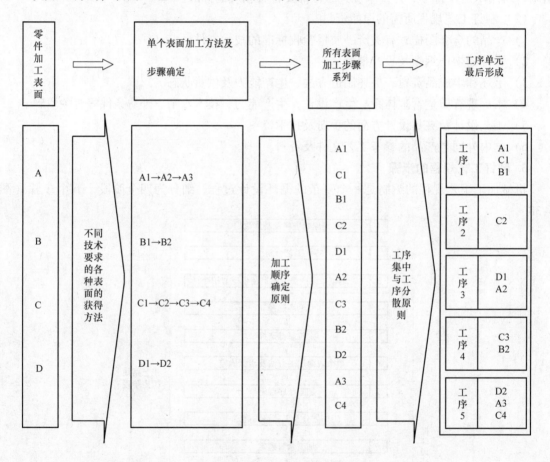

图 5-39　工艺路线确定流程图

2）对该工步序列中的若干工步进行组合，形成以工序为单位的序列，此过程为工序内容确定。例如：将 A1、C1、B1 组合为一个工序，C3、B2 组合为一个工序等，最后形成工序 1、工序 2、工序 3 等的序列。该序列就是经初步设计形成的零件机械加工工艺路线。

（3）工序设计阶段　工艺路线确定之后，必须进一步设计确定每道工序的具体内容、具体要求、选用的机床和工艺装备、切削用量及时间定额等。

（4）最终确定阶段　工序设计方案经反复比较修改完善后最终确定一个最优的工艺过程。

4. 机械加工工艺规程的格式

零件机械加工工艺规程经上述步骤确定后，应将有关内容填入各种不同的卡片，以便在生产中贯彻实施。这些称为工艺文件的卡片因生产类型不同而有不同的格式。

（1）工艺过程卡　工艺过程卡通常又称工艺过程综合卡，它是制订其他文件的基础，也是生产技术准备、编制作业计划和组织生产的依据。其中包括工艺过程的工序名称和序号、实施车间和工段及各工序时间定额。由于工艺过程卡各工序的说明较简单，一般不直接指导工人操作，而仅用于生产管理。但在单件小批量生产中，原则上以这种卡片指导生产而不再编制其他详细的工艺文件。格式见表5-5。

（2）机械加工工艺卡　又称工艺卡，是以工序为单位说明工艺过程的文件，其中详细说明了每一道工序所包括的工步及工位内容，对于复杂工序，还要绘出工序简图，注明本工序加工表面及工序尺寸。格式见表5-6。

表 5-5　工艺过程卡

（工厂名）	机械加工工艺过程卡	产品名称及型号		零件名称		零件图号				
		材料	名称	毛坯	种类	零件重量/kg	毛重		第　页	
			牌号		尺寸		净重		共　页	
			性能	每料件数		每台件数	每批件数			
工序号	工序内容	加工车间	设备名称及编号	工艺装备名称及编号			技术等级	时间定额/min		
				夹具	刀具	量具		单件	准备～终结	
更改内容										
编制		抄写		校对		审核		批准		

（3）机械加工工序卡　又称工序卡，是用来具体指导工人操作的文件。它是分别为零件工艺过程中的每一道工序制订的，详细说明该工序加工所必需的工艺资料。卡片中还附有工序简图。工序卡一般用于大批大量生产和重要零件的批量生产。格式见表5-7。

工序卡中的工序简图可以清楚直观地表达出工序的内容，绘制时必须注意以下几点：

1）工序简图可按比例缩小，并尽量用较少的投影绘出，可以略去视图中的次要结构和线条。

2）工序简图主视图方向应尽量与零件在机床上的安装方向相一致。

3）本工序加工表面用粗实线或红色粗实线表示。

4）零件的结构、尺寸要与本工序加工后的情况相符，不能将后面工序中形成的结构形状在前面工序的简图中反映出来。

5）工序简图中应标注本工序的工序尺寸和技术要求。

表5-6　机械加工工艺卡

（工厂名）	机械加工工艺卡片	产品名称及型号		零件名称		零件图号		第　页　共　页

材料	名称		毛坯	种类		零件重量/kg	毛重	
	牌号			尺寸			净重	
	性能		每料件数		每台件数	每批件数		

工序	安装	工步	工序内容	同时加工零件数	背吃刀量/mm	切削用量			设备名称及编号	工艺装备名称及编号			技术等级	工时定额/min	
						切削速度/(m/s)	每分钟转数或往复次数	进给量/(mm/r或mm/min)		夹具	刀具	量具		单件	准备～终结

更改内容	编制	抄写	校对	审核	批准

表 5-7　机械加工工序卡

（工厂名）	机械加工工序卡片	产品名称及型号	零件名称	零件图号	工序名称	工序号	第　页
							共　页
			车间	工段	材料名称	材料牌号	力学性能
			同时加工工件数	每料件数	技术等级	单件时间/min	准备~终结时间/min
			设备名称	设备编号	夹具名称	夹具编号	冷却液

| 更改内容 | |

工步号	工步内容	计算数据			进给次数	切削用量				工时定额			工步号	刀具、量具及辅助工具			
		直径或长度/mm	进给长度/mm	单边余量/mm		背吃刀量/mm	进给量/（mm/r 或 mm/min）	每分钟转数或双行程数	切削速度/（m/s）	基本时间/min	辅助时间/min	工作地点服务时间/min		名称	规格	编号	数量

编制	抄写	校对	审核	批准

（二）箱体加工工艺路线拟订

1. 箱体零件加工工艺分析

箱体类零件虽然结构和精度要求不尽相同，但在工艺上有许多共同之处：箱体零件的加工表面虽然很多，但主要是平面和孔系的加工，因而在加工方法上有许多共同点；箱体零件的结构形状一般比较复杂，且壁薄而不均匀，加工精度不稳定，因而在工艺过程中如何合理地选择定位基准，合理地划分加工阶段和安排加工顺序，以及在工艺过程中辅以适当的消除内应力措施等，在原则上都有共同之处。下面以图 5-2 所示车床主轴箱为例，对箱体类零件加工中的一些共性问题进行分析。表 5-8 为车床主轴箱小批量和大批量生产时工艺过程比较。

表 5-8　车床主轴箱小批量和大批量生产时工艺过程比较

小批量生产			大批量生产		
序号	工序内容	定位基准	序号	工序内容	定位基准
1	铸造		1	铸造	
2	时效		2	时效	
3	涂底漆		3	涂底漆	
4	划线：考虑主轴孔有加工余量，并尽量均匀。划 C、A 及 E、D 面加工线		4	铣顶面 A	孔 I 与孔 II
5	粗、精加工顶面 A	按线找正	5	钻、扩、铰 $2 \times \phi 8\mathrm{H}7$ 工艺孔（将 $6 \times \mathrm{M}10$ 先钻至 $\phi 7.8\mathrm{mm}$，铰 $2 \times \phi 8\mathrm{H}7$）	顶面 A 及外形
6	粗、精加工 B、C 面及侧面 D	顶面 A 并找正主轴线	6	铣两端面 E、F 及前面 D	顶面 A 及两工艺孔
7	粗、精加工两端面 E、F	B、C 面	7	铣导轨面 B、C	顶面 A 及两工艺孔
8	粗、半精加工各纵向孔	B、C 面	8	磨顶面 A	导轨面 B、C
9	精加工各纵向孔	B、C 面	9	粗镗各纵向孔	顶面 A 及两工艺孔
10	粗、精加工横向孔	B、C 面	10	精镗各纵向孔	顶面 A 及两工艺孔
11	加工螺孔及各次要孔		11	精镗主轴孔 I	顶面 A 及两工艺孔
12	清洗、去毛刺		12	加工横向孔及各面上的次要孔	
13	检验		13	磨 B、C 导轨面及前面 D	顶面 A 及两工艺孔
			14	将 $2 \times \phi 8\mathrm{H}7\mathrm{mm}$ 及 $5 \times \phi 7.8\mathrm{mm}$ 均扩钻至 $\phi 8.5\mathrm{mm}$，攻 $6 \times \mathrm{M}10$ 螺纹	
			15	清洗、去毛刺	
			16	检验	

2. 拟订箱体工艺过程的原则

（1）先加工平面后加工孔系　先面后孔是箱体加工的一般规律，这是因为平面面积大，先加工面后不仅为以后孔的加工提供稳定可靠的精基准，而且还可以使孔的加工余量较为均匀；另一方面，箱体上的支承孔，一般都分布在箱体的外壁和中间隔壁的平面上，先加工平面，切除了铸件表面的凹凸不平以及夹砂等缺陷，有利于孔的加工，使钻孔不易偏斜，扩孔和铰孔时刀具不易崩刀，对刀和调整也方便。

（2）粗、精加工阶段应分开　由于箱体零件结构复杂、壁厚不均、刚性不好，铸造缺陷也多，而加工精度要求又高，因此，在成批大量生产中，将箱体的主要表面明确地分为粗、精两个加工阶段意义很大。这样有利于精加工时避免粗加工造成的夹压变形、热变形和内应力重新分布造成的变形对加工精度的影响，从而保证箱体加工精度；也有利于在粗加工中发现毛坯的内部缺陷，以便及时处理，避免浪费后续加工工时；还利于保护精加工设备的精度和充分发挥粗加工设备效率的潜力。

对于单件小批生产的箱体或大型箱体的加工，如果从工序安排粗、精分开，则机床、夹具数量要增加，工件转运也费时费力，所以实际生产中并不这样做，而是将粗、精加工在一道工序内完成，即采用工序集中的原则组织生产。但是从工步上讲，粗、精加工还是分开的。具体的方法是粗加工后将工件松开一点，然后用较小的夹紧力夹紧工件，使工件因夹紧力而产生的弹性变形在精加工之前得以恢复。导轨磨床磨大的主轴箱导轨面时，粗磨后不马上精磨，而是等工件充分冷却，残留应力释放后再进行精磨。

（3）工艺过程中安排必要的去应力热处理　箱体结构复杂、壁厚不均匀、铸造残留应力较大，为了消除残留应力、减小变形、保证加工精度的稳定性，铸造之后要安排人工时效处理。人工时效的规范为：加热到 $500 \sim 550℃$，保温 $4 \sim 6h$，冷却速度小于或等于 $30℃/h$，出炉温度低于 $200℃$。

对于普通精度的箱体，一般在铸造之后安排一次人工时效；对一些较高精度的箱体或形状特别复杂的箱体，在粗加工之后还要安排一次人工时效处理，以消除粗加工所产生的内应力。对精度要求不高的箱体毛坯，有时不安排人工时效，而是利用粗、精加工工序间的停放和运输时间使之自然完成时效处理。

（4）组合式箱体应组装后镗孔　当箱体是两个以上零件的组合式箱体时，若孔系位置精度高，又分布在各组合件上，则应先加工各接合面，再进行组装，然后镗孔，以避免装配误差对孔系精度的影响。

（5）采用组合机床集中工序　在大批大量生产时，孔系加工可采用组合机床集中工序进行，以保证质量，提高效率，降低成本。此时要考虑的是将相同或相似的加工工序以及有相互位置关系的工序，尽量集中在一台机床或一个工位上完成；当工件刚性差时，可把集中工序的一些加工内容从时间上错开，而不是同时加工；粗、精加工应尽可能不在同一台机床、同一工位上进行。

3. 定位基准的选择

（1）对粗基准的选择　箱体零件一般都选择重要孔（如主轴孔）为粗基准。在选择粗基准时，通常应满足以下几点要求：

1）在保证各加工面均有余量的前提下，应使重要孔的加工余量均匀，孔壁的厚薄尽量均匀，其余部位均有适当的壁厚。

2）装入箱体内的回转零件（如齿轮、轴套等）应与箱壁有足够的间隙。

3）注意保持箱体必要的外形尺寸。此外，还应保证定位稳定、夹紧可靠。

为了满足上述要求，通常以箱体重要孔的毛坯孔作为粗基准。如大批生产工艺规程中，铣顶面时以Ⅰ孔和Ⅱ孔直接在专用夹具上定位（图 5-21）。在单件小批生产时，由于毛坯精度低，一般以划线找正法安装。小批生产工艺规程中，划线时先找正主轴孔中心，然后以主轴孔为基准找出其他需加工平面的位置。加工箱体时，按所划的线找正安装工件，则体现了以主轴孔作为粗基准。

由于铸造箱体毛坯时，形成主轴孔、其他支承孔及箱体内壁的型芯是装成一整体放入的，它们之间有较高的相互位置精度，因此不仅可以较好地保证轴孔和其他支承孔的加工余量均匀，而且还能较好地保证各孔的轴线与箱体不加工内壁的相互位置，避免装入箱体内的齿轮、轴套等旋转零件在运转时与箱体内壁相碰。

根据生产类型不同，实现以主轴孔为粗基准的工件安装方式也不一样。大批大量生产时，由于毛坯精度高，可以直接用箱体上的重要孔在专用夹具上定位，工件安装迅速，生产率高，此类专用夹具可参阅机床夹具图册。在单件、小批及中批生产时，一般毛坯精度较低，按上述办法选择粗基准，往往会造成箱体外形偏斜，甚至局部加工余量不够，因此通常采用划线找正的办法进行第一道工序的加工，即以主轴孔及其中心线为粗基准对毛坯进行划线和检查，必要时予以纠正，纠正后孔的余量应足够，但不一定均匀。

（2）精基准的选择　选择箱体零件的精基准时，通常从基准统一原则出发，使具有相互精度要求的大部分表面尽可能用同一组基准来定位加工，这样就可避免因基准转换过多而带来的累积误差，有利于箱体各主要表面之间位置精度的保证。同时由于多道工序采用同一基准，使所用的夹具具有相似的结构形式，可减少夹具设计和制造工作量，对缩短生产周期、降低成本是很有益的。

究竟应以哪个面作为统一的定位基准，在实际生产中应根据生产批量和生产条件的不同而定，有两种不同的考虑：

1）对于单件小批生产，以装配基准作为定位基准。图5-1所示的车床主轴箱单件小批加工孔系时，选择箱体底面导轨 B、C 面作为定位基准。B、C 面既是主轴箱的装配基准，又是主轴孔的设计基准，并与箱体的两端面、侧面以及各主要纵向轴承孔在位置上有直接联系，故选择 B、C 面作为定位基准，符合基准重合原则，装夹误差小。另外，加工各孔时，由于箱口朝上，更换导向套、安装调整刀具、测量孔径尺寸、观察加工情况等都很方便。

但这种定位方式也有其不足之处。加工箱体中间壁上的孔时，为了提高刀具系统的刚度，应当在箱体内部相应部位设置刀柄的中间导向支承。由于箱体底部是封闭的，中间导向支承只能用图5-40所示的吊架从箱体顶面的开口处伸入箱体内，每加工一次需装卸一次，吊架与镗模之间虽有定位销定位，但吊架刚性差，经常装卸也容易产生误差，且使加工的辅助时间增加。因此，这种定位方式只适用于单件小批生产。

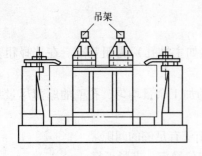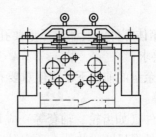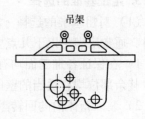

图5-40　吊架式镗模夹具

2）批量大时以顶面及两个销孔（一面两孔）作为定位基面，如图5-41所示。这种定位方式，加工时箱体口朝下，中间导向支承架可以紧固在夹具体上，提高了夹具刚度，有利于保证各支承孔加工的位置精度，而且工件装卸方便，减少了辅助时间，提高了生产率。

但这种定位方式由于主轴箱顶面不是设计基准，故定位基准与设计基准不重合，出现基准不重合误差。为了保证加工要求，应进行工艺尺寸的换算。另外，由于箱体口朝下，加工时不便于观察各表面加工的情况，不能及时发现毛坯是否有砂眼、气

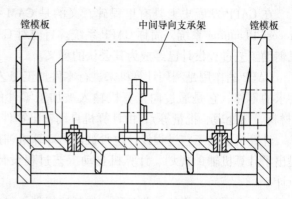

图 5-41 用箱体顶面及两销定位的镗模

孔等缺陷，而且加工中不便于测量和调刀。因此，以箱体顶面及两定位销孔作为精基面加工时，必须采用定径刀具（如扩孔钻和铰刀等）。

上述两种方案的对比分析，仅是针对类似主轴箱而言的，许多其他形式的箱体，采用一面两孔的定位方式，上面所提及的问题也不一定存在。实际生产中，一面两孔的定位方式在各种箱体加工中应用十分广泛。因为这种定位方式很简便地限制了工件六个自由度，定位稳定可靠；在一次安装下，可以加工除定位以外的所有五个面上的孔或平面，也可以作为从粗加工到精加工的大部分工序的定位基准，实现"基准统一"；此外，这种定位方式夹紧方便，工件的夹紧变形小；易于实现自动定位和自动夹紧。因此，在组合机床与自动线上加工箱体时，多采用这种定位方式。

由以上分析可知：箱体精基准的选择有两种方案：一种是以三平面为精基准（主要定位基面为装配基面）；另一种是以一面两孔为精基准。这两种定位方式各有优缺点，实际生产中的选用与生产类型有很大的关系，通常遵循"基准统一"原则。中小批生产时，尽可能使定位基准与设计基准重合，即一般选择设计基准作为统一的定位基准；大批大量生产时，优先考虑的是如何稳定加工质量和提高生产率，不过分地强调基准重合问题，一般多用典型的一面两孔作为统一的定位基准，由此而引起的基准不重合误差，可采用适当的工艺措施去解决。

四、训练环节：编制透盖机械加工的工艺文件

1. 训练目的与要求
1）熟悉工艺文件编制的基本方法。
2）能够熟练编制零件的工艺过程卡、工艺卡和工序卡。

2. 训练内容
假定某机电设备厂生产的电工绕包机透盖零件（图 5-37）每批产量 600 件，长期生产，材料为 HT200。要求编制工艺过程卡、工艺卡和工序卡。

透盖零件工艺过程卡、工艺卡和工序卡分别见表 5-9 ~ 表 5-11。

五、拓展知识：计算机辅助工艺过程设计

计算机辅助工艺过程设计简称 CAPP（Computer Aided Process PLanning）。

CAPP 的开发、研制是从 20 世纪 60 年代末开始的。在制造自动化领域，CAPP 的发展是最迟的部分。世界上最早研究 CAPP 的国家是挪威，始于 1969 年，并于 1969 年正式推出世界上第一个 CAPP 系统 AUTOPROS；1973 年正式推出商品化的 AUTOPROS 系统。

在 CAPP 发展史上具有里程碑意义的是 CAM – I 于 1976 年推出的 CAM – I'S Automated Process PLanning 系统，简称 CAPP 系统。目前对 CAPP 这个简称虽然还有不同的解释，但计算机辅助工艺过程设计已经成为其公认的释义。

CAPP 的作用是利用计算机来进行零件加工工艺过程的制订，把毛坯加工成工程图样上所要求的零件。它是通过向计算机输入被加工零件的几何信息（形状、尺寸等）和工艺信息（材料、热处理、批量等），由计算机自动输出零件的工艺路线和工序内容等工艺文件的过程。

计算机辅助工艺过程设计也常被译为计算机辅助工艺规划。国际生产工程研究会（CIRP）提出了计算机辅助规划、计算机自动工艺过程设计等名称，CAPP 一词强调了工艺过程自动设计。

实际上国外常用的一些名称，如制造规划、材料处理、工艺工程以及加工路线安排等在很大程度上都是指工艺过程设计。计算机辅助工艺规划属于工程分析与设计范畴，是重要的生产准备工作之一。

表 5-9 透盖零件工艺过程卡

某机电设备厂	机械加工工艺过程卡	产品名称及型号	绕包机 RBJ45	零件名称		透盖	零件图号		RBJ – 01 – 005	
		材料	名称	灰铸铁	毛坯	种类	铸铁	零件重量 /kg	毛重	3	第 1 页
			牌号	HT200		尺寸	φ75mm × 30mm		净重	1.8	共 1 页
			性能	240～300HBW	每料件数	1	每台件数	6	每批件数	600

工序号	工序内容	加工车间	设备名称及编号	工艺装备名称及编号			技术等级	时间定额/min	
				夹具	刀具	量具		单件	准备～终结
1	铸造、清砂	一车间	冲天炉（型号）						
2	退火	四车间	退火炉（型号）						
3	钻内孔并车小端面	二车间	C6132A	自定心卡盘 φ200mm	锥柄钻头	游标卡尺		30	30
4	车外圆、倒角	二车间	C6132A	心轴（型号）	45°车刀、90°偏刀	游标卡尺		60	
5	车内孔、倒角	二车间	C6132A	心轴（型号）	内孔车刀	游标卡尺		40	
6	调头精车大端面、倒角	二车间	C6132A	心轴（型号）	45°偏刀	游标卡尺		10	
7	铣槽	三车间	X6132	铣夹具	三面刃铣刀	游标卡尺		50	40
8	钻孔	二车间	Z4025	钻夹具	钻头	塞规		60	30
9	成品检验	二车间							
10	清洗	三车间						10	5
11	镀铬	外协							

更改内容				

编制	抄写	校对	审核	批准

表 5-10　透盖零件工艺卡

某机电设备厂 机械加工工艺卡片	产品名称及型号	绕包机 RBJ45		零(部)件名称	透盖		零(部)件图号	RBJ-01-005		第1页 共3页
	材料	名称	灰铸铁	毛坯	种类	铸铁	零件重	量/kg	毛重	3
		牌号	HT200		尺寸	φ75mm×30mm			净重 5	1.8
		性能	240~300HBW		每料/件数	1		每台件数 1	每批件数	600

工序	装夹	工步	工序内容	同时加工零件数	切削用量				设备名称及编号	工艺装备名称及编号			技术等级	工时定额/min	
					背吃刀量 /mm	切削速度 /(m/min)	每分钟转数或往复次数	进给量 /(mm/r或 mm/min)		夹具	刀具	量具		单件	准备~终结
3		1	钻内孔	1	1	10	102	0.16	C6132A	自定心卡盘	锥柄钻头	游标卡尺	中	20	10
5		2	车内孔	1	0.5	30	380	0.1	C6132A	自定心卡盘	内孔车刀	游标卡尺	中	30	5
6		3	车大端面、倒角	1	0.5	20	185	0.25	C6132A	自定心卡盘	45°偏刀	游标卡尺	中	10	5
4		4	车外圆	1	2	30	305	0.25	C6132A	心轴	90°偏刀	游标卡尺	中	40	5
3		5	调头车小端面、倒角	1	0.5	30	305	0.25	C6132A	自定心卡盘	45°偏刀	游标卡尺	中	10	10

更改内容			编制	抄写	校对	审核	批准

表5-11　透盖零件工序卡

某机电设备厂	机械加工工序卡片	产品名称及型号	绕包机 RBJ45	零件名称	透盖	零件图号	RBJ-01-005	工序名称	车	工序号	20	第1页　共5页

透盖零件图：φ60，φ16 $^{+0.05}_{0}$，5 $^{+0.15}_{0}$，20 $^{0}_{-0.1}$，φ38 $^{0}_{-0.15}$，φ40 $^{0}_{-0.05}$，Ra 3.2

	车间	二车间	材料名称	灰铸铁	材料编号	HT200	力学性能 240~300HBW
	工段	车工	技术等级	中级			
	同时加工件数	1	每料/件数	5	夹具名称	自定心卡盘φ200	准备~终结时间/min　60
	设备名称	车床	设备编号	C20050210	夹具编号	CJ2006035	单件时间/min　300　冷却液　乳化液

更改内容

工步号	工步内容	计算数据				切削用量				工时定额			工步号	刀具、量具及辅助工具			
		直径或长度/mm	进给长度/mm	单边余量/mm	进给次数	背吃刀量/mm	每分钟转数或往复次数	进给量/(mm/r)或(mm/min)	切削速度/(m/min)	基本时间/min	辅助时间/min	工作地点服务时间/min		名称	规格	编号	数量
4	车外圆	φ60	20	7.5	4	2	305	0.2		40	20	10	04	右偏刀	90°	CD2002 154	1
		φ40	15	10	4	3	305	0.25		35	5			游标卡尺	150mm/ 0.02mm	YB199 6028	1
		φ38	12	1	1	0.5	305	0.1		8							

编制		抄写	校对	审核	批准

由于计算机集成制造系统的出现，计算机辅助工艺规划上与计算机辅助设计相接，下与计算机辅助制造相连，是连接设计与制造之间的桥梁，设计信息只能通过工艺设计才能生成制造信息，设计只能通过工艺设计才能与制造实现功能和信息的集成。由此可见 CAPP 在实现生产自动化中的重要地位。

六、回顾与练习

1）制订机械加工工艺规程的作用和步骤是什么？

2）制订机械加工工艺规程需要的原始资料有哪些？

3）如图 5-42 所示，支座零件材料为 HT200，月产量为 1000 件，编制零件的加工工艺文件，并画出工序简图。

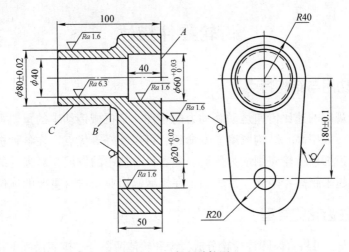

图 5-42　支座零件图

项目六 齿轮零件的加工

【学习内容】 本项目的任务是学习圆柱齿轮的齿坯加工、齿轮零件工艺规程的编制、热处理
工艺及齿面的加工方法，学习机床设备及刀具的使用方法。

【基本要求】 通过本项目学会编制齿轮零件的加工工艺规程，掌握齿轮零件齿坯、齿面的加
工方法。

齿轮零件描述

一、齿轮的功用与结构特点

齿轮是用来按规定的速比传递运动和动力的零件，是机械传动中的重要零件，它具有传动
比准确、传动力大、效率高、结构紧凑、寿命长、可靠性好等优点，在各种机器和仪器中有广
泛应用，其中以直齿圆柱齿轮应用最为普遍。随着科学技术的发展，对齿轮的传动精度和圆周
速度等方面的要求越来越高，因此，齿轮加工在机械制造业中占有重要的地位。

二、直齿圆柱齿轮的类型

从工艺角度出发，可将直齿圆柱齿轮分成齿圈和轮体两部分。按照齿圈上轮齿的分布形式不
同，可以分为直齿、斜齿、人字齿等；按照轮体的结构形式，可分为盘形齿轮（又分为单联、双
联和三联）、内齿轮、连轴齿轮、套筒齿轮、扇形齿轮、齿条、装配齿轮等，如图6-1所示。

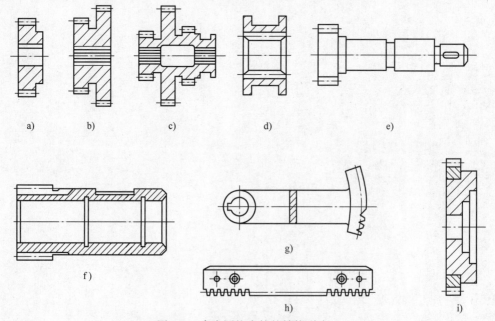

图 6-1 直齿圆柱齿轮的结构形式

a) 单联齿轮 b) 双联齿轮 c) 三联齿轮 d) 内齿轮 e) 连轴齿轮 f) 套筒齿轮 h) 齿条 i) 装配齿轮

三、齿轮的技术要求

齿轮自身的精度将影响其使用性能和寿命，通常对齿轮的制造提出以下技术要求。

（1）齿轮精度

1）运动精度：确保齿轮传递运动的准确性和恒定的传动比，要求最大转角误差不能超过相应的定值。

2）工作平稳性：要求传动平稳，振动、冲击、噪声小。

3）齿面接触精度：保证传动中载荷分布均匀、齿面接触均匀，避免局部载荷过大、应力集中等造成轮齿过早磨损或折断。

GB/T 10095.1—2008《圆柱齿轮 精度制 第1部分：轮齿同侧齿面偏差的定义和允许值》对齿轮及齿轮副规定了12个标准公差等级。其中1、2级为超精密等级；3~5级为高精密等级；6~8级为中等标准公差等级；9~12级为低标准公差等级。用切齿工艺方法加工，机械中普遍应用的等级为7级。

（2）齿侧间隙 齿轮副的侧隙是指齿轮副啮合时，两非工作齿面沿法线方向的距离（即法向侧隙），侧隙用以保证齿轮副的正常工作。加工齿轮时，用齿厚的极限偏差来控制和保证齿轮副侧隙的大小。要求传动中的非工作面留有间隙，以补偿温升、弹性变形和加工装配等引起的误差，并利于润滑油的储存和油膜的形成。

（3）齿轮基准表面的精度 齿轮基准表面的尺寸误差和几何误差直接影响齿轮与齿轮副的精度。因此GB/T 10095.1—2008附录中对齿坯公差做了相应规定。对于标准公差等级为6~8的齿轮，带孔齿轮基准孔的尺寸公差和形状公差等级为IT6~IT7，连轴齿轮基准轴的尺寸公差和形状公差等级为IT5~IT6，用作测量基准的齿顶圆直径公差为IT8级；基准面的径向和轴向圆跳动公差在11~22μm内（分度圆直径不大于400mm的中小齿轮）。

（4）表面粗糙度 齿轮齿面及齿坯基准面的表面粗糙度，对齿轮的寿命、传动中的噪声有一定的影响。IT6~IT8级精度的齿轮，齿面的表面粗糙度值一般为$Ra0.8~3.2\mu m$，基准孔为$Ra0.8~1.6\mu m$，基准轴颈为$Ra0.4~1.6\mu m$，基准端面为$Ra1.6~3.2\mu m$，齿顶圆柱面为$Ra3.2\mu m$。

四、齿轮的材料选择、毛坯选用和热处理

（1）材料选择 齿轮应根据使用要求和工作条件选取合适的材料，普通齿轮选用中碳钢和中碳合金钢，如40、45、50、40MnB、40Cr、45Cr、42SiMn、37SiMn2MoV等；强度要求高的齿轮可选取20CrMnTi、30CrMnTi、20Cr等低碳合金钢；对于低速轻载的开式传动的齿轮可选取ZG310-570等铸钢材料或灰铸铁；非传力齿轮可选取尼龙、夹布胶木或塑料等。

（2）毛坯选用 齿轮毛坯的选择取决于齿轮的材料、形状、尺寸、使用条件、生产批量等因素，常用的毛坯种类如下：

1）铸铁件：用于受力小、无冲击、低速的齿轮。

2）棒料：用于尺寸小、结构简单、受力不大的齿轮。

3）锻坯：用于高速、重载齿轮。

4）铸钢坯：用于结构复杂、尺寸较大、不宜锻造的齿轮。

（3）热处理 在齿轮加工工艺中，热处理工序的位置安排十分重要，它直接影响齿轮的力学性能及切削加工的难易程度。一般在齿轮加工中有两类热处理工序：

1）毛坯热处理：为了消除铸造、锻造和粗加工造成的残留应力，改善齿轮材料内部的金

相组织和切削加工性能，通常在齿轮毛坯加工前后安排调质或正火等预热处理。

2）齿面热处理：为了提高齿面硬度、增加齿轮的承载能力和耐磨性，通常在滚、插、剃齿之后，珩、磨齿之前安排齿面高频感应加热淬火、渗碳淬火、氮碳共渗和渗氮等热处理工序。

圆柱齿轮加工工艺规程一般应包括以下内容：齿轮齿坯加工、齿面粗加工、热处理及齿面的精加工。在编制工艺过程中，常因齿轮结构、标准公差等级、生产批量和生产环境的不同，而采取各种不同的工艺方案。本项目将对圆柱齿轮的齿坯和齿面的加工方法分别做介绍。

任务一　齿轮齿坯加工

一、工作任务

根据图 6-2 完成如下工作任务：

1）在 CA6140 型车床上车端面、车外圆，保证尺寸 $\phi55\mathrm{mm}$、$\phi94h11$、$15_{-0.24}^{\ 0}\mathrm{mm}$ 和 $35_{-0.28}^{\ 0}\mathrm{mm}$。

2）在 CA6140 型车床上进行内孔加工，保证孔径 $\phi35H7$。

3）在 B5020 型立式刨床上进行键槽加工，保证尺寸 10JS9 和 $38.3_{\ 0}^{+0.2}\mathrm{mm}$。

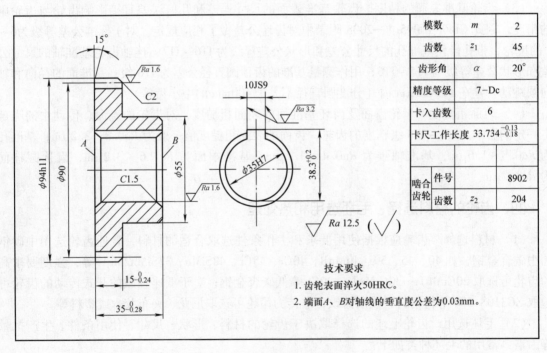

模数	m	2
齿数	z_1	45
齿形角	α	20°
精度等级	7-Dc	
卡入齿数	6	
卡尺工作长度	$33.734_{-0.18}^{-0.13}$	
啮合齿轮	件号	8902
	齿数 z_2	204

技术要求

1. 齿轮表面淬火50HRC。
2. 端面 A、B 对轴线的垂直度公差为0.03mm。

图 6-2　直齿圆柱齿轮零件图

二、任务目标

1）熟悉齿轮传动的类型和特点。

2）掌握分析齿坯零件加工的主要技术要求。

3）掌握渐开线直齿圆柱齿轮的齿坯材料选用方法和热处理方法。

4）掌握齿坯加工方案的选择方法。

5）掌握渐开线直齿圆柱齿轮的加工工艺。

6）熟悉车床工艺装备的选用方法。

7）熟练操作车床进行齿坯零件的加工。

8）培养机床安全操作意识和 6S 管理意识。

三、学习内容

（一）圆柱齿轮加工工艺过程分析

圆柱齿轮的加工工艺过程一般应包括以下内容：齿轮齿坯加工、齿面粗加工、热处理工艺及齿面的精加工。在编制工艺的过程中，常因齿轮结构、标准公差等级、生产批量和生产环境的不同，而采取各种不同的工艺方案。

1. 定位基准的选择

对于齿轮加工基准的选择常因齿轮的结构形状不同而有所差异。连轴齿轮主要采用顶点孔定位；对于空心轴，则在中心内孔钻出后，用两端孔口的斜面定位；孔径大时则采用锥堵。顶点孔定位的精度高，且能做到基准重合和统一。对带孔齿轮在齿面加工时常采用以下两种定位、夹紧方式。

（1）以内孔和端面定位。这种定位方式是以工件内孔定位，确定定位位置，再以端面作为轴向定位基准，并对着端面夹紧。这样可使定位基准、设计基准、装配基准和测量基准重合，定位精度高，适合于批量生产。但对于夹具的制造精度要求较高。

（2）以外圆和端面定位。当工件和定位心轴的配合间隙较大时，采用千分表找正外圆以确定中心的位置，并以端面进行轴向定位，从另一端面夹紧。这种定位方式因每个工件都要找正，故生产率低；同时对齿坯的内、外圆同轴度要求高，而对夹具精度要求不高，故适用于单件、小批生产。

综上所述，为了减小定位误差，提高齿轮加工精度，在加工时应满足以下要求：

1）应选择基准重合、统一的定位方式。

2）内孔定位时，配合间隙应尽可能减小。

3）定位端面与定位孔或外圆应在一次装夹中加工出来，以保证垂直度要求。

2. 齿坯加工的地位

齿面加工前的齿轮毛坯加工，在整个齿轮加工过程中占有很重要的地位。因为齿面加工和检测所用的基准必须在此阶段加工出来，同时齿坯加工所占工时的比例较大，无论从提高生产率，还是从保证齿轮的加工质量的角度考虑，都必须重视齿轮毛坯的加工。

在齿轮图样的技术要求中，如果规定以分度圆弦齿厚的减薄量来测定齿侧间隙，应注意齿顶圆的精度要求，因为齿厚的检测是以齿顶圆为测量基准的。齿顶圆精度太低，必然使测量出的齿厚无法正确反映出齿侧间隙的大小，所以，在这一加工过程中应注意以下三个问题：

1）当以齿顶圆作为测量基准时，应严格控制齿顶圆的尺寸精度。

2）保证定位端面和定位孔或外圆间的垂直度。

3）提高齿轮内孔的制造精度，减小与夹具心轴的配合间隙。

3. 齿端加工

齿轮的齿端加工有倒圆、倒尖、倒棱和去毛刺等方式，如图 6-3 所示。经倒圆、倒尖后的齿轮在换档时容易进入啮合状态，减少撞击现象。倒棱可除去齿端尖角和毛刺。图 6-4 所示为用指形铣刀对齿端进行倒圆的加工示意图。倒圆时，铣刀高速旋转，并沿圆弧做摆动，加工完一个齿后，工件退离铣刀，经分度后再快速向铣刀靠近加工下一个齿的齿端。齿端加工必须在齿轮淬火之前进行，通常都在滚（插）齿之后，剃齿之前安排齿端加工。

图 6-3　齿端加工方式

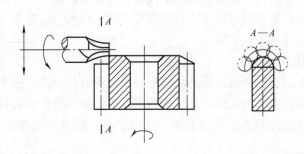

图 6-4　用指形铣刀对齿端进行倒圆的加工示意图

（二）齿坯加工

齿坯的外圆、端面或孔经常作为齿面加工、测量和装配的基准，所以齿坯的精度对于整个齿轮的精度有着重要的影响。另外，齿坯加工在齿轮加工总工时中占有较大的比例，因而齿坯加工在整个齿轮加工中占有重要的地位。

1. 齿坯精度

齿轮在加工、检验和装夹时的径向基准面和轴向基准面应尽量一致。多数情况下，常以齿轮孔和端面为齿面加工的基准面，所以齿坯精度中主要是对齿轮孔的尺寸精度和形状精度、孔和端面的位置精度有较高的要求；当以外圆作为测量基准或定位、找正基准时，对齿坯外圆也有较高的要求。具体要求见表 6-1。

表 6-1　齿坯尺寸和形状公差

齿轮精度等级	5	6	7	8
孔的尺寸和形状公差	IT5	IT6	IT7	
轴的尺寸和形状公差	IT5		IT6	
外圆直径尺寸和形状公差	IT7		IT8	

注：1. 当齿轮的三个公差组的标准公差等级不同时，按最高等级确定公差值。

　　2. 当不以外圆作为测齿厚的基准面时，其尺寸公差按 IT11 给定，但不大于 0.1mm。

　　3. 当以外圆作为基准面时，本表就指外圆的径向圆跳动公差。

2. 齿坯加工方案的选择

齿坯加工的主要内容包括：齿坯的孔加工、端面和中心孔的加工（对于轴类齿轮）以及齿圈外圆和端面的加工；对于轴类齿轮和套筒齿轮的齿坯，其加工过程和一般轴、套类基本相同，下面主要讨论盘类齿轮齿坯的加工工艺方案。齿坯的加工工艺方案主要取决于齿轮的轮体结构和生产类型。

（1）大批大量生产的齿坯加工　大批大量加工中等尺寸齿轮齿坯时，多采用"钻—拉—

多刀车"的工艺方案。

1）以毛坯外圆及端面定位进行钻孔或扩孔。

2）拉孔。

3）以孔定位在多刀半自动车床上粗、精车外圆、端面、车槽及倒角等。

由于这种工艺方案采用高效机床组成流水线或自动线，所以生产率高。

（2）成批生产的齿坯加工　成批生产齿坯时，常采用"车—拉—车"的工艺方案。

1）以齿坯外圆或轮毂定位，粗车外圆、端面和内孔。

2）以端面支承拉孔（或内花键）。

3）以孔定位精车外圆及端面等。

这种方案可由卧式车床或转塔车床及拉床实现。它的特点是加工质量稳定，生产率较高。当齿坯孔有台阶或端面有槽时，可以充分利用转塔车床上的转塔刀架来进行多工位加工，在转塔车床上一次完成齿坯的全部加工。

（3）单件小批生产的齿坯加工　单件小批生产齿轮时，一般齿坯的孔、端面及外圆的粗、精加工都在通用车床上经两次装夹完成，但必须注意将孔和基准端面的精加工在一次装夹内完成，以保证位置精度。

四、训练环节：齿坯的车削加工

1. 训练目的与要求

1）确定齿坯的加工方案。

2）掌握齿坯零件加工的主要技术要求。

3）熟悉车床工艺装备的选用方法。

4）掌握车刀的刃磨技巧。

5）操作车床进行齿坯零件的加工。

2. 仪器与设备

1）卧式车床若干台。

2）锻件：$\phi100mm \times 45mm$。

3）工量具准备。

① 量具准备清单。游标卡尺：$0 \sim 150mm/0.02mm$；内孔塞规：$\phi35H7$；钢直尺：$0 \sim 200mm$；百分表：$0 \sim 10mm/0.01mm$。

② 工具准备清单：卡盘扳手、刀架扳手、垫刀片。

③ 刀具准备清单：90°外圆车刀、端面车刀、钻头、内孔车刀。

3. 训练内容

毛坯为 $\phi100mm \times 45mm$ 的锻件，完成图 6-2 所示直齿圆柱齿轮齿坯的工艺规程的编制、车刀刃磨及齿坯的车削加工。

（1）零件图工艺分析　齿轮毛坯要求较高的部分为内孔，内孔为下一道工序齿形加工的定位基准，对于 $\phi35H7$ 的孔，采用钻孔、车内孔来保证。

（2）确定装夹方案　以外圆和端面定位，装夹在自定心卡盘上。

（3）确定加工步骤　加工步骤为：钻孔→车端面、倒角→车内孔→车外圆→调头车外圆→车端面、倒角→车内孔、倒角。

（4）选择刀具与切削用量

1）刀具。90°外圆车刀、45°端面车刀；$\phi20mm$ 钻头、内孔车刀。上述刀具材料为高速钢。

2）切削用量。粗车时：车床转速为 305r/min、进给量为 0.2mm/r、背吃刀量 $a_p = 2 \sim 3$mm；精车时：车床转速为 600r/min、进给量 0.1mm/r、背吃刀量 $a_p = 0.1$mm。

4. 训练报告

1）分析零件图，正确选用车床的工艺装备。

2）分析此零件加工的工艺过程并能编制工艺规程。

3）根据本次训练内容，总结车床加工零件的全过程，并写出训练报告。

五、回顾与练习

1）在不同生产类型条件下，齿坯加工是怎样进行的？如何保证齿坯内外圆同轴度及定位用的端面与内孔的垂直度？齿坯精度对齿轮加工精度有什么影响？

2）试述齿轮材料的种类、热处理方法和使用范围。现有一齿轮在重载和较大冲击载荷下工作，要求齿面硬、耐磨，心部强而韧，试选用齿轮材料和热处理方式。

任务二　齿轮齿面加工

一、工作任务

根据图 6-2 完成如下工作任务：

1）利用仿形法在 X62W 型铣床上进行齿面粗加工。

2）利用展成法在 Y3150E 型滚齿机上进行齿面粗加工。

二、任务目标

1）掌握齿轮零件加工工艺的编制方法。

2）掌握齿轮加工的仿形法、展成法加工原理。

3）熟悉铣床工艺装备的选用方法并操作铣床进行铣齿加工。

4）熟悉滚齿机和插齿机工艺装备的选用方法。

5）操作滚齿机和插齿机进行滚齿、插齿加工。

6）了解齿面的精加工方法：剃齿、珩齿、磨齿。

7）培养学生的零件质量检测及控制能力。

8）培养学生团队协作和沟通能力。

三、学习内容

（一）齿轮加工方法

齿轮的加工方法有无屑加工和切削加工两类。无屑加工有铸造、热轧、冷挤、注塑及粉末冶金等方法。无屑加工具有生产率高、耗材少、成本低等优点，但因受材料性质及制造工艺等方面的影响，加工精度不高。故无屑加工的齿轮主要用于农业及矿山机械。对于有较高传动精度要求的齿轮来说，主要还是通过切削和磨削加工来获得所需的制造质量。

按齿面形成的原理不同，齿面的加工方法可分为成形法和展成法两类。成形法是利用刀具齿面切出齿轮的齿槽齿面；展成法则是让刀具、工件模拟一对齿轮（或齿轮与齿条）做啮合（展成）运动，运动过程中，由刀具齿面包络出工件齿面。按所用装备不同，齿面加工又有铣齿、滚齿、刨齿、磨齿、剃齿、珩齿等多种方法（其中铣齿为成形法，其余均为展成法）。

齿轮加工的关键是齿面加工。齿面加工包括齿面的切削加工和齿面的磨削加工。表6-2 所列为常用的齿面加工方法及设备。

（二）齿面的粗加工

1. 铣齿

图 6-5 所示为在卧式或立式铣床上用盘形齿轮铣刀或指状齿轮铣刀加工齿面，该方法是成形法加工齿轮中应用较为广泛的一种。加工时，将齿坯安装在分度头上，铣完一个齿槽后再用分度头分齿，再铣完另一个齿槽，依次铣完所有齿槽。齿面由齿轮铣刀的切削刃形状来保证，轮齿分布的均匀性由分度头来保证。

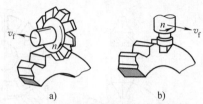

图 6-5　直齿圆柱齿轮的成形铣削

a) 盘形铣刀铣削　b) 指形铣刀铣削

表 6-2　常用的齿面加工方法及设备

齿面加工方法		刀具	机床	齿轮精度等级	齿面的表面粗糙度 Ra 值/μm	适用范围
成形法	铣齿	模数铣刀	铣床	IT9 以下	3.2 ~ 6.3	单件修配生产中，加工低精度的外直齿圆柱齿轮，齿条、锥齿轮、蜗轮
	拉齿	齿轮拉刀	拉床	IT7	0.4 ~ 1.6	大批量生产 IT7 级内齿轮，外齿轮拉刀制造复杂，故较少使用
展成法	滚齿	齿轮刀	滚齿机	IT7 ~ IT8	1.6 ~ 3.2	各种批量生产中，加工中等质量外直齿圆柱齿轮及蜗轮
	插齿	插齿刀	插齿机	IT7 ~ IT8	1.6	各种批量生产中，加工中等质量的内、外直齿圆柱齿轮、多联齿轮及小型齿轮
	剃齿	剃齿刀	剃齿机	IT6 ~ IT7	0.4 ~ 0.8	主要用于大批量生产，用于齿轮滚、插、预加工后、淬火前的精加工
	磨齿	砂轮	磨齿机	IT3 ~ IT6	0.2 ~ 0.4	用于高精度齿轮的齿面加工，生产率低，成本高，大多数用于淬硬齿面后的精加工
	珩齿	珩磨轮	珩磨机	IT6 ~ IT7	0.4 ~ 0.8	一般标准公差等级为 IT6 ~ IT7，多用于经过剃齿和高感应加热淬火后齿面的精加工

铣齿加工的生产率和加工精度都比较低，通常能加工 IT9 级以下的齿轮，使用的是普通铣床，刀具也容易制造，所以多用于单件小批生产或修配加工低精度的齿轮。

采用盘形齿轮铣刀或指形齿轮铣刀依次对装于分度头上的工件的各齿槽进行铣削的方法为铣齿。这两种齿轮铣刀均为成形铣刀，盘形铣刀适用于加工模数小于 8 的齿轮；指形铣刀适用于加工大模数（$m = 8 \sim 40$）的直齿、斜齿轮，特别是人字齿轮。铣齿时，齿面靠铣刀刃形保证。生产中对同模数的齿轮设计有一套（8 把或 15 把）铣刀，每把铣刀适应该模数一定齿数范围内的齿面加工，其齿面按该齿数范围内的最小齿数设计，加工其他齿数时会产生一定的误差，故铣齿加工精度不高，一般用于单件、小批量生产。

这种方法的特点是所采用的刀具在其轴平面内，切削刃的形状和被切齿轮齿间的形状相同。常用的刀具有盘形铣刀和指形铣刀。

图 6-6 所示为用盘形铣刀切制齿轮。切制时，铣刀转动，同时轮坯沿它的轴线方向移动，

从而实现切削和进给运动，待切出一个齿间，也就是切出相邻两齿的各一侧齿廓，然后轮坯退回原来位置，轮坯转过一个分齿角度，再继续加工第二个齿间，直至整个齿轮加工结束。

图 6-7 所示为用指形铣刀加工齿轮。加工方法与用盘形铣刀时相似，不过指形铣刀常用于加工大模数（如 $m > 20\text{mm}$）的齿轮，并可以切制人字齿轮。

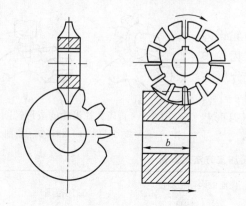

图 6-6　用盘形铣刀切制齿轮

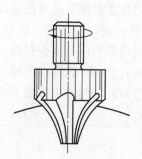

图 6-7　用指形铣刀加工齿轮

由于齿廓渐开线的形状随基圆大小不同而不同，而基圆的直径 $d_b = mz\cos\alpha$，所以当模数 m、压力角 α 为一定时，渐开线齿廓的形状将随齿轮的齿数多少而变化。因此，要想切出完全正确的齿廓，则在加工模数 m、压力角 α 相同而齿数不同的齿轮时，每一种齿数的齿轮就需要一把铣刀，显然这在实际中是很难做到的。所以在生产中加工模数 m、压力角 α 相同的齿轮时，根据齿数不同，一般只备一组刀具（8 把或 15 把）来加工不同齿数的齿轮（表 6-3）。

表 6-3　盘形齿轮铣刀刀号

刀号	1	2	3	4	5	6	7	8
加工齿数范围	12 ~ 13	14 ~ 16	16 ~ 20	21 ~ 25	26 ~ 34	34 ~ 54	54 ~ 134	135 以上

由于铣刀的号数有限，所以用这种方法加工出来的齿轮其齿廓曲线大多数是近似的，加之分度又有误差，因而精度较低。同时由于加工不连续，生产率低，所以不适用于大量生产。

2. 滚齿

（1）滚齿加工原理　滚齿加工是根据展成法原理来加工齿轮轮齿的，是由一对轴线交错的斜齿轮啮合传动演变而来的，如图 6-8 所示。用齿轮滚刀加工齿轮的过程，相当于一对斜齿轮啮合滚动的过程，如图 6-8a 所示；将其中一个齿轮的齿数减少到几个或一个，使其螺旋角增大，此时齿轮已演变成蜗杆，如图 6-8b 所示；沿蜗杆轴线方向开槽并铲背后，则成为齿轮滚刀，如图 6-8c 所示。因此齿轮滚刀实质上就是一个螺旋角很大、齿数很少、齿很长、绕了好多圈的斜齿圆柱齿轮。在它的圆柱面上均匀地有容屑槽，经过铲背、淬火以及对各个刀齿的前、后面进行刃磨，即形成一把切削刃分布在蜗杆螺旋表面上的齿轮滚刀。当齿轮滚刀在按所给定的切削速度回转运动，并与被切齿轮做一定速比的啮合过程中，在齿坯上就滚切出齿轮的渐开线齿形。

图 6-9a 所示的滚切过程中，分布在螺旋线上的滚刀各切削刃相继切去齿槽中一薄层金属，每个齿槽在滚刀旋转过程中由若干个刀齿依次切出，渐开线齿廓则在滚刀与齿坯的对滚过程中由切削刃一系列瞬间位置包络而成，如图 6-9b 所示。从机床运动的角度出发，工件渐开线齿

面是由一个复合成形运动（由三个单元运动——B_{11}、B_{12}和A_1所组成，B_{11}为滚刀的回转运动，B_{12}为工件的回转运动，A_1为滚刀的直线移动）和一个简单成形运动的组合所形成的。B_{11}和B_{12}之间应有严格的速比关系，即当滚刀转过一转时，工件相应地转过k_2/z转（k_2为滚刀的线数，z为工件齿数）。从切削加工的角度考虑，滚刀的回转（B_{11}）为主运动，用n_0表示；工件的回转（B_{12}）为圆周进给运动，即展成运动，用n_w表示；滚刀的直线移动（A_1）是为了沿齿宽方向切出完整的齿槽，称为垂直进给运动，用进给量f表示。当滚刀与工件连续不断地旋转时，便在工件整个圆周上依次切出所有齿槽，形成齿轮的渐开线齿廓。

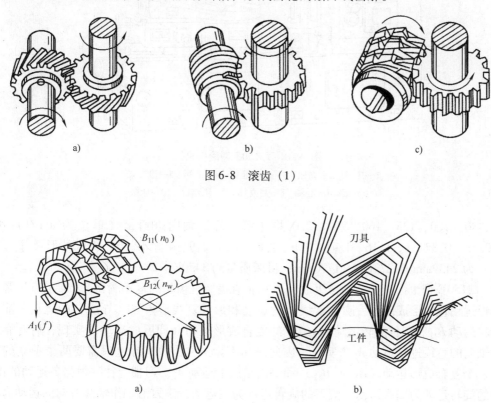

图6-8　滚齿（1）

图6-9　滚齿（2）

a）滚齿运动　b）齿廓展成过程

　　（2）滚齿加工机床与刀具　常见的中型通用滚齿机有立柱移动式和工作台移动式两种。Y3150E型滚齿机属于后者，该滚齿机能够加工直齿和斜齿圆柱齿轮。此外，使用蜗轮滚刀还可以用手动径向进给的方式来滚切蜗轮。

　　1）Y3150E型滚齿机的结构极其传动链。Y3150E型滚齿机外形图如图6-10所示，立柱2固定在床身1上，刀架溜板3带动滚刀架5可以沿立柱导轨做垂直方向的进给运动或快速移动。滚刀安装在滚刀架5上，由滚刀架的主轴带动做旋转主运动。滚刀架可绕自己的水平轴线运动，以调整滚刀的安装角度。工件安装在工作台9的心轴7上或者直接安装在工作台上，随同工作台一起做旋转运动。工作台和后立柱8装在同一溜板上，可沿床身水平导轨移动，以调整工件的径向位置或做手动径向进给运动。后立柱上的支架6可通过轴套或顶尖支承工件心轴的上端，这样可以提高滚切工作的平稳性。

　　2）Y3150E型滚齿机主要技术参数。最大工件直径为500mm；最大加工宽度为250mm；最大加工模数为8mm；最少加工齿数为$5k$（滚刀头数）；滚刀主轴转速（单位为r/min）；40、

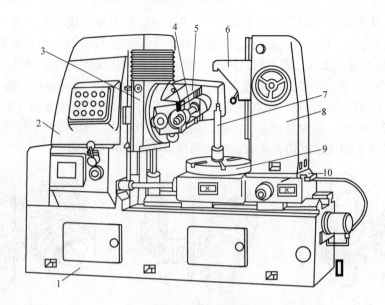

图 6-10　Y3150E 型滚齿机
1—床身　2—立柱　3—刀架溜板　4—刀柄　5—滚刀架
6—支架　7—心轴　8—后立柱　9—工作台　10—床鞍

50、63、80、100、125、160、200、250 共 9 级；刀架轴向进给量（单位为 mm/r）：0.4、0.56、0.63、0.87、1、1.16、1.41、1.6、1.8、2.5、2.9、4 共 12 级；机床外形尺寸（长×宽×高）为 2439mm×1272mm×1770mm；机床质量约 3450kg。

　　3）Y3150E 型滚齿机的传动链组成（以加工直齿圆柱齿轮的运动为例）。加工直齿圆柱齿轮的成形运动包括形成渐开齿廓（素线）的运动和形成直线形齿线（导线）的运动。前者靠滚刀旋转运动 B_{11} 和工件旋转运动 B_{12} 组成的复合成形运动（即展成运动）实现；后者靠滚刀沿工件轴向的直线进给运动 A_2 来实现。因此滚切直齿圆柱齿轮实际上只需要两个独立的成形运动：一个复合成形运动（$B_{11} + B_{12}$）和一简单成形运动 A_2。习惯上往往根据各运动的作用，称工件的旋转运动为展成运动，滚刀的旋转运动为主运动，滚刀沿工作轴线方向的运动为轴向进给运动，并据此来命名这些运动的传动链。

　　图 6-11 所示为滚切直齿圆柱齿轮的传动原理图，它具有以下三条传动链：

　　主运动传动链：电动机（M）—1—2—u_v—3—4—滚刀（B_{11}），是一条将动力源（电动机）与滚刀相联系的传动链，滚刀与动力源之间没有严格的相对运动要求，是一条外联系传动链。由于滚刀的材料、直径及工件的材料、硬度、加工精度等诸多因素的不同，需要对滚刀的转速 B_{11} 随时进行调整，换置机构 u_v 所起的就是这个作用，即根据工艺条件所确定的滚刀转速来调整传动比。滚刀转速 B_{11} 的大小，并不影响渐开线齿廓的形状，只影响渐开线齿廓的形成快慢。

　　展成运动传动链：滚刀（B_{11}）—4—5—u_x—6—7—工作台（B_{12}），是一条联系滚刀主轴与工作台之间的内联系传动链，由它决定齿轮齿廓的渐开线形状。其中，换置机构为 u_x，用于适应工件齿数和滚刀头数的变化。根据蜗轮蜗杆的啮合原理，工

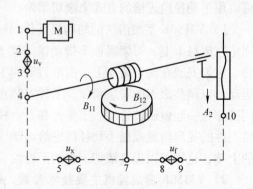

图 6-11　滚切直齿圆柱齿轮的传动原理图

作台（相当于蜗轮）的展成运动方向取决于滚刀（相当于蜗杆）的旋向。采用右旋滚刀加工时，工件按逆时针方向（俯视）转动，用左旋滚刀加工时，工件按顺时针方向转动，即"右逆左顺"。

轴向进给运动传动链：工作台（B_{12}）—7—8—u_f—9—10—刀架（A_2），为了切出工件的全齿长，在滚刀旋动的同时，滚刀架还要带动滚刀沿工件轴线方向移动。这个运动是维持切削得以连续进行的运动，是进给运动。传动链中换置机构 u_f 用于调整轴向进给量的大小和进给方向，以适应不同加工表面粗糙度的要求。轴向进给运动的快慢，并不影响直线形齿线的轨线（靠刀架导轨保证），只影响形成齿线的快慢及被加工齿面的表面粗糙度。因此，滚刀的轴向进给运动是一个简单的成形运动，传动链属于外联系传动链。

滚齿刀具：这里只介绍几种渐开线展成法加工齿轮刀具。

齿轮滚刀：齿轮滚刀是一种展成法加工齿轮的刀具，它相当于一个螺旋齿轮，其齿数很少（齿数或称头数，通常是一头或两头），螺旋角很大，实际上就是一个蜗杆，如图6-12所示。

渐开线蜗杆的齿面是渐开线，根据形成原理，渐开线螺旋面发生的素线是在与基圆柱相切的平面中的一条斜线，这条斜线与端面的夹角就是这个螺旋面的基圆螺纹升角 λ_b，用此原理可车削渐开线蜗杆，如图6-13所示。车削时车刀的前刀面切于直径为 d_b 的基圆柱，车蜗杆右齿面时车刀低于蜗杆轴线，车左齿面时车刀高于蜗杆轴线，车刀取前角 $\gamma_f = 0°$，齿形角为 λ_b。

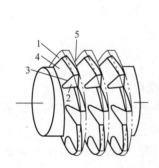

图6-12　滚刀的基本蜗杆
1—蜗杆表面　2—前面　3—侧刃　4—侧铲面　4—后面

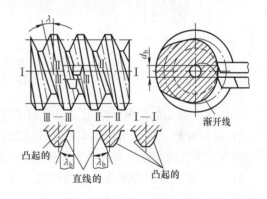

图6-13　渐开线蜗杆齿面的形成

用滚刀加工齿轮的过程类似于交错轴螺旋齿轮的啮合过程，如图6-14所示，滚齿的主运动是滚刀的螺旋运动，滚刀转一圈，被加工齿轮转过的齿轮数等于滚刀的头数，以形成展成运动；为了在整个齿宽上都加工出齿轮齿形，滚刀还要沿齿轮轴线方向进给；为了得到规定的齿高，滚刀还要相对于齿轮做径向进给运动；加工斜齿轮时，除上述运动外，齿轮还有一个附加运动，附加转动的大小与斜齿轮螺旋角大小有关。

蜗轮滚刀：蜗轮滚刀加工蜗轮的过程是模拟蜗杆与蜗轮啮合的过程，如图6-15所示，蜗轮滚刀相当于原蜗杆，只是上面制作出切削刃，这些切削刃都在原蜗杆的螺旋面上。蜗杆滚刀的外形很像齿轮滚刀，但设计原理各不相同，蜗杆滚刀基本蜗杆的类型和基本参数都必须与原蜗杆相同，加工每一规格的蜗轮需用专用的滚刀。用滚刀加工蜗轮可采用径向进给或切向进给，如图6-16所示。用径向进给方式加工蜗轮时，滚刀每转一转，蜗轮转动的齿数等于滚刀的头数，形成展成运动；滚刀在转动的同时，沿着蜗轮半径方向进给，达到规定的中心距后停止进给，而展成运动继续，直到包络好蜗轮齿形，用切向进给方式加工蜗轮时，首先将滚刀和蜗轮的中心距调整到等于原蜗杆与蜗轮的中心距；滚刀和蜗轮除做展成运动外，滚刀还沿本身的轴线方向进给切入蜗轮，因此滚刀每转一转，蜗轮除需转过与滚刀头数相等的齿数外，由于滚刀有切向运动，蜗轮还需要有附加的转动。

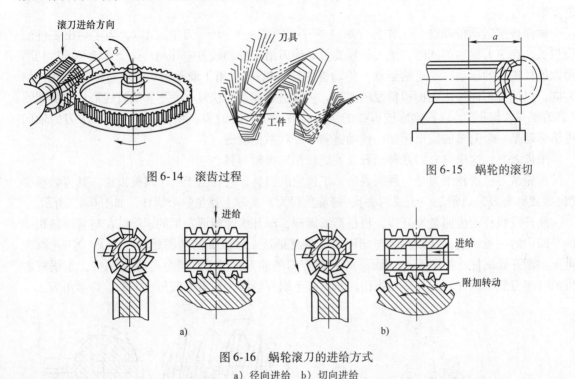

图 6-14　滚齿过程

图 6-15　蜗轮的滚切

图 6-16　蜗轮滚刀的进给方式
a）径向进给　b）切向进给

（3）滚齿加工的特点及应用　滚齿加工的特点主要体现在以下几个方面：

1）适应性好。由于滚齿是采用展成法加工，因而用一把滚刀可以加工与其模数、压力角相同的不同齿数的齿轮，大大扩大了齿轮加工的范围。

2）生产率高。因为滚齿是连续切削，所以无空行程损失。可采用多线滚刀来提高粗滚齿的效率。

3）滚齿时，一般都使用滚刀一周多点的刀齿参加切削，工件上所有齿槽都是由这些刀齿切出来的，因而被切齿轮的齿距偏差小。

4）滚齿时，工件转过一个齿，滚刀转过 $1/k$ 转（k 为滚刀头数）。因此，在工件上加工出一个完整的齿槽，刀齿相应地转 $1/k$ 转。如果在滚刀上开有 n 个刀槽，则工件的齿廓是由 $j = n/k$ 个折线组成的。由于受滚刀强度限制，对于直径在 $50 \sim 200\text{mm}$ 范围内的滚刀 n 值一般为 $8 \sim 12$。这样，使得形成工件齿廓包络线的刀具齿形（即"折线"）十分有限，比起插齿要少得多。所以，一般用滚齿加工出来的齿廓表面粗糙度值大于插齿加工的齿廓。

5）滚齿加工主要用于直齿和斜齿圆柱齿轮、蜗轮，而不能加工内齿轮和多联齿轮。

3. 插齿

（1）插齿原理　插齿的加工过程是模拟一对直齿圆柱齿轮的啮合过程，如图 6-17a 所示。插齿刀所模拟的那个齿轮称为产形齿轮。产形齿轮用刀具材料来制造，并使它形成必要的切削参数，就变成了一把插齿刀。插齿时，刀具沿工件轴向做高速往复直线运动，形成切削加工的主运动，同时还与工件做无间隙的啮合运动，从而在工件上加工出全部轮齿齿廓。在加工过程中，刀具每往复运动一次仅切出工件齿槽的很小一部分。工件齿槽的齿形曲线是由插齿刀切削刃多次切削的包络线形成的，如图 6-17b 所示。

插齿加工时，机床必须具备以下运动：

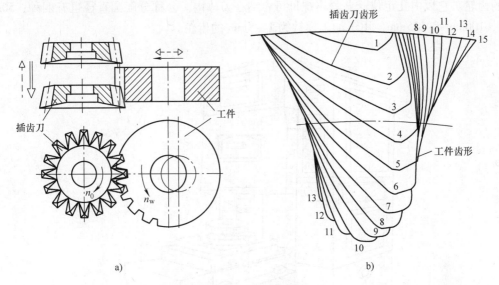

图 6-17　插齿原理
a）插齿原理　b）齿廓的形成
1~14—插齿刀刀齿切削轨迹

1）主运动。插齿刀做上、下往复运动，向下为切削运动，向上为返回的退刀运动。切削速度的单位也为 m/min。当切削速度 v_c 和往复运动的行程长度 L 确定后，可用公式 $n_0 = 1000v_c/(2L)$ 算出插齿刀每分钟的往复行程数 n_0。

2）展成运动。在加工过程中，必须使插齿刀和工件保持一对齿轮的啮合关系，齿刀转过一个齿，工件应准确地转过一个齿，即 $n_w/n_0 = z_0/z_w$（z_0、z_w 分别为刀具和工件的齿数）。刀具和工件两者的运动组成一个复合运动——展成运动。

3）径向进给运动。为使刀具逐渐切至工件的全齿深，插齿刀必须做径向进给。径向进给量是插齿刀每往复运动一次径向移动的距离，当达到全齿深后，机床便自动停止径向进给运动。这时工件必须再转动一周，才能加工出全部完整的齿形。

4）圆周进给运动。圆周进给运动是插齿刀的回转运动。插齿刀每往复行程一次，同时回转一个角度，其转动的快慢直接影响插齿刀的切削用量和齿形参与包络的数量。圆周进给量用插齿刀每次往复行程中在分度圆上转过的圆弧长度表示，其单位为 mm/往复行程。

5）让刀运动。为了避免插齿刀在回程时擦伤已加工表面和减少刀具磨损，刀具和工件之间应让开一段距离，而在插齿刀重新开始向下工作行程时，应立刻恢复到原位。这种让开和恢复的动作称为让刀运动。一般新型号的插齿机是通过刀具主轴座的摆动来实现的，这样可以减小让刀产生的振动。

插齿机外形如图 6-18 所示，立柱 3 固定在床身 6 上，插齿刀 2 装在刀具主轴 1 上做上下往复运动和旋转运动，工件 4 装在回转工作台 5 上做旋转运动，并可随同床鞍沿导轨做径向切入运动，工件和刀具之间的距离可以进行调整。

（2）插齿刀　插齿刀的类型主要有以下三种：

1）盘形插齿刀。如图 6-19a 所示，这种形式的插齿刀以内孔和支承端面定位，用螺母紧固在机床主轴上，主要用于加工直齿外齿轮及大直径的内齿轮。它的标称分度圆直径有四种：75mm、100mm、160mm 和 200mm，用于加工模数为 1~12mm 的齿轮。

2）碗形直齿插齿刀。如图6-19b所示，这种形式的插齿刀主要用于加工多联齿轮和带有凸肩的齿轮。它以内孔定位，夹紧用螺母可容纳在刀体内。公称分度圆直径也有四种：50mm、75mm、100mm和125mm，用于加工模数为1~8mm的齿轮。

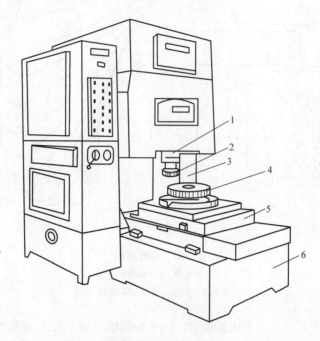

图6-18　插齿机外形
1—刀具主轴　2—插齿刀　3—立柱　4—工件　5—回转工作台　6—床身

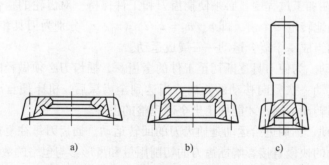

图6-19　插齿刀的类型
a）盘形插齿刀　b）碗形直齿插齿刀　c）锥柄插齿刀

3）锥柄插齿刀。如图6-19c所示，这种形式的插齿刀主要用于加工内齿轮，它的公称分度圆直径有两种：25mm和38mm，用于加工模数为1~3.75mm的齿轮。这种插齿刀为带锥柄（莫氏短圆锥柄）的整体结构，用带有内锥孔的专用接头与机床主轴连接。

插齿刀一般制成三种标准公差等级：AA、A和B，在正常的工艺条件下，分别用于6、7和8级精度齿轮的加工。

4. 插齿的工艺特点与应用

与滚齿相比，插齿有以下工艺特点：

1）齿形精度比滚齿高。这是由于插齿刀在设计时没有滚刀那种近似造型误差，加之在制造时可通过高精度磨齿机获得精确的渐开线齿形。

2）齿面的表面粗糙度值小。这主要是由于插齿过程中参与包络的切削刃数远比滚齿时为多。

3）运动精度低于滚齿。由于插齿时，插齿刀上各个刀齿顺次切削工件的各个齿槽，所以刀具的齿距累积误差将直接传递给被切齿轮，从而影响被切齿轮的运动精度。

4）齿向偏差比滚齿大。因为插齿的齿向偏差取决于插齿机主轴回转轴线与工作台回转轴线的平行度误差，且插齿刀往复运动频繁，主轴与套筒容易磨损，所以齿向偏差常比滚齿加工时要大。

5）插齿的生产率比滚齿低。这是因为插齿刀的切削速度受往复运动惯性限制难以提高，目前插齿刀每分钟往复行程次数一般只有几百次。此外，插齿有空行程损失。

6）插齿非常适合于加工内齿轮、双联或多联齿轮、齿条、扇形齿轮，而滚齿则无法加工这些齿轮。

（三）齿面的精加工

1. 剃齿

剃齿常用于未淬火圆柱齿轮的精加工。生产率很高，是软齿面精加工最常见的加工方法之一。

（1）剃齿原理　剃齿是利用一对交错轴斜齿轮啮合原理在剃齿机上进行的，如图 6-20a 所示，剃齿刀相当于一个斜齿轮，每个齿的齿侧沿渐开线方向开槽以形成切削刃。将经过滚齿或插齿的齿轮安装在两顶尖间的心轴上，两者的轴线交错成一定的角度。加工时剃齿刀做高速回转并带动工件一起回转，做无侧隙的啮合。在啮合点处刀具相对于工件在齿侧面上有一个相对速度，使得剃齿刀相对被剃齿轮齿面产生一个滑移，在齿面上切下微细的切屑，这就是剃齿原理。

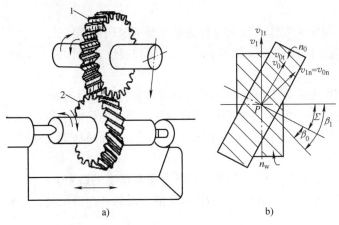

图 6-20　剃齿刀及剃齿工作原理
1—剃齿刀　2—工件

由于剃齿刀和工件啮合为点接触（实际为小面积接触），为了剃出整个齿侧面，工作台带动工件还须做往复直线运动，工作台每次行程后，剃齿刀带动工件反转，以剃出另一齿侧面。工作台每次双行程后剃齿刀还应径向进给一次，使加工余量逐渐被切除以达到工件图样要求，所以，剃齿应具备以下运动，如图 6-20b 所示。

1）剃齿刀的正反旋转运动（工件由剃齿刀带动旋转）。

2）工件沿轴向的往复直线运动。

3）工件每往复运动一次后的径向进给运动。

（2）剃齿的工艺特点及应用

1）剃齿加工效率高，一般只要 2 ~ 4min 便可完成一个齿轮的加工。剃齿加工的成本也是很低的，平均要比磨齿低 90%。

2）剃齿加工对齿轮的切向误差的修正能力差。因此，在工序安排上应采用滚齿作为剃齿的前道工序，因为滚齿的运动精度比插齿好，滚齿后的齿形误差虽然比插齿大，但这在剃齿工序中却是不难纠正的。

3）剃齿加工对齿轮的齿形误差和基节误差有较强的修正能力，因而有利于提高齿轮的齿形精度。剃齿加工精度主要取决于刀具，只要剃齿刀本身精度高，刃磨质量好，就能够剃出表面粗糙度值为 $0.32\mu m < Ra \leqslant 1.25\mu m$、精度为 6 ~ 7 级的齿轮。

20 世纪 80 年代中期发展了硬齿面剃齿技术，它采用 CBN 镀层剃齿刀，可精加工硬度为 60HRC 以上的渗碳淬硬齿轮，刀具转速达 3000 ~ 4000r/min，机床采用 CNC，与普通剃齿比较，加工时间缩短 20%，调整时间节省 90%。

2. 珩齿

（1）珩齿原理　珩齿是一种用于加工淬硬齿面的齿轮精加工方法。工作时它与工件之间的相对运动关系与剃齿相同（图 6-21），所不同的是作为切削工具的珩磨轮为一个用金刚砂磨料加入环氧树脂等材料做结合剂浇注或热压而成的塑料齿轮，而不像剃齿刀有许多切削刃。在珩磨轮与工件"自由啮合"的过程中，凭借珩磨轮上齿面密布的磨粒，以一定压力和相对滑动速度进行切削。

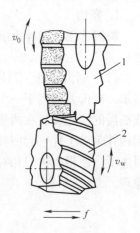

图 6-21　珩齿原理
1—珩磨轮　2—工件

珩齿余量一般不超过 0.025mm，切削速度为 1.5m/s 左右，工件的纵向进给量为 0.3mm/r 左右。

（2）珩齿的特点

1）珩齿时由于切削速度低，加工过程为低速磨削、研磨和抛光的综合作用过程，故工件被加工齿面不会产生烧伤和裂纹，表面质量好。

2）由于珩轮弹性大、加工余量小、磨料粒度号大，所以珩齿修正误差的能力较差；另一方面珩轮本身的误差对加工精度的影响也很小。珩前的齿槽预加工应尽可能采用滚齿，因为它的运动精度高于插齿，从而在齿面精加工工序降低了对齿距累积误差等进行修正的要求。

3）与剃齿刀相比，珩轮的齿形简单，容易获得高精度的造型。

4）生产率高，一般为磨齿和研齿的 10 ~ 20 倍。刀具寿命也很高，珩轮每修整一次，可加工齿轮 60 ~ 80 件。

（3）珩齿的应用　由于珩齿修正误差的能力不强，一般主要用来减小齿轮热处理后的表面粗糙度值，一般可从 $Ra1.6\mu m$ 减小到 $Ra0.4\mu m$ 以下。7 级精度的淬火齿轮，常采取"滚齿—剃齿—齿部淬火—修正基准—珩齿"的齿廓加工路线。

3. 磨齿

一般磨齿机都采用展成法来磨削齿面。常见的磨齿机有大平面砂轮磨齿机、碟形砂轮磨齿机、锥面砂轮磨齿机和蜗杆砂轮磨齿机。其中，大平面砂轮磨齿机的加工精度最高，可达 3 ~ 4 级，但效率较低；蜗杆砂轮磨齿机的效率最高，加工精度达 6 级。

（1）磨齿原理　图 6-22 是双碟形砂轮磨齿机的工作原理图。从图上可以看出，两个碟形砂轮的工作棱边形成假想齿条的两齿侧面（图 6-22a 和 b 中的两个砂轮的倾斜角分别为 20°和

0°）。在磨削过程中，砂轮高速旋转形成磨削加工的主运动，工件则严格按齿轮与齿条的啮合原理做展成运动，使工件被砂轮磨出渐开线齿形。20°磨削法（也有采用15°的）可在齿面形成网状花纹，有利于储油润滑；0°磨削法可对齿顶和齿根修形，也可磨鼓形齿，且展成长度和轴向进给长度较短，可采用大磨削用量，生产率较高。

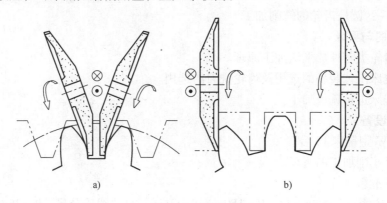

图 6-22　展成法磨齿原理

a）20°磨削法　b）0°磨削法

　　目前，在批量生产中正日益采用蜗杆砂轮磨齿机。它的工作原理与滚齿加工相同，蜗杆砂轮相当于滚刀。加工时，砂轮与工件相对倾斜一定的角度，两者保持严格的啮合传动关系，如图 6-23 所示。为磨出整个齿宽，砂轮还须沿工件轴向进给。由于砂轮的转速很高（约 2000r/min），工件相应的转速也较高，所以磨削效率高。被加工齿轮的精度主要取决于机床砂轮主轴和工件主轴之间的展成运动传动链和蜗杆砂轮的修磨精度。

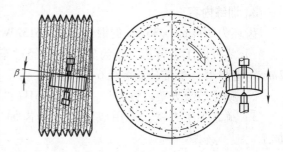

图 6-23　蜗杆砂轮磨齿机的工作原理

　　（2）磨齿加工的特点及应用　磨齿加工的主要特点是：加工精度高，一般条件下加工精度可达 4~6 级，表面粗糙度值为 $Ra0.2~0.8\mu m$。由于采取强制啮合方式，不仅修正误差的能力强，而且可以加工表面硬度很高的齿轮。但是，一般磨齿（除蜗杆砂轮磨齿外）加工效率较低、机床结构复杂、调整困难、加工成本高，目前主要用于加工精度要求很高的齿轮。

（四）齿面加工方案的选择

　　齿面加工方案的选择，主要取决于齿轮的标准公差等级、生产批量和齿轮的热处理方法等。

　　1）8 级或 8 级精度以下的齿轮加工方案：对于不淬硬的齿轮用滚齿或插齿即可满足加工要求；对于淬硬齿轮可采用"滚（或插）—齿端加工—齿面热处理—修正内孔"的加工方案。热处理前的齿面加工精度应比图样要求提高一级。

　　2）6~7 级精度的齿轮加工方案：对于淬硬齿面的齿轮可以采用"滚（插）齿—齿端加工—表面淬火—找正基准—磨齿"，这种方案加工精度稳定；也可以采用"滚（插）—剃齿或冷挤—表面淬火—找正基准—内啮合珩齿"的加工方案，此方案加工精度稳定，生产率高。

　　3）5 级精度以上的齿轮加工方案：一般采用"粗滚齿—精滚齿—表面淬火—找正基准—粗磨齿—精磨齿"的加工方案。大批量生产时也可采用"粗磨齿—精磨齿—表面淬火—找正基准—磨削外珩自动线"的加工方案。这种加工方案的齿轮精度可稳定在 5 级以上，且齿面加工纹理十分错综复杂，噪声极低，是品质极高的齿轮。

四、训练环节

训练项目一：圆柱齿轮的铣削加工

1. 训练目的与要求

1）掌握齿轮类零件成形法加工原理。

2）熟悉铣床工艺装备的选用及齿轮铣刀的选用。

3）操作铣床进行铣齿加工。

2. 仪器与设备

1）X6132W 型铣床 10 台。

2）已经过车削加工的齿坯。

3）工量具准备。

① 量具准备清单：游标卡尺，0 ~ 150mm/0.02mm；公法线千分尺，0 ~ 25mm/0.01mm。

② 工具准备清单：扳手、铣床分度头。

③ 刀具准备清单：模数为 2mm 的 6 号齿轮盘铣刀。

3. 训练内容

齿坯为 ϕ94mm×35mm 的锻件，在 X6132W 型铣床上进行铣齿加工。

1）零件图工艺分析。该齿轮毛坯已经过车削加工，现采用成形法加工轮齿，保证模数 2mm，齿数 45，标准公差等级 6 – DC。

2）确定装夹方案。铣齿时，采用 ϕ35H7 的孔和端面定位，锥度心轴装夹。

3）确定加工方案。采用成形铣刀铣齿加工，利用分度头分齿，完成整个齿轮的齿形加工。

4）写出本任务完成后的训练报告，具体内容有：训练目的、训练内容、训练过程、注意事项、训练收获。

训练项目二：滚齿加工（插齿加工）

1. 训练目的与要求

1）掌握齿轮类零件展成法加工原理。

2）熟悉滚齿机和插齿机工艺装备的选用。

3）掌握用滚齿机和插齿机进行齿轮的加工。

4）掌握齿轮的其他加工方法。

2. 仪器与设备

1）Y3150 型滚齿机、Y54 型插齿机若干台。

2）齿坯：ϕ94mm×35mm。

3）工量具准备。

① 量具准备清单：游标卡尺，0 ~ 150mm/0.02mm；公法线千分尺，0 ~ 25mm/0.01mm。

② 工具准备清单：扳手。

③ 刀具准备清单：模数为 2mm 的滚刀，螺旋角 β = 2°47′、模数为 2mm 的直柄插齿刀。

3. 训练内容

齿坯为 ϕ94mm×35mm 的锻件，完成直齿圆柱齿轮零件工艺规程的编程并加工。

1）零件图工艺分析。此零件尺寸标注正确、轮廓描述完整。最大外圆表面尺寸为

$\phi94mm$，整个零件要加工部分长 35mm，对于 $\phi35H7$ 的孔，采用钻孔、镗孔来保证。

2）确定装夹方案。采用 $\phi35mm$ 心轴夹紧。

3）确定加工方案。以零件的 $\phi35H7$ 孔装心轴夹紧，利用滚刀（或插齿刀）进行加工。

4）选择刀具与切削用量。选用滚刀（或插齿刀），刀具材料为高速钢。确定切削用量时主要考虑加工精度要求并兼顾提高刀具寿命、机床寿命等因素。

5）写出本任务完成后的训练报告，具体内容有：训练目的、训练内容、训练过程、注意事项和训练收获。

五、拓展知识：齿形精度检测方法

1. 公法线千分尺

如图 6-24a 所示，公法线千分尺是一种计量器具，用于测量模数在 0.5mm 以上的外啮合直齿、斜齿圆柱齿轮的公法线长度、公法线长度变动量以及公法线长度偏差，也可以用于测量工件特殊部位的尺寸，如肋、键、翅、成形刀具的刃、弦齿等厚度。

当检验直齿圆柱齿轮时，公法线千分尺的两卡脚跨过 k 个齿，两卡脚与齿廓相切于 a、b 两点，卡尺两卡脚与齿轮两个轮齿面相切时，两卡脚之间的垂直距离称为公法线（即基圆切线）长度，如图 6-24b 所示。公法线长度测量是保证齿侧间隙的有效办法，其优点是测量简便、精度高、不受齿轮外径的影响，因而得到了广泛的应用，既适用于单件小批生产，也适用于大批生产。

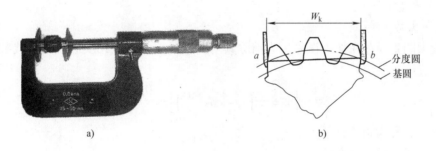

a)　　　　　　　　　　　　b)

图 6-24 公法线千分尺及测量

公法线长度 W_k（当压力角 $\alpha = 20°$ 时）可按下式计算：

$$W_k = m[2.9521 \times (n - 0.5) + 0.014z]$$

式中　z——被测齿轮齿数；

n——跨侧齿数，$n = 0.111z + 0.5(\alpha = 20°$ 时）。

2. 游标齿厚卡尺

游标齿厚卡尺如图 6-25a 所示，是专门用于测量齿轮齿厚的工具。游标齿厚卡尺形状像 90° 的角尺，由两个相互垂直的游标卡尺组成，垂直游标卡尺用于控制被测齿轮的弦齿高，水平游标卡尺则用于测量实际弦齿厚。测量时，以分度圆上的齿高 h 为基准来测量分度圆弦齿厚 S'，如图 6-25b 所示。

齿厚偏差 ΔE_S 是在分度圆柱面上实际齿厚和公称齿厚之差，是控制齿轮副侧隙的基本指标之一。但是，分度圆上的弧齿厚不好测量，故一般用分度圆上的弦齿厚来评定齿厚偏差。由于测量分度圆弦齿厚是以齿顶圆为基准的，故测量结果受齿顶圆公差的影响。

理论上应以齿轮旋转中心确定分度圆位置，而实际测量时由于受游标齿厚卡尺结构的限制，只能根据实际齿顶圆来确定分度圆，即测量弦齿高处的弦齿厚偏差，故齿顶圆与分度圆不

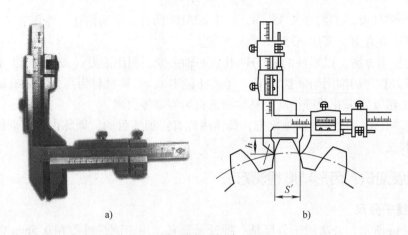

图 6-25　游标齿厚卡尺及其应用

同心将产生一定的测量误差。

当测量一压力角为 20° 的标准直齿圆柱齿轮时，其理论的弦齿高和理论的弦齿厚分别为

$$h_a = m\left[1 + \frac{z}{2}\left(1 - \cos\frac{90°}{z}\right)\right]$$

$$S' = mz\sin\frac{90°}{z}$$

式中　m——模数；

　　　z——齿数。

由于齿顶圆直径存在加工误差，为消除其对测量的影响，应用实际弦齿高代替理论弦齿高，即

$$h = m\left[1 + \frac{z}{2}\left(1 - \cos\frac{90°}{z}\right)\right] - \frac{D_e - D'_e}{2}$$

式中　D_e——公称齿顶圆直径；

　　　D'_e——实验齿顶圆直径。

六、回顾与练习

1）简述滚齿加工、插齿加工的原理、工艺特点及适用场合。

2）比较剃齿、珩齿的加工原理及工艺特点。

3）试分析铣削加工 $m = 3\text{mm}$、$z = 30$ 的直齿圆柱齿轮的加工方法。

4）试为某机床齿轮的齿面加工选择加工方案，加工条件如下：生产类型为大批生产；工件材料为 45 钢，要求高频淬火硬度为 52HRC；齿面加工要求为模数 $m = 2.25\text{mm}$；齿数 $z = 56$；标准公差等级为 6 - DC；表面粗糙度值为 $Ra0.8\mu\text{m}$。

5）加工模数 $m = 3$ 的直齿圆柱齿轮，齿数 $z_1 = 26$、$z_2 = 34$，试选择盘形齿轮铣刀的刀号。在相同的条件下，哪个齿轮的加工精度高？为什么？

项目七 输出轴机械加工质量控制

【学习内容】 本项目的任务是学习机械加工精度的概念、影响加工精度的因素和保证机械加工精度的措施；机械加工表面质量的概念，影响机械加工表面质量的因素和提高表面质量的措施。

【基本要求】 通过本项目的学习学会诊断机械加工过程中存在的问题，并掌握根据加工要求采取适当措施保证零件加工质量的方法。

产品的质量与零件的加工质量、产品的装配质量密切相关，而零件的加工质量是保证产品质量的基础，它包括零件的加工精度和表面加工质量两个方面。

一、工作任务

按照图 7-1 中的要求编制输出轴加工工艺，利用相关设备完成零件加工并对加工精度进行分析。

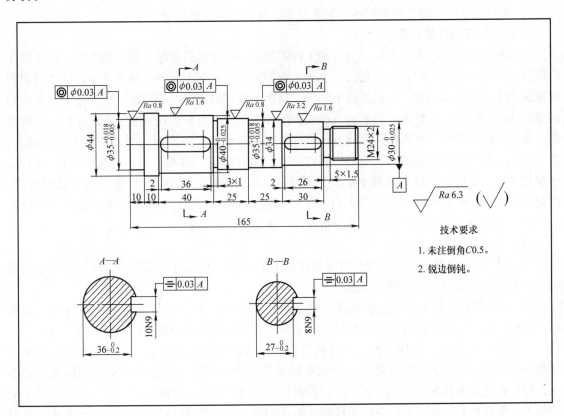

图 7-1 阶梯轴简图

二、学习目标

1）熟练掌握典型零件机械加工工艺编制。

2）熟悉车、铣、磨削加工操作流程和步骤。

3）进一步掌握零件检测方法和技能。

4）了解零件加工误差分析的方法，掌握提高加工精度的措施。

5）了解表面质量的含义，掌握影响表面质量的因素和控制措施。

三、学习内容

（一）机械加工精度

零件是由各种形状的表面组合而成的，多数情况下，这些表面是简单表面，如平面、圆柱面等。零件的精度包括表面本身的精度和不同表面之间的相互位置精度。

1. 表面本身的精度

1）尺寸精度，如圆柱面的直径、圆锥面的锥角等。

2）形状精度，如平面度、圆度等。

2. 不同表面之间的相互位置精度

1）面与面之间的位置尺寸精度，如平面之间的距离、孔间距等。

2）面与面之间的相互位置精度，如平行度、垂直度和对称度等。

3. 影响加工精度的因素

在机械加工中，机床、夹具、刀具和工件就构成一个完整的系统，即工艺系统。加工精度问题涉及整个工艺系统的精度问题，而工艺系统的种种误差在不同的具体条件下，以不同的程度反映为工件的加工误差。工艺系统中的误差是产生零件加工误差的根源，因此把工艺系统的误差称为原始误差。各种原始误差的大小和方向各不相同，而加工误差必须在工序尺寸方向度量。如在车削外圆时，当原始误差的方向恰好为加工表面法线方向时，引起的加工误差最大；当原始误差的方向恰好为加工表面的切线方向时，引起的加工误差最小，可忽略不计。因此，一般把对加工精度影响最大的那个方向（即刀具与工件接触点的法向）称为误差敏感方向；而对加工精度影响最小的方向（即刀具与工件接触点的切向）称为非误差敏感方向。分析原始误差对加工精度的影响时，应着重分析在误差敏感方向的影响。

（1）工艺系统的几何误差

1）加工原理误差。加工原理误差即是在加工中采用了近似的加工运动、近似的刀具轮廓和近似的加工方法而产生的原始误差。

2）机床误差。机床误差包括机床本身各部件的制造误差、安装误差和使用过程中的磨损。其中以机床本身的制造误差影响最大。下面对机床主要部件的制造误差分述如下：

① 机床主轴误差。机床主轴是工件或刀具的位置基准和运动基准，它的误差直接影响工件的加工精度。对主轴的精度要求，最主要的就是在运动时能保持轴线在空间的位置稳定不变，即所谓的回转精度。实际的加工过程表明，主轴回转轴线的空间位置，在每一瞬间都是变动着的，即存在着运动误差。主轴回转轴线的运动误差表现为图 1-57 所示的三种形式：轴向窜动误差、径向圆跳动误差和角度摆动误差。

a. 主轴轴向窜动误差对加工精度的影响。轴向窜动是指瞬时回转轴线沿着平均回转轴线方向的轴向运动，如图 7-2a 所示。它主要影响工件端面形状和轴向尺寸精度。主轴每转一周，就要沿着轴向窜动一次，向前窜动的半周形成右螺旋面，向后窜动的半周形成左螺旋面，最后切出端面如同凸轮一样的形状，并在端面中心附近出现一个凸台，当加工螺纹时，则会产生单个螺距内的周期误差。

b. 主轴径向圆跳动误差对加工精度的影响。径向圆跳动是指瞬时回转轴线始终平行平均回转轴线方向的径向运动，如图 7-2b 所示。它主要影响加工工件的圆度和圆柱度，如在镗孔时由于纯径向圆跳动的影响，镗出的孔是椭圆形的；而在车削外圆时由于纯径向圆跳动的影响，车削出来的工件表面接近一个真圆，但中心偏移。

c. 主轴角度摆动误差对加工精度的影响。角度摆动是指瞬时回转轴线与平均回转轴线成一倾斜角度做公转运动，如图 7-2c 所示。它主要影响工件的形状精度，如在车削外圆时产生圆柱度误差（锥体）；镗孔时，孔形成椭圆形。

实际上，主轴工作时，其回转轴线的运动误差是以上三种运动方式的综合，如图 7-2d 所示。

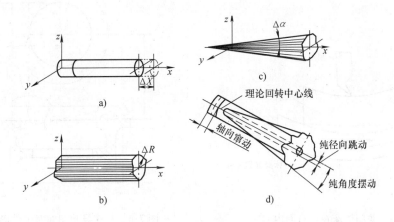

图 7-2　主轴回转轴线的运动误差

a）轴向窜动误差　b）径向圆跳动误差　c）角度摆动误差　d）三种误差综合表现

② 机床导轨误差。机床导轨是确定机床主要部件的相对位置和运动的基准，是实现工件直线运动的主要部件，其制造和装配精度是影响直线运动精度的主要因素。

a. 导轨在水平面内的直线度误差对加工精度的影响。如图 7-3 所示，当导轨在水平方向存在误差 ΔX 时，使刀尖在水平面内产生位移 ΔY，造成工件在半径方向上的误差 ΔR。对于卧式车床和外圆磨床，这种误差将直接作用在被加工表面的法向方向上，即误差敏感方向，所以对加工误差影响极大，使工件产生圆柱度误差（鞍形或鼓形）。

b. 导轨在垂直面内的直线度误差对加工精度的影响。如图 7-4 所示，车床系统在垂直面内存在直线度误差，使刀尖产生 ΔZ 的位移，造成工件在半径方向上产生误差 ΔR，除加工圆锥形表面外，它对加工精度的影响不大（为误差非敏感方向），可以忽略不计。但是对于龙门刨床、龙门铣床和导轨磨床来说，导轨在垂直面内的直线度误差将直接反映到工件上（为误差敏感方向）。图 7-5 所示的龙门刨床，工作台为薄长件，刚性很差，如果床身导轨为中凹形，刨出的工件也是中凹形。

c. 两导轨间的平行度误差对加工精度的影响。如图 7-6 所示，导轨发生了扭曲，此时，刀尖相对于工件在水平和垂直两个方向上发生位移，从而影响加工精度，使加工出来的工件产生圆柱度误差（鞍形、鼓形或锥形）。

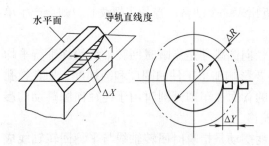

图7-3　车床导轨在水平面内的
直线度误差对加工精度的影响

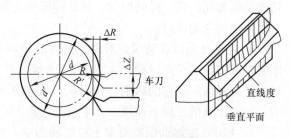

图7-4　车床导轨在垂直面内的
直线度误差对加工精度的影响

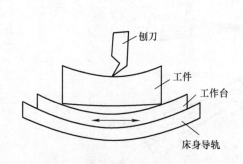

图7-5　龙门刨床在垂直面内的
直线度误差对加工精度的影响

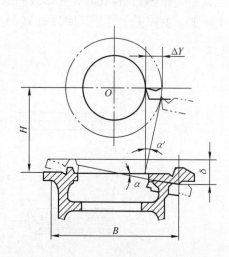

图7-6　车床导轨扭曲对工件形状的影响

为减小导轨误差对加工精度的影响，除提高导轨的制造精度外，还要注意机床的安装和调整，并提高导轨的耐磨性。

③ 传动链误差。对于某些加工方式，如车或磨螺纹、滚齿、插齿以及磨齿等，为保证工件的加工精度，除了前面所讲的因素外，还要求刀具和工件之间具有严格的传动比。例如：车削螺纹时，要求工件每转一转，刀具走一个行程；在用单头滚刀滚齿时，要求滚刀每转一转，工件转过一个齿等。这些成形运动间的传动比关系是由机床的传动链来保证的，若传动链存在误差，在上述情况下，它是影响加工精度的主要因素。

传动链误差是由于传动链中的传动元件存在制造误差和装配误差引起的。使用过程中有磨损，也会引起传动链误差。为减小传动链误差对加工精度的影响，可以采用以下措施：减少传动链中的元件数目，缩短传动链，以减少误差来源；提高传动元件，特别是末端传动元件的制造精度和装配精度；尽量消除传动链齿轮间隙；采用误差找正机构提高传动精度。

3）刀具误差。刀具误差是指刀具的制造、磨损和安装误差，刀具误差对加工精度的影响因刀具种类不同而有差异。机械加工中常用的刀具有：一般刀具、定尺寸刀具和成形刀具。

① 一般刀具的制造误差对加工精度没有直接影响，但当刀具与工件的相对位置调整后，在加工过程中，刀具磨损将会影响工件尺寸和形状精度。

② 定尺寸刀具（钻头、铰刀和拉刀等）的制造误差和磨损，均直接影响工件的加工尺寸精度。

③ 成形刀具（成形车刀、成形铣刀和齿轮刀具等）的制造误差和磨损，主要影响被加工

工件的形状精度。

为减小刀具的制造误差和磨损对加工精度的影响，除合理规定尺寸刀具和成形刀具的制造误差外，还应根据工件的材料和加工要求，准确选择刀具材料、切削用量、冷却润滑并准确刃磨，以减小磨损，必要时对刀具的尺寸磨损进行补偿。

4）夹具误差。夹具误差包括工件的定位误差和夹紧变形误差、夹具的安装误差、分度误差以及夹具的磨损等。除定位误差中的基准不重合误差外，其他误差均与夹具的制造精度有关。

夹具误差首先影响工件被加工表面的位置精度，其次影响形状精度和尺寸精度。

夹具的磨损主要是定位元件和导向元件的磨损，其中定位元件的磨损会导致孔与基准面间的位置误差增大。

为减小夹具误差对加工精度的影响。夹具的制造误差必须小于工件的公差，对容易磨损的定位元件、导向元件等，除采用耐磨的材料外，还应做成可拆卸的，以方便更换。

（2）工艺系统受力变形对加工精度的影响

1）工艺系统刚度。工艺系统在外力作用下所产生变形位移的大小，取决于外力的大小和系统抵抗外力的能力。这种弹性系统抵抗外力使其变形的能力称为刚度。

工艺系统各组成部分刚度对加工精度的影响要视具体情况而定。例如：车削外圆时，车刀本身在切削力的作用下沿切线（非误差敏感方向）的变形对加工精度的影响小，可忽略。镗孔时，镗刀杆的受力变形将严重影响加工精度，而工件（如箱体）的刚度一般较大，其受力变形很小，故工件变形可忽略。在车床上车削短而粗的光轴时，由于工件刚度大，在切削力作用下相对于机床、夹具的变形要小得多，车刀在敏感方向的变形也小，可忽略，此时，工艺系统的变形完全取决于头架、尾座和刀架的变形；而在车削细长轴时，由于细而长，工件刚度小，在切削力作用下，其变形量大大超过机床、刀具和夹具的变形量。因此，机床、刀具和夹具的受力变形可忽略，工艺系统的变形完全取决于工件的变形。

2）误差复映规律。在加工过程中，由于工件毛坯加工余量或材料硬度的变化，引起切削力和工艺系统受力变化，因而产生工件的尺寸误差和形状误差。如图7-7所示，由于工件毛坯的圆度误差，切削时刀具的背吃量在最大值 a_{p1} 和最小值 a_{p2} 之间变化，因此，背向力 F 也随着背吃刀量的变化由 F_{p1} 到 F_{p2}。根据前面的分析，这种背向力的变化会引起工艺系统中机床的相应变形，变形量由 Y_1 到 Y_2（刀尖相对于工件产生 Y_1 到 Y_2 的位移）。由于毛坯存在圆度误差 $\Delta m = a_{p1} - a_{p2}$，因而引

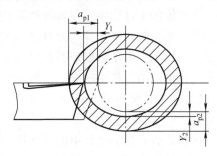

图 7-7　毛坯复映

起工件的圆度误差 $\Delta w = Y_1 - Y_2$，而且 Δw 越大，Δw 也越大，这种现象称为误差复映现象。

工艺系统的刚度越大，复映系数越小，毛坯误差复映到工件上的部分就越少。当毛坯的误差较大，依次进给不能满足加工精度要求时，需要多次进给来消除毛坯误差 Δm 复映到工件上的复映误差。一般经过 2~3 次进给即可达到 IT7 级的精度要求。

3）其他力引起的加工误差。

① 惯性力引起的加工误差。在加工过程中，由于旋转零件、夹具或工件等的不平衡而产生的离心力，对加工精度影响很大，该离心力在每一转中不断改变方向，因此，它在 Y 方向的分力有时与切削力方向相同，此时，工件被推离刀具，减小了实际背吃刀量；反之，工件被推向刀具，增大了实际背吃刀量。其结果使工件产生圆柱度误差（为心脏形状）。

为消除惯性力对加工精度的影响，生产中常采用"配重平衡"的方法，必要时，还可降低转速。

② 夹紧力引起的加工误差。对刚性较差的工件，夹紧力会引起显著的加工误差。例如：图7-8所示薄壁套筒装在自定心卡盘上镗孔，夹紧后筒壁产生弹性变形（图7-8a），镗出的孔成正圆形（图7-8b），但松开自定心卡盘后，薄壁套筒产生弹性恢复，使孔呈三棱形（图7-8c），加开口过渡环后，使夹紧力在薄壁套筒外均匀分布，从而减小了工件的夹紧变形（图7-8d）。由此可见，夹紧变形引起的工件形状误差不仅取决于夹紧力的大小，而且与夹紧力的作用点有关。

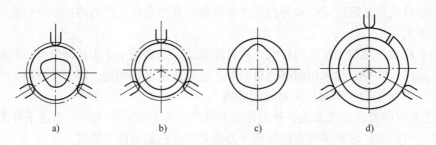

图7-8　夹紧变形引起的形状误差
a）夹紧后　b）镗孔后　c）放松后　d）加过渡环后

③ 重力引起的加工误差。工艺系统有关零部件自身的重力以及它们在加工中位置的移动，也可引起相应的变形，造成加工误差。如图7-9所示，摇臂钻床在自重影响下发生变形，使主轴轴线与工作台不垂直，则加工后工件轴线与定位面不垂直。

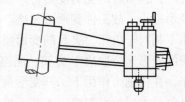

图7-9　部件自重引起的加工误差

（3）工艺系统热变形对加工精度的影响

在机械加工过程中，在各种热源的影响下，工艺系统产生复杂的变形，破坏了工件与刀具之间正确的相对位置关系和相对运动关系，造成加工误差。尤其是对精加工，由于热变形引起的加工误差占总加工误差的40%～70%；同时，在大型零件和自动化生产中，热变形对加工精度的影响也是很显著的。

1）工艺系统热源。在加工过程中，工艺系统的热源主要有两大类：内部热源和外部热源。

内部热源有切削过程中的切削热和机床中各运动副之间的摩擦热。

外部热源主要来自外部环境，如气温、阳光等。

工艺系统受各种热源的影响，其温度会逐渐升高，同时，也通过各种方式向周围散发热量。当单位时间内传入和散发的热量相等时，则认为工艺系统达到了热平衡。当工艺系统达到热平衡后，其温度场处于稳定状态，热变形趋于稳定。处于稳定温度场时引起的加工误差是有确定性的，因此，精密加工以及大型工件加工应在工艺系统达到热平衡后进行。

2）机床热变形引起的加工误差。不同类型的机床因其结构和工作条件的差异而使热源和变形形式各不相同。磨床的热变形对加工精度的影响较大，一般外圆磨床的主要热源是砂轮主轴的摩擦热和液压系统的发热；而车、铣、钻、镗等机床的主要热源则是主轴箱。

由于热源分布的不均匀和机床结构的复杂性，机床各部分将发生不同程度的热变形，破坏了机床原有的几何精度，从而引起加工误差。有实验表明，一台车床在空转时，主轴由于受热而温度升高引起热变形，在水平方向的位移虽然只有10μm，但对刀具水平安装的卧式车床来说属于误差敏感方向，故对加工精度的影响就不能忽略；在垂直方向的位移达到 180 ~ 200μm，对卧式车床影响不大，但对刀具垂直安装的自动车床和转塔车床来说，对加工精度的影响严重。

对大型机床如导轨磨床、外圆磨床、龙门铣床等长床身部件，由于温度分层变化，床身上表面比底面的温度高而形成温差，因此，床身将产生弯曲变形，表面呈中凸状，如图 7-10 所示。这样，导轨的直线性明显受到影响。另外，立柱和拖板也因床身的热变形而产生相应的位置变化。

在平面刨削、铣削、磨削加工时，工件单面受热，上下表面间因温差而引起热变形。例如：如图 7-11 所示，在平面磨床上磨削板状工件，工件单面受热，上下面间形成温差，导致工件向上凸起。凸起部分被磨去，冷却后磨削表面下凹，使工件产生平面度误差。由于工件不均匀受热，工件凸起量随工件长度的增加而急剧增加，工件越薄，凸起量越大。

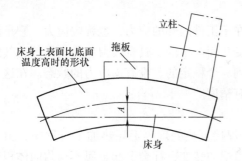

图 7-10　床身纵向温差热效应的影响

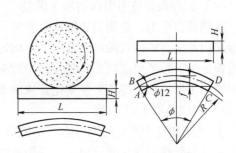

图 7-11　薄板磨削时的弯曲变形

3）工件热变形引起的加工误差。工件的热变形是由切削热引起的，热变形的情况与加工方法和受热是否均匀有关。

轴类零件在车削或磨削时，一般是均匀受热，温度逐渐升高，其直径也逐渐胀大，胀大部分被刀具切去，待工件冷却后则形成工件圆柱度误差和直径尺寸误差。

细长轴在顶尖间车削时，热变形使工件变长，导致工件的弯曲变形，加工后将产生圆柱度误差。

精密丝杠磨削时，工件的受热伸长会引起螺距的累积误差。

床身导轨面的磨削，由于单面受热，与底面产生温差而引起热变形，使磨出的导轨产生直线度误差。

薄圆环磨削如图 7-12 所示，虽然近似均匀受热，但磨削时磨削热量大，工件质量小，温度高，在夹压处散热条件好，该处温度较其他部分低，加工完毕、工件冷却后，会出现棱圆形的圆度误差。

为了减小工件热变形对加工精度的影响，可采取下列措施：

① 在切削区施加充足的切削液。

② 粗、精加工分开，使粗加工余热不会带到精加工工序中。

③ 及时刃磨和修正刀具和砂轮，以减少切削热和磨削热。

④ 使工件在夹紧状态下有伸缩的自由（如采用弹性后顶尖）。

4）刀具热变形对加工精度的影响。使刀具产生热变形的热源也是切削热。尽管这部分热量少，但因刀具体积小、热容量小，刀具的工作表面被加热到很高温度。刀具热变形对加工精度影响较小，但在刀具没有达到热平衡时，先后加工的一批零件仍存在一定误差。

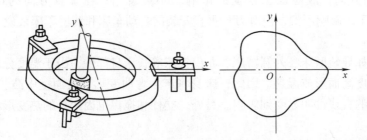

图 7-12　薄圆环磨削时热变形的影响

加工大型零件时，刀具热变形往往造成几何形状误差，如车削细长轴时，可能由于刀具热伸长而产生锥体。

（4）工件残留应力引起的加工误差

所谓残留应力，是指当外部载荷去掉后，仍存在于工件内部的应力，也称内应力。它是由于金属内部宏观或微观的组织发生了不均匀的体积变化而产生的。具有残留应力的零件，其内部组织处于一种不稳定状态，有强烈的倾向要恢复到一个稳定的、没有内应力的状态。在这一过程中，工件的形状逐渐发生变化，从而丧失其原有精度。

1）内应力产生的原因。

① 毛坯制造中产生的内应力。在铸造、锻造、焊接及热处理等毛坯热加工过程中，由于毛坯各部分受热不均匀或冷却速度不等速以及金相组织的转变，都会引起金属不均匀的体积变化，从而在金属内部产生较大的残留应力。

② 冷校直产生的内应力。一些细长工件，由于刚度低，容易产生弯曲变形，常采用冷校直的办法使其变直。工件经冷校直后产生残留应力，处于不稳定状态，若要进行切削加工，工件将重新产生弯曲变形。

③ 切削加工产生的内应力。在切削加工形成的力和热的作用下，被加工表面产生塑性变形，也能引起内应力，并在加工后引起工件变形。

2）减小或消除内应力的措施。

① 采用适当的热处理工序。对于铸、锻、焊接件，常进行退火、正火或人工时效处理后再进行机械加工。对重要零件，在粗加工和半精加工后还要进行热处理或时效处理，以消除毛坯制造和加工中产生的内应力。

② 给工件足够的变形时间。对于精密零件，粗、精加工应分开；对于大型零件，由于粗、精加工安排在一个工序内进行，故粗加工后先将工件松开，使其自由变形，再以较小的夹紧力夹紧工件进行精加工。

③ 零件要结构简单、壁厚均匀。

4. 加工误差综合分析

（1）系统性误差和随机性误差　在生产实际中，影响加工精度的工艺因素往往是错综复杂的。由于多种误差同时作用，有的可以互相补充或抵消，有的则互相叠加，不少原始误差又带有一定的随机性，因此，很难用前述单因素的估算方法来分析，这时只能通过对生产现场实际加工出的一批工件进行检查测量，运用数理统计的方法加以处理和分析，从中找出误差的规律，并加以控制和消除。这就是加工误差的统计分析法，它是全面质量管理的基础。

由各种工艺因素所产生的加工误差，可分为两大类，即系统性误差和随机性误差。

1）系统性误差。在顺次加工一批工件时，误差的大小和方向保持不变，或按一定规律变化，前者称为常值系统性误差，后者称为变值系统性误差。

加工原理误差，机床、刀具、夹具的制造误差，机床的受力变形等引起的加工误差均与加工时间无关，其大小和方向在一次调整中也基本不变，故都属于常值系统性误差。机床、夹具、量具等磨损引起的加工误差，在一次调整的加工中也均无明显的差异，故也属于常值系统性误差。机床、刀具未达到热平衡时热变形过程中所引起的加工误差，是随加工时间而有规律地变化的，故属于变值系统性误差。

2）随机性误差。在依次加工一批工件时，加工误差的大小或方向不规则地变化，这种误差称为随机性误差，如复映误差、工件的残留应力引起变形产生的加工误差都属于随机性误差。随机误差虽然是不规则地变化的，但只要统计的数量足够多，仍可找出一定的变化规律来。

（2）加工误差的统计分析法　常用的统计分析方法有两种：分布曲线法和点图法。下面以介绍分布曲线法为主。

1）实际分布图。用调整法加工出来的一批工件，尺寸总是在一定范围内变化的，这种现象称为尺寸分散。尺寸分散范围就是这批工件最大和最小尺寸之差。如果将这批工件的实际尺寸测量出来，并按一定的尺寸间隔分成若干组，然后以各组的尺寸间隔宽度（组距）为底，以频数（同一间隔组的零件数）或频率（频数与该批零件总数之比）为高作出若干矩形，即直方图。如果以每个区间的中点（中心值）为横坐标，以每组频数或频率为纵坐标得到一些相应的点，将这些点连成折线即为分布折线图。当所测零件数量增多、尺寸间隔很小时，此折线便非常接近于一条曲线，这就是实际分布曲线。

图 7-13 所示为一批 $\phi 28_{-0.015}^{0}$ mm 活塞销孔镗孔后孔径尺寸的直方图和分布折线图，它根据表 7-1 中数据绘制而来。

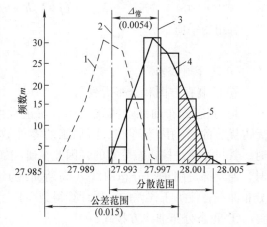

图 7-13　活塞销孔直径尺寸分布图
1—理论分布位置
2—公差范围中心（27.9925）
3—分散范围中心（27.9979）
4—实际分布位置　5—废品区

表 7-1　活塞销孔直径频数统计表

组别 k	尺寸/mm	组中心值 x/mm	频数 m	频率 m/n
1	27.992~27.994	27.993	4	4/100
2	27.994~27.996	27.995	16	16/100
3	27.996~27.998	27.997	32	32/100
4	27.998~28.000	27.999	30	30/100
5	28.000~28.002	28.001	16	16/100
6	28.002~28.004	28.003	2	2/100

由图 7-13 可以看出：

① 尺寸分散范围（28.004mm − 27.992mm = 0.012mm）小于公差带宽度（$T = 0.015$mm），表示本工序能满足加工精度要求。

② 部分工件超出公差范围（阴影部分）成为废品，究其原因是尺寸分散中心

（27.9979mm）与公差带中心（27.9925mm）不重合，存在较大的常值系统性误差（$\Delta_{常}$ = 0.0027mm），如果设法使尺寸分散中心与公差带中心重合，把镗刀伸出量调小 0.0027mm，使分布折线左移到理想位置，则可消除常值系统性误差，使全部尺寸都落在公差带内。

2）直方图和分布折线图的作法。

① 收集数据：通常在一次调整好机床加工的一批工件中取 100 件（称样本容量），测量各工件的实际尺寸或实际误差，并找出其中的最大值 X_{max} 和最小值 X_{min}。

② 分组：将抽取的工件按尺寸大小分成 k 组。通常每组至少有 4~5 个数据。

③ 计算组距：

$$h = \frac{X_{max} - X_{min}}{k - 1}$$

④ 计算组界：

各组组界：

$$X_{min} \pm (j-1)h \pm h/2\,(j = 1,\ 2,\ 3,\ \cdots,\ k)$$

各组的中值：

$$X_{min} + (j-1)\,h$$

⑤ 统计频数 m。

⑥ 绘制直方图和分布折线图。

3）正态分布曲线。实践表明：在正常生产条件下，无占优势的影响因素存在。而加工的零件数量又足够多时，其尺寸总是按正态分布的，因此在研究加工精度问题时，通常都是用正态分布曲线（高斯曲线）来代替实际分布曲线，使加工误差的分析计算得到简化。

① 正态分布曲线方程式：

$$y = \frac{1}{\sigma\sqrt{2\pi}}e^{-\frac{(X-\bar{X})^2}{2\sigma}}$$

其曲线形状如图 7-14 所示。

当采用正态分布曲线代替实际分布曲线时，上述方程中各个参数的含义分别为：

X——分布曲线的横坐标，表示工件的实际尺寸或实际误差。

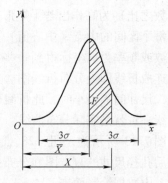

图 7-14　正态分布曲线

$\bar{X}$——工件的平均尺寸，尺寸的分散中心，即 $\bar{X} = \dfrac{1}{n}\sum\limits_{j=1}^{k}X_i = \dfrac{1}{n}\sum\limits_{j=1}^{k}m_jX_j$。

σ——均方根偏差，即 $\sigma = \sqrt{\dfrac{1}{n}\sum\limits_{j=1}^{k}(X_i-\bar{X})^2} = \sqrt{\dfrac{1}{n}\sum\limits_{j=1}^{k}(X_j-\bar{X})m_j}$。

y——分布曲线纵坐标，表示分布曲线概率密度（分布密度）。

n——样本总数。

X_j——组中心值。

k——组数。

e——自然对数底（$e = 2.7189$）。

正态分布曲线下面所包含的全部面积代表了全部工件，即 100%。对于某依规定的 X 范围的曲线面积可由下面的积分式求得：

$$\frac{1}{\sigma\sqrt{2\pi}}\int_0^x e^{(X-\bar{X})^2}\,dx$$

$$F = \frac{1}{\sigma\sqrt{2\pi}}\int_0^x e^{-\frac{x^2}{2\sigma^2}}\,dx$$

令 $\dfrac{X-\bar{X}}{\sigma}=Z$，则：

$$F = \phi(Z) = \frac{1}{\sqrt{2\pi}}\int_0^Z e^{\frac{z^2}{2}}\,dz$$

不同 Z 的函数 $\phi(Z)$ 值见表 7-2。

表 7-2　不同 Z 的函数 $\phi(Z)$ 值

Z	$\phi(Z)$	Z	$\phi(Z)$	Z	$\phi(Z)$	Z	$\phi(Z)$	Z	$\phi(Z)$	Z	$\phi(Z)$	Z	$\phi(Z)$
0.01	0.0040	0.17	0.0675	0.33	0.1293	0.49	0.1879	0.80	0.2881	1.30	0.4032	2.20	0.4801
0.02	0.0080	0.18	0.0714	0.34	0.1331	0.50	0.1915	0.82	0.2939	1.35	0.4115	2.30	0.4893
0.03	0.0120	0.19	0.0753	0.35	0.1368	0.52	0.1985	0.84	0.2995	1.40	0.4192	2.40	0.4918
0.04	0.0100	0.20	0.0793	0.36	0.1406	0.54	0.2054	0.86	0.3051	1.45	0.4265	2.50	0.4938
0.05	0.0199	0.21	0.0832	0.37	0.1443	0.56	0.2123	0.88	0.3106	1.50	0.4332	2.60	0.4953
0.06	0.0239	0.22	0.0871	0.38	0.1480	0.58	0.2190	0.90	0.3159	1.55	0.4394	2.70	0.4965
0.07	0.0279	0.23	0.0910	0.39	0.1517	0.60	0.2257	0.92	0.3212	1.60	0.4452	2.80	0.4974
0.08	0.0319	0.24	0.0948	0.40	0.1554	0.62	0.2324	0.94	0.3264	1.65	0.4505	2.90	0.4981
0.09	0.0359	0.25	0.0987	0.41	0.1591	0.64	0.2389	0.96	0.3315	1.70	0.4554	3.00	0.49865
0.10	0.0398	0.26	0.1023	0.42	0.1628	0.66	0.2454	0.98	0.3365	1.75	0.4599	3.20	0.49931
0.11	0.0438	0.27	0.1064	0.43	0.1664	0.68	0.2517	1.00	0.3413	1.80	0.4641	3.40	0.49966
0.12	0.0478	0.28	0.1103	0.41	0.1700	0.70	0.2580	1.05	0.3531	1.85	0.4678	3.60	0.499841
0.13	0.0517	0.29	0.1141	0.45	0.1772	0.72	0.2642	1.10	0.3643	1.90	0.4713	3.80	0.499928
0.14	0.0557	0.30	0.1179	0.46	0.1776	0.74	0.2703	1.15	0.3749	1.95	0.4744	4.00	0.499968
0.15	0.0596	0.31	0.1217	0.47	0.1808	0.76	0.2764	1.20	0.3849	2.00	0.4772	4.50	0.499997
1.16	0.0636	0.32	0.1255	0.48	0.1844	0.78	0.2823	1.25	0.3944	2.10	0.4821	5.00	0.49999997

② 正态分布曲线的特点：

a. 曲线呈钟形，中间高，两边低。这表示尺寸靠近分散中心的工件占大部分，而尺寸远离分散中心的工件是极少数。

b. 曲线以 $X=\bar{X}$ 为轴对称分布。表示工件尺寸大于 $\bar{X}$ 和小于 $\bar{X}$ 的频率相等。

c. 工序标准差 σ 是决定曲线形状的重要参数。如图 7-15 所示，σ 越大，曲线越平坦，尺寸越分散，也就是加工精度越低；σ 越小，曲线越陡峭，尺寸越集中，加工精度越高。

d. 曲线分布中心 $\bar{X}$ 改变时，整个曲线将沿 X 轴平移，但曲线的形状保持不变，如图 7-16 所示。这是常值系统性误差影响的结果。

e. 工件尺寸在 $\pm 3\sigma$ 的频率占 99.7%，一般取 6σ 为正态分布曲线的尺寸分散范围。

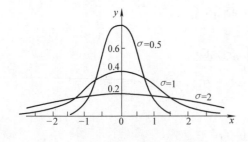

图 7-15　正态分布曲线的性质

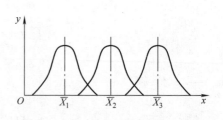

图 7-16　σ 不变时 $\overline{X}$ 使分布曲线移动

例 7-1　已知 $\sigma = 0.005\text{mm}$，零件公差带 $T = 0.02\text{mm}$，且公差对称于分散范围中心，$X = 0.01\text{mm}$，试求此时的废品率。

解：
$$Z = X/\sigma = 0.01\text{mm}/0.005\text{mm} = 2$$

查表 1-7 得：当 $Z = 2$ 时，$2\phi(Z) = 0.9544$。故废品率为：
$$[1 - 2\phi(Z)] \times 100\% = (1 - 0.9544) \times 100\% = 4.6\%$$

例 7-2　车一批轴的外圆，其图样规定的尺寸为 $\phi 20_{-0.1}^{\ 0}\text{mm}$，根据测量结果，此工序的分布曲线是按正态分布的，其 $\sigma = 0.025\text{mm}$，曲线的顶峰位置和公差中心相差 0.03mm，偏右端，试求其合格率和废品率。

解：如图 7-17 所示，合格率由 A、B 两部分计算：

$$Z_A = \frac{X_A}{\sigma} = \frac{0.5T + 0.03}{\sigma} = \frac{0.5 \times 0.1 + 0.03}{0.025} = 3.2$$

$$Z_B = \frac{X_B}{\sigma} = \frac{0.5T - 0.03}{\sigma} = \frac{0.5 \times 0.1 - 0.03}{0.025} = 0.8$$

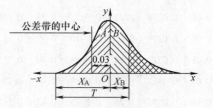

图 7-17　轴直径分布曲线图

查表得：当 $Z_A = 3.2$ 时，$\phi(Z_A) = 0.49931$；$Z_B = 0.8$ 时，$\phi(Z_B) = 0.2881$。

故合格率为：
$$(0.49931 + 0.2881) \times 100\% = 78.741\%$$

不合格率为：
$$(0.5 - 0.2881) \times 100\% = 21.2\%$$

由图 7-17 可知，虽有废品，但尺寸均大于零件的上极限尺寸，故可修复。

4）非正态分布。工件实际尺寸的分布情况有时并不近似于正态分布，而是出现非正态分布。例如：将两次调整下加工的零件混在一起，尽管每次调整下加工的零件是按正态分布的，但由于两次调整的工件平均尺寸及工件数可能不同，于是分布曲线为图 7-18a 所示的双峰曲线。如果加工中刀具或砂轮的尺寸磨损比较显著，就会如图 7-18b 所示形成平顶分布。当工艺系统出现显著的热变形时，分布曲线往往不对称（如刀具热变形严重，加工轴时偏向左；加工孔时则偏右，如图 7-18c 所示）。用试切法加工时，由于操作者主观上存在着宁可返修也不要报废的倾向，也往往出现不对称分布（加工轴宁大勿小，偏右；加工孔宁小勿大，偏左）。

5）正态分布曲线的应用。

① 计算合格率和废品率。

② 判断加工误差的性质。如果加工过程中没有变值系统性误差，那么它的尺寸分布应服从正态分布；如果尺寸分散中心与公差带中心重合，则说明不存在常值系统性误差，若不重合，则两中心之间的距离即为常值系统性误差；如果实际尺寸分布与正态分布有较大出入，则说明存在变值系统性误差，可初步判断变值系统性误差的类型。

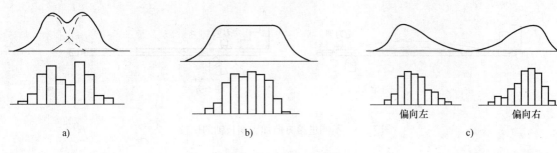

图 7-18　非正态分布

a）双峰曲线　b）平顶分布　c）不对称分布

③ 判断工序的工艺能力能否满足加工精度的要求。所谓工艺能力是指处于控制状态的加工工艺所能加工出产品质量的实际能力，可以用工序的尺寸分散范围来表示其工艺能力，大多数加工工艺的分布都接近正态分布，而正态分布的尺寸分散范围是 6σ，故一般工艺能力都取 6σ。因此，工艺能力能否满足加工精度要求，可以用下式判断：

$$C_p = \frac{T}{6\sigma}$$

式中　　T——工件公差；

C_p——工艺能力系数，当 $C_p \geq 1$ 时可认为工序具有不出不合格产品的必要条件，当 $C_p < 1$ 时，那么该工序产生不合格品是不可避免的。

根据工艺能力系数的大小，可将工艺能力分为五级，见表 7-3。

表 7-3　工艺能力等级表

工艺能力系数 C_p	工艺等级	工艺能力判断
$C_p > 1.67$	特级	工艺能力很充分
$1.33 < C_p \leq 1.67$	一级	工艺能力足够
$1.00 < C_p \leq 1.33$	二级	工艺能力勉强
$0.67 < C_p \leq 1.00$	三级	工艺能力不足
$C_p \leq 0.67$	四级	工艺能力极差

④ 分布曲线法的缺点。加工中随机性误差和系统性误差同时存在，由于分析时没有考虑到工件加工的先后顺序，故不能反映误差的变化趋势，因此，很难把随机性误差和变值系统性误差区分开来。由于必须要等一批工件加工完毕后才能得出分布情况，因此，不能在加工过程中及时提供控制精度的资料。而点图分析法则可以克服和弥补分布曲线法的不足，点图分析法将在后续的拓展知识中介绍。

5. 提高加工精度的措施

保证和提高加工精度的方法，大致可概括为以下几种：减小原始误差、补偿原始误差、转移原始误差、均分原始误差、均化原始误差和就地加工。

（1）减小原始误差　这种方法是生产中应用较广的一种基本方法，它是在查明产生加工误差的主要因素之后，设法消除或减小加工误差的一种方法。

例如细长轴的车削，现在采用了"大进给反向车削法"，基本消除了轴向切削力引起的弯曲变形。若辅之以弹簧顶尖，则可进一步消除热变形引起的热伸长的危害，如图 7-19 所示。再如薄片磨削中，由于采用了弹性加压和树脂胶合以加强工件刚度的办法，使工件在自由状态下得到固定，解决了薄片零件加工平面度不易保证的难题。

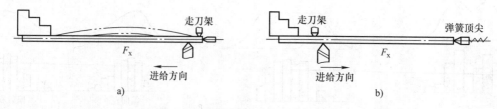

图 7-19　不同进给方向加工细长轴的比较

（2）补偿原始误差　补偿原始误差是指人为地造出一种新的误差，去抵消原来工艺系统中固有的原始误差。当原始误差是负值时，人为的误差就取正值，反之取负值，尽量使两者大小相等、方向相反。或者，利用一种原始误差去抵消另一种原始误差，也是尽量使两者大小相等、方向相反，从而达到减小加工误差、提高加工精度的目的。

（3）转移原始误差　转移原始误差实质上是转移工艺系统的几何误差、受力变形和热变形等。

转移原始误差的实例很多，如当机床精度达不到零件加工要求时，通常不是一味提高机床精度，而是从工艺或夹具上想办法，创造条件，使机床的几何误差转移到不影响加工精度的方面去。又如磨削主轴锥孔保证其和轴颈的同轴度，不是靠机床主轴的回转精度来保证，而是靠夹具保证。当机床主轴与工件主轴之间采用浮动连接以后，机床主轴的原始误差就被转移掉了。在箱体的孔系加工中，用坐标法在普通镗床上保证孔系的加工精度，其要点就是采用精密量棒、内径千分尺和百分表等进行精密定位。这样，镗床上因丝杠、刻度盘和刻线尺而产生的误差就不反映到工件的定位精度上去了。

（4）均分原始误差　在加工中，由于毛坯或上道工序误差（以下统称原始误差）的存在，往往造成了本工序的加工误差；或者由于工件材料性能改变或上道工序的工艺改变（如毛坯精化后，把原来的切削加工工序取消），引起误差发生较大的变化，这种毛坯误差的变化，对本工序的影响主要有两种情况：

1）误差复映，引起本工序误差。

2）定位误差扩大，引起本工序误差。

解决这个问题，最好是采用分组调整均分原始误差的办法。这种办法的实质就是把原始误差按其大小均分为 n 组，每组毛坯误差范围就缩小为原来的 $1/n$，然后按各组分别调整加工。

例如：某厂生产 Y7520W 型齿轮磨床的交换齿轮时，产生了剃齿时心轴与工件定位孔的配合问题。配合间隙过大，剃齿后的工件产生较大的几何偏心，反映为齿圈径向圆跳动超差。同时剃齿时也容易产生振动，引起齿面波纹度，使齿轮工作时噪声较大。因此，必须设法限制配合间隙，保证工件孔和心轴间的同轴度要求。由于工件的孔已是 IT6 级精度，不宜再提高，为此采用了多档尺寸的心轴，对工件孔进行分组选配，减小由于间隙而产生的定位误差，从而提高加工精度。

（5）均化原始误差　对配合精度要求很高的轴和孔，常采用研磨工艺。研具本身并不要求具有高精度，但它却能在和工件做相对运动过程中对工件进行微量切削，高点逐渐被磨掉（当然，模具也被工件磨去一部分），最终使工件达到很高的精度。这种表面间的摩擦和磨损的过程，就是误差不断减小的过程。这就是均化原始误差，它的实质就是利用有密切联系的表面相互比较、相互检查，从对比中找出差异，然后进行相互修正或互为基准加工，使工件被加工表面的误差不断缩小和均化。

在生产中，许多精密基准件（如平板、直尺、角度规、端齿分度盘等）都是利用均化原始误差加工出来的。

（6）就地加工　在加工和装配中有些精度问题，牵涉零件或部件间的相互关系，相当复杂，如果一味地提高零部件本身的精度，有时不仅困难，甚至不可能，若采用就地加工的方法，就可能很方便地解决看起来非常困难的精度问题。

例如：六角车床制造中，转塔上六个安装刀架的大孔，其轴线必须保证和主轴旋转中心线重合，而且六个端面又必须和主轴中心线垂直。如果把转塔上这些表面完全加工后再装配，要想达到上述两项要求是很难的，这是因为零件的尺寸链关系很复杂。因而实际生产中采用了就地加工方法。这些表面在装配前不进行精加工，等它装配到机床上以后，用机床本身加工这六个大孔及端面。

就地加工方法在机械零件加工中常用来作为保证零件加工精度的有效措施。

（二）机械加工表面质量

任何机械加工方法所获得的加工表面都不可能是绝对理想的表面，总存在着表面粗糙度、表面波纹度等微观几何形状误差。表面层的材料在加工时还会发生物理、力学性能变化，以及在某些情况下产生化学性质的变化。

机械加工表面质量也称表面完整性，包含表面的几何特征和表面的物理力学性能两个方面的内容。

1. 表面的几何特征

加工表面的几何形状特征主要由以下四个部分组成：

（1）表面粗糙度　已加工表面上具有的较小间距和波峰、波谷组成的微观几何形状特征，由机械加工中切削刀具的运动轨迹形成，其波高与波长的比值一般小于1:50。

（2）表面波纹度　介于微观几何形状误差与表面粗糙度之间的中间几何形状误差。它是由于切削刀具的偏移和振动造成的，其波高与波长的比值一般小于1:1000～1:50。

（3）表面加工纹理　表面微观结构的主要方向。它取决于形成表面所采用的加工方法。

（4）伤痕　存在于加工表面的各种缺陷，如砂眼、气孔、裂痕和划痕等，成随机性分布。

2. 已加工表面的物理力学性能

由于切削过程中，工件材料受到刀具的挤压、摩擦和由此产生的切削热等因素的作用，使得表面层物理力学性能发生一定程度的变化，主要有以下三个方面的内容：

1）表面层的加工硬化。

2）表面层金相组织的变化。

3）表面层残留应力。

3. 加工表面质量对零件使用性能的影响

（1）表面质量对零件耐磨性的影响　零件的耐磨性与摩擦副的材料、润滑条件和零件的表面质量等因素有关，特别是在前两个条件已确定的前提下，零件的表面质量就起着决定性的作用。

如图7-20a所示，零件的磨损可分为三个阶段。第Ⅰ阶段称为初期磨损阶段。由于摩擦副开始工作时，两个零件表面互相接触，一开始只是在两表面波峰接触，实际的接触面积只是名义接触面积的一小部分。当零件受力时，波峰接触部分将产生很大的压强，因此磨损非常显著。经过初期磨损后，实际接触面积增大，磨损变缓，进入磨损的第Ⅱ阶段，即正常磨损阶段。这一阶段零件的耐磨性最好，持续的时间也较长。最后，由于波峰被磨平，表面粗糙度值变得非常小，不利于润滑油的储存，且使接触表面之间的分子亲和力增大，甚至发生分子黏合，使摩擦阻力增大，从而进入磨损的第Ⅲ阶段，即急剧磨损阶段。

表面粗糙度对摩擦副的初期磨损影响很大，但也不是表面粗糙度值越小越耐磨。图7-20b所示为表面粗糙度值对初期磨损量影响的实验曲线。从图中看到，在一定工作条件下，摩擦副表面总是存在一个最佳表面粗糙度值，最佳表面粗糙度值为 $0.32 \sim 1.25\mu m$。

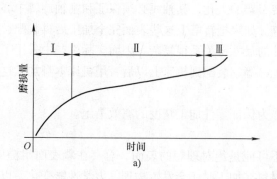 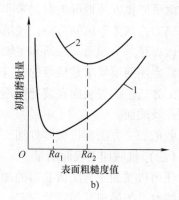

图 7-20　磨损过程的基本规律
1—轻负荷　2—重负荷

表面纹理方向对耐磨性也有影响，这是因为它能影响金属表面的实际接触面积和润滑液的存留情况。轻载且两表面的纹理方向与相对运动方向一致时，磨损量最小；当两表面纹理方向与相对运动方向垂直时，磨损量最大。但是在重载情况下，由于压强、分子亲和力和润滑液的储存等因素的变化，其规律与上述有所不同。

表面层的加工硬化一般能使耐磨性提高 $50\% \sim 100\%$。这是因为加工硬化提高了表面层的强度，减小了表面进一步塑性变形和咬焊的可能。但过度的加工硬化会使金属组织疏松，甚至出现疲劳裂纹和产生剥落现象，从而使耐磨性下降。所以零件的表面硬化层必须控制在一定的范围之内。

（2）表面质量对零件疲劳强度的影响　零件在交变载荷的作用下，其表面微观不平的凹谷和表面层的缺陷处容易引起应力集中而产生疲劳裂纹，造成零件的疲劳破坏。试验表明，减小零件表面粗糙度值可以使零件的疲劳强度有所提高。因此，对于一些承受交变载荷的重要零件，如曲轴的曲拐与轴颈交接处精加工后常进行光整加工，以减小零件的表面粗糙度值，提高其疲劳强度。

加工硬化对零件的疲劳强度影响也很大。表面层的适度硬化可以在零件表面形成一个硬化层，它能阻碍表面层疲劳裂纹的出现，从而使零件疲劳强度提高。但零件表面层硬化程度过高，反而易于产生裂纹，故零件的硬化程度与硬化深度也应控制在一定的范围之内。

表面层的残留应力对零件疲劳强度也有很大影响，当表面层为残留压应力时，能延缓疲劳裂纹的扩展，提高零件的疲劳强度；当表面层为残留断裂应力时，容易使零件表面产生裂纹而降低其疲劳强度。

（3）表面质量对零件耐蚀性的影响　零件的耐蚀性在很大程度上取决于零件的表面粗糙度。零件表面越粗糙，越容易积聚腐蚀性物质，凹谷越深，渗透与腐蚀作用越强烈。因此，减小零件表面粗糙度值，可以提高零件的耐蚀性。

零件表面残留压应力使零件表面紧密，腐蚀性物质不易进入，可增强零件的耐蚀性，而表面残留断裂应力则降低零件的耐蚀性。

（4）表面质量对配合性质及零件其他性能的影响　相配零件间的配合关系是用过盈量或

间隙值来表示的。在间隙配合中，如果零件的配合表面粗糙，则会使配合件很快磨损而增大配合间隙，改变配合性质，降低配合精度；在过盈配合中，如果零件的配合表面粗糙，则装配后配合表面的凸峰被挤平，配合件间的有效过盈量减小，降低配合件间连接强度，影响配合的可靠性。因此对有配合要求的表面，必须规定较小的表面粗糙度值。

零件的表面质量对零件的使用性能还有其他方面也有一定的影响。例如：对于液压缸和滑阀，较大的表面粗糙度值会影响密封性；对于工作时滑动的零件，恰当的表面粗糙度值能提高运动的灵活性，减少发热和功率损失；零件表面层的残留应力会使加工好的零件因应力重新分布而在使用过程中逐渐变形，从而影响其尺寸和形状精度等。

总之，提高加工表面质量，对保证零件的使用性能、提高零件的使用寿命是很重要的。

4. 表面粗糙度的形成及其影响因素

加工表面几何特性包括表面粗糙度、表面波纹度、表面加工纹理几个方面。表面粗糙度是构成加工表面几何特征的基本单元。

用金属切削刀具加工工件表面时，表面粗糙度主要受几何因素、物理因素和机械加工振动三个方面因素的作用和影响。

（1）几何因素　从几何的角度考虑，刀具的形状和几何角度，特别是刀尖圆弧半径 r_ε、主偏角 κ_r、副偏角 κ'_r 和切削用量中的进给量 f 等对表面粗糙度有较大的影响。图 7-21a 表示刀尖圆弧半径为零时，主偏角 κ_r、副偏角 κ'_r 和进给量 f 对残留面积最大高度 R_{max} 的影响，由图中几何关系可推出：

$$H = R_{max} = f/(\cot\kappa_r + \cot\kappa'_r) \tag{7-1}$$

当用圆弧切削刃切削时，刀尖圆弧半径 r_ε 和进给量 f 对残留面积高度的影响如图 7-21b 所示，推导可得：

$$H = R_{max} \approx f^2/8r_\varepsilon \tag{7-2}$$

以上两式是理论计算，结果称为理论表面粗糙度。切削加工后表面的实际表面粗糙度与理论表面粗糙度有较大的差别，这是由于存在着与被加工材料的性能及切削机理有关的物理因素。

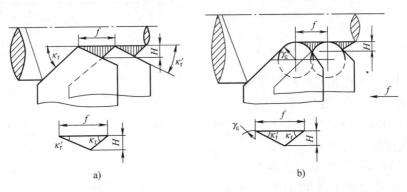

图 7-21　残留面积高度

（2）物理因素　从切削过程的物理实质考虑，刀具的刃口圆角及后面的挤压与摩擦使金属材料发生塑性变形，严重恶化了表面粗糙度。在加工弹塑性材料而形成带状切屑时，在前面上容易形成硬度很高的积屑瘤。它可以代替前面和切削刃进行切削，使刀具的几何角度、背吃刀量发生变化。其轮廓很不规则，因而使工件表面上出现深浅和宽窄都不断变化的刀痕，有些积屑瘤嵌入工件表面，增大了表面粗糙度值。

（3）工艺因素　从上述表面粗糙度的成因可知，从工艺的角度考虑，可以分为：与切削刀具有关的因素、与工件材质有关的因素和与加工条件有关的因素。现就切削加工和磨削加工分别叙述。

1）一般切削加工后的表面。

① 刀具的几何形状、材料及刃磨质量对表面粗糙度的影响。从几何因素看，减小刀具的主、副偏角，增大刀尖圆弧半径，均能有效地降低表面粗糙度值。

刀具的前角值适当增大，刀具易于切入工件，可以减小切削变形和切削力，降低切削温度，能抑制积屑瘤的产生，有利于减小表面粗糙度值。但前角太大，切削刃有嵌入工件的倾向，反而使表面变粗糙。图 7-22 所示为在一定条件下加工钢件时刀具前角与工件加工表面粗糙度的关系曲线。

当前角一定时，后角越大，切削刃钝圆半径越小，切削刃越锋利；同时，还能减小后面与加工表面间的摩擦和挤压，有利于减小表面粗糙度值。但后角太大削弱了刀具的强度，容易产生切削振动，使表面粗糙度值增大。图 7-23 所示为在一定条件下刀具后角与工件加工表面粗糙度的关系曲线。

刀具的材料及刃磨质量影响积屑瘤、鳞刺的产生，如用金刚石车刀精车铝合金时，由于摩擦因数小，刀面上就不会产生切屑的粘附、冷焊现象，因此，能降低表面粗糙度值。

② 工件材料性能对表面粗糙度的影响。与工件材料相关的因素包括材料的塑性、韧性及金相组织等，一般地讲，韧性较大的弹塑性材料，易于产生塑性变形，与刀具的粘结作用也较大，加工后表面粗糙度值大。相反，脆性材料则易于得到较小的表面粗糙度值。

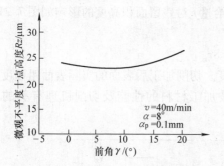

图 7-22　前角对表面粗糙度的影响

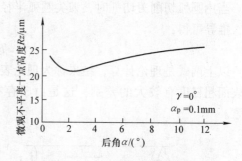

图 7-23　后角对表面粗糙度的影响

③ 切削用量对表面粗糙度的影响。

a. 切削速度 v_c。一般情况下，低速或高速切削时，因不会产生积屑瘤，故表面粗糙度值较小，如图 7-24 所示。但在中等速度下，弹塑性材料由于容易产生积屑瘤和鳞刺，因此，表面粗糙度值大。

b. 背吃刀量 a_p。它对表面粗糙度的影响不明显，一般可忽略，但当 $a_p < 0.02 \sim 0.03$mm 时，刀尖与工件表面发生挤压与摩擦，从而使表面质量恶化。

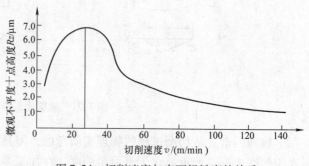

图 7-24　切削速度与表面粗糙度的关系

c. 进给量 f。减小进给量 f 可以减小切削残留面积高度 R_{max}，减小表面粗糙度值。但进给量太小，切削刃不能切削而形成挤压，增大了工件的塑性变形，反而使表面粗糙度增大。

另外，合理选择润滑液，提高冷却润滑效果，减小切削过程中的摩擦，能抑制积屑瘤和鳞刺的生成，有利于减小表面粗糙度值，如选用含有硫、氯等表面活性物质的切削液，润滑性能增强，作用更加显著。

2）磨削加工后的表面。磨削加工是通过表面具有随机分布磨粒的砂轮和工件的相对运动来实现的。在磨削过程中，磨粒在工件表面上滑擦、耕犁和切下切屑，把加工表面刻划出无数微细的沟槽，沟槽两边伴随着塑性隆起，形成表面粗糙度。

① 磨削用量对表面粗糙度的影响。提高砂轮速度，可以增加在工件单位面积上的刻痕，同时，塑性变形造成的隆起量随着砂轮速度的增大而下降，所以表面粗糙度值减小。

在其他条件不变的情况下，提高工件速度，磨粒在单位时间内，在工件表面上的刻痕数减少，因而将增大磨削表面粗糙度值。

磨削背吃刀量增加，磨削过程中磨削力及磨削温度都增加，磨削表面塑性变形增大，从而增大表面粗糙度值。

② 砂轮对表面粗糙度的影响。

a. 砂轮的粒度。砂轮的粒度越小，单位面积上的磨粒数越多，工件表面上的刻痕密而细，则表面粗糙度值越小。但磨粒过细时，砂轮易堵塞，磨削性能下降，反而使表面粗糙度值增大。

b. 砂轮的硬度。硬度的大小应合适。砂轮太硬，磨粒钝化后仍不能脱落，使工件表面受到强烈的摩擦和挤压作用，塑性变形程度增加，表面粗糙度值增大或使磨削表面烧伤。砂轮太软，磨粒易脱落，常会产生磨损不均匀现象，而使表面粗糙度变差。

c. 砂轮的修整。修整砂轮的目的是去除外层已钝化的或被磨屑堵塞的磨粒，保证砂轮具有足够的等高微刃。微刃等高性越好，磨出工件的表面粗糙度值越小。

③ 工件材料对表面粗糙度的影响。工件材料硬度太高，砂轮易磨钝，故表面粗糙度值变大。工件材料太软，砂轮易堵塞，磨削热增大，也得不到较小的表面粗糙度值。塑性、韧性大的工件材料，其塑性变形程度高，热导率差，不易得到较小的表面粗糙度值。

5. 加工表面物理力学性能的变化及其影响因素

机械加工过程中，工件由于受到切削力、切削热的作用，其表面与基体材料性能有很大不同，发生了物理力学性能的变化。

（1）表面层的加工硬化

1）加工硬化的产生。机械加工时，工件表面层金属受到切削力的作用而产生强烈的塑性变形，使晶格扭曲，晶粒间产生滑移剪切，晶粒被拉长、纤维化甚至碎化，从而使得表面层的硬度增加，塑性降低，这种现象称为加工硬化。

另一方面，机械加工时产生的切削热提高了工件表层金属的温度，当温度高到一定程度时，已强化的金属会恢复到正常状态。恢复作用的速度大小取决于温度的高低及温度持续的时间。加工硬化实际上是硬化作用与恢复作用综合作用的结果。

2）表面层加工硬化程度的衡量指标。衡量表面层加工硬化程度的指标有下列三项：

① 加工后表面层的显微硬度。

② 硬化层深度。

③ 硬化程度。

3）影响表面层加工硬化的因素。

① 切削力。切削力越大，塑性变形越严重，则硬化程度和硬化层深度就越大。例如：当进给量 f 和背吃刀量 a_p 增大或刀具前角 r_o 减小时，都会增大切削力，使加工硬化严重。

② 切削温度。切削温度增高时，恢复作用增强，使得加工硬化程度降低。如切削速度很高或刀具钝化后切削，都会使切削温度不断上升，部分地消除加工硬化，使得硬化程度降低。

③ 工件材料。被加工工件的硬度越低，塑性越好，切削后的硬化现象越严重。

（2）表面层金相组织的变化与磨削烧伤

1）表面层金相组织的变化与磨削烧伤的原因。机械加工过程中，在工件的加工区及其邻近的区域，温度会急剧升高，当温度超过工件材料金相组织变化的临界点时，就会发生金相组织变化。对于一般切削加工而言，温度还不会上升到如此程度。但对于磨削加工来说，由于单位面积上产生的切削热比一般刀具切削方法要大几十倍，加之磨削时约70%以上的热量传递给工件，致使工件表面层的温度高于工件金属的相变温度，导致表层的金相组织发生变化，从而使表面层的硬度和强度下降，产生残留应力甚至引起显微裂纹。这种现象称为磨削烧伤，它严重地影响了零件的使用性能。

磨削烧伤时，表面因磨削热产生的氧化层厚度不同，往往会出现黄、褐、紫、青等颜色变化。有时在最后精磨时，只磨去了表面烧伤变化层，实际上烧伤层并未完全去除，这会给工件带来隐患。

磨削淬火钢时，在工件表面层上形成的瞬时高温将使表面金属产生以下三种金相组织变化：

① 如果工件表面层温度未超过相变温度（一般中碳钢约为820℃），但超过马氏体的回火转变温度（一般中碳钢为300℃），这时马氏体将转变为硬度较低的回火托氏体或回火索氏体，这种现象称为回火烧伤。

② 当工件表面层温度超过相变温度时，马氏体转变为奥氏体。如果这时有充分的切削液，则表面层将急冷形成二次淬火马氏体，硬度比回火马氏体高，但很薄，只有几微米厚，其下为硬度较低的回火索氏体和托氏体，导致表面层总的硬度降低，这称为淬火烧伤。

③ 当工件表面层温度超过相变温度时，表层硬度比马氏体低得多。如果这时无切削液，奥氏体的冷却速度大大降低，则表面硬度急剧下降，工件表面层被退火，这种现象称为退火烧伤。干磨时很容易产生这种现象。

2）影响磨削烧伤的因素。磨削烧伤与磨削温度有十分密切的关系，因此一切影响磨削温度的因素都在一定程度上对烧伤有影响，所以研究磨削烧伤问题可以从研究磨削时的温度入手。

① 磨削用量。当径向进给量 f_r 增大时，塑性变形程度增大，工件表面层及里层温度都将提高，极易造成烧伤，故 f_r 不能选得太大。

工件轴向进给量 f_a 增大时，砂轮与工件接触面积增大，散热条件得到改善，工件表面及里层的温度都将降低，故可减轻烧伤。但 f_a 增大会导致工件表面粗糙度值增大，可采用较宽的砂轮来弥补。

工件速度 v_w 增大时，磨削区表面温度虽然增高，但此时热源作用时间减少，因而可减轻烧伤。但提高 v_w 会导致其表面粗糙度值增大，为弥补此不足，可提高砂轮速度 v_c。实践证明，同时提高 v_w 和 v_c 既可减轻工件表面烧伤，又不致降低生产率。

② 砂轮。硬度太高的砂轮，钝化砂粒不易脱落，自锐性不好，使总切削力增大，温度升高，容易产生烧伤，因此用软砂轮较好。

为了防止烧伤，可采用有弹性的粘结剂，如用橡胶、树脂等材料制成的粘结剂，磨削过程中磨粒受到大切削力时可以弹让，使磨削厚度减小，从而总切削力减小。

立方氮化硼砂轮热稳定性好，与铁族元素的化学反应很小，磨削温度低，而立方氮化硼磨粒本身的硬度、强度仅次于金刚石，磨削力小，能磨出较好的表面质量。

此外，采用粗粒度砂轮、松组织砂轮都可提高砂轮的自锐性，改善散热条件，使砂轮不易被切屑堵塞，因此都可大大减轻磨削烧伤。

③ 工件材料。工件材料对磨削区温度的影响主要取决于它的硬度、强度、韧性和热导率。

工件材料硬度高、强度高或韧性大都会使磨削区温度升高，因而容易产生磨削烧伤。导热性能比较差的材料，如耐热钢、轴承钢、不锈钢等，在磨削时也容易产生烧伤。

④ 冷却方法。采用切削液带走磨削区热量可以避免烧伤。然而，目前通用的冷却方法效果较差，实际上没有多少切削液能进入磨削区。如图 7-25 所示，切削液不易进入磨削区 AB，而是大量倾注在已经离开磨削区的加工面上，这时烧伤早已发生。因此采取有效的冷却方法有其重要意义。生产中常采用以下措施来提高冷却效果：

a. 采用内冷却砂轮。如图 7-26 所示，将切削液引入砂轮的中心腔内，由于离心力的作用切削液再经过砂轮内部的孔隙从砂轮四周的边缘甩出，这样，切削液即可直接进入磨削区，发挥有效的冷却作用。

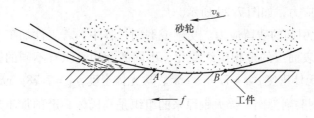

图 7-25　常用的冷却方法

b. 采用浸油砂轮，把砂轮放在熔化的硬脂酸溶液中浸透，取出冷却后即成为含油砂轮。磨削时，磨削区的热源使砂轮边缘部分硬脂酸熔化而洒入磨削区起冷却润滑作用。

c. 采用高压大流量切削液，并在砂轮上安装带有空气挡板的切削液喷嘴，如图7-27所示，以减轻高速旋转砂轮表面的高压附着气流作用，使切削液顺利地喷注到磨削区。这对于高速磨削更为重要。

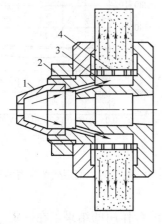

图 7-26　内冷却砂轮结构

1—锥形盖　2—切削液通孔

3—砂轮中心腔　4—有径向小孔的薄壁套

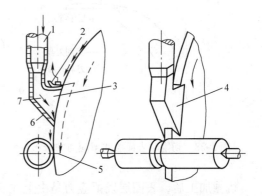

图 7-27　带有空气挡板的切削液喷嘴

1—液流导管　2—可调气流挡板

3—空腔区　4—喷嘴罩

5—磨削区　6—排液区　7—液嘴

（3）表面层残留应力

1）表面层残留应力的产生。由于机械加工中力和热的作用，在机械加工以后，工件表面层及其与基体材料的交界处仍旧保留着互相平衡的弹性应力，这种应力即称为表面层残留应力。表面层残留应力的产生，有以下三种原因：

① 冷态塑性变形引起的残留应力。在切削或磨削过程中，工件表面受到刀具后面或砂轮磨粒的挤压和摩擦，表面层产生伸长塑性变形，此时基体金属仍处于弹性变形状态。切削过后，基体金属趋于弹性恢复，但受到已产生塑性变形的表面层金属的牵制，从而在表面层产生残留压应力，里层产生残留断裂应力，如图 7-28 所示。

② 热态塑性变形引起的残留断裂应力。切削或磨削过程中，工件加工表面在切削热作用下产生热膨胀，此时基体金属温度较低，因此表面层产生热压应力。当切削过程结束时，工件表层温度下降，如果此前表层已产生热塑性变形，受到基体的限制，则表层产生残留断裂应力，里层产生残留压应力，如图 7-29 所示。

③ 金相组织变化引起的残留应力。切削或磨削过程中，若工件加工表面温度高于材料的相变温度，则会引起表面层的金相组织变化。不同的金相组织有不同的密度，如马氏体密度 $\rho_{马} = 7.75 \mathrm{g/cm^3}$，奥氏体密度 $\rho_{奥} = 7.96 \mathrm{g/cm^3}$，珠光体密度 $\rho_{珠} = 7.78 \mathrm{g/cm^3}$，铁素体密度 $\rho_{铁} = 7.88 \mathrm{g/cm^3}$。以淬火钢磨削为例，淬火钢原来的组织是马氏体，磨削加工后，表层可能产生回火，马氏体变为接近珠光体的回火托氏体或回火索氏体，密度增大而体积缩小，表层金属的体积收缩受到里层基体的阻碍，工件表面层将产生残留断裂应力。

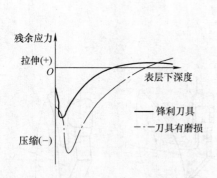

图 7-28　切削时表面层残留应力的分布

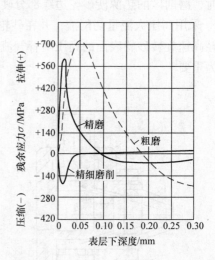

图 7-29　磨削时表面层残留应力的分布

机械加工后，表面层残留应力是由上述三方面的因素综合作用的结果。在一定的条件下，其中某一种或两种因素可能会起主导作用，从而决定工件表层残留应力的状态。

2）磨削裂纹的产生。磨削裂纹和残留应力有着十分密切的关系。在磨削过程中，当工件表面层产生的残留断裂应力超过工件材料的强度极限时，工件表面就会产生裂纹。磨削裂纹的产生会使零件承受交变载荷的能力大大降低，因而造成工件报废。

3）影响表面层残留应力的主要因素。如上所述，机械加工后工件表面层残留应力是冷态塑性变形、热态塑性变形和金相组织变化三者综合作用的结果。在不同的加工条件下，残留应力的大小、符号及分布规律可能有明显的差别。刀具切削时起主要作用的往往是冷态塑性变形，表面层常产生残留压应力。磨削加工时，通常热态塑性变形或金相组织变化引起的体积变化是产生残留应力的主要因素，所以表面层常存有残留断裂应力。

（4）提高和改善零件表面层性能的措施

1）零件破坏形式和最终工序的选择。零件表面层金属的残留应力将直接影响机器零件的使用性能。一般来说，零件表面层残留应力的数值及性质主要取决于零件最终工序加工方法的选择；而零件最终工序加工方法的选择，须考虑零件的具体工作条件及零件可能发生的破坏形式。

2）表面强化工艺。由前述可知，表面质量尤其是表面层的物理力学性能，对零件的使用性能及寿命影响很大，如果最终工序不能保证零件表面获得预期的表面质量要求，则可在工艺过程的后期增设表面强化工序。表面强化工序是指通过冷压加工方法使表面层金属发生冷态塑性变形，以降低表面粗糙度值，提高表面硬度，并在表面层产生残留压应力。这种方法的工艺简单、成本低廉，在生产中应用十分广泛。用得最多的是喷丸强化和滚压加工，也可采用液体磨料强化等加工方法。

四、训练环节：输出轴加工

训练任务：完成图 7-1 所示输出轴的加工并考核

1）仪器设备：C6132 型卧式车床、X5032 型立式铣床、M1432A 型磨床。

2）量具准备：0～150mm 游标卡尺、24～50mm 外径千分尺、M24×2 螺纹环规、百分表。

3）工具、附件准备：卡盘钥匙、刀架扳手、垫刀片、活动顶尖、万能分度头、活扳手、对中立柱、对中心轴。

4）刀具准备：90°外圆车刀、端面车刀、3mm 切槽刀、60°普通螺纹车刀、中心钻及6mm、8mm、10mm 键槽铣刀。

5）工艺分析（表 7-4）。

表 7-4　输出轴加工工艺过程卡

工序号	工序名称	工序内容	工艺装备
1	下料	下 ϕ45mm×168mm 圆钢	锯床

（续）

工序号	工序名称	工序内容	工艺装备
2	粗车	1）夹一端车一个 $\phi40mm \times 5mm$ 台阶 2）调头装夹，光端面，钻中心孔 B2.5 3）夹 $\phi40mm \times 5mm$ 台阶处，一夹一顶粗车右侧各台阶，均留 0.5mm 余量 4）切 $3mm \times 1mm$ 和 $5mm \times 1.5mm$ 的退刀槽 5）调头装夹，找正圆跳动至 0.05mm 以内，光端面，控制总长，钻中心孔 B2.5 6）粗车左端 $\phi35mm \times 10mm$ 台阶，留 0.5mm 余量 	C6132

（续）

工序号	工序名称	工序内容	工艺装备
3	精车	1. 以两中心孔定位装夹，精车各台阶至尺寸  2. 车 M24×2 螺纹 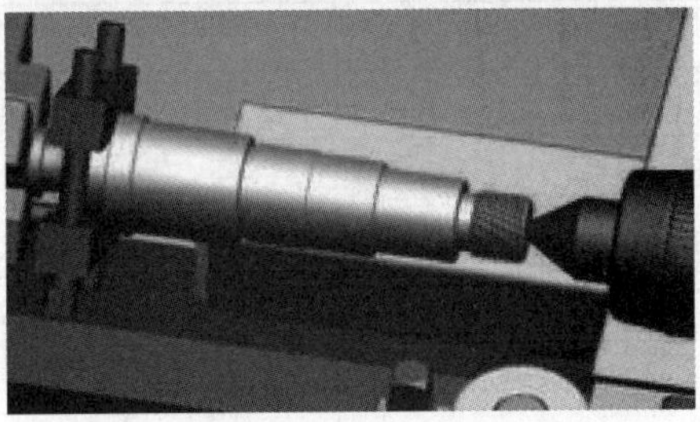	C6132
4	铣	一夹一顶装夹，铣 8N9 和 10N9 键槽 	X5032
5	磨	磨外圆达设计要求	M1432A
6	检验	按图样要求检查各部分尺寸及精度	

6）考核评价（表7-5）。

表7-5　过程性考核评价表

项目名称	输出轴加工		教学地点	工程训练中心	教材	机械制造技术应用
班级		姓名		学号		组别	

1. 评价目的与要求

1）通过过程性知识思考题考核评价，了解学生理论知识的掌握程度，以便对学生没有掌握的重点、难点知识及时讲解，为零件的加工奠定坚实的基础。

2）通过任务考核评价，校验零件加工工艺编制的合理性，检验学生操作车床加工回转面和螺纹的能力。

3）检验学生零件加工过程控制与质量保证能力。

4）培养学生车床安全操作、文明生产和6S管理意识等能力。

2. 过程性知识思考题

1）分析输出轴的主要加工面及其技术要求。

（续）

2）铣键槽、车螺纹应怎样安排？为什么？

3）编制输出轴加工工艺。

产品名称		产品型号		零件图号	
材料			毛坯		
种类：		牌号：	种类：		尺寸：

序号	工序名称	工序内容	设备	工艺装备		
				刀具	夹具	量具
1						
2						
3						
4						
5						
6						
7						

3. 任务考核评价

1）工件加工评分标准

序号	考核项目		配分	评分标准	检测结果	得分
1	外圆	$\phi35$mm（两处）	10	每超差 0.01mm 扣 1 分		
2		$\phi40$mm	5	每超差 0.01mm 扣 1 分		
3		$\phi30$mm	5	每超差 0.01mm 扣 1 分		
4		$\phi34$mm	2	超差不得分		
5		$\phi44$mm	2	超差不得分		
6	长度	10mm（两处）	4	超差不得分		
7		40mm	2	超差不得分		
8		25mm（两处）	4	超差不得分		
9		30mm	2	超差不得分		
10		165mm	2	超差不得分		
11	螺纹	大径 $\phi24$mm	2	超差不得分		
12		环规综合检测	15	超差不得分		
13		表面质量	10	一面表面粗糙度不合格扣 5 分		
15	键槽	8mm 键槽	10	槽宽超差扣 5 分，深度超差		
16		10mm 键槽	10	扣 3 分，长度超差扣 2 分		

（续）

序号	考核项目		配分	评分标准	检测结果	得分
17	表面质量		10	一处表面粗糙度不合格扣2分		
18	几何精度		5	超差不得分		

2）综合考核评价

姓　名			班级		操作时间	300min	得分	
序号	考核项目	考核内容及要求			设计尺寸与要求	配分	加工尺寸	超差原因分析	得分
1	工件加工	按照图样要求进行检测			按照评分标准进行考核	70			
2	安全文明生产	1）着装规范、机床操作规范 2）加工设备选择合理 3）工、夹、量具正确使用 4）设备保养、场地整洁			酌情扣1~10分	10			
3	工艺合理	1）毛坯类型选择正确 2）加工工序安排合理 3）定位、夹紧及刀具选择合理 4）加工余量和工序尺寸正确 5）尺寸及表面粗糙度符合要求			酌情扣1~5分	5			
4	填写工艺文件	1）表格填写完整 2）工序图表达正确完整 3）定位元件正确、符号正确 4）夹紧力方向、作用点正确 5）工序尺寸及公差标注正确 6）表面粗糙度标注符号正确			酌情扣1~5分	5			
5	完成时间	能在300min以内完成			每超时10min扣1分	5			
6	合作性	参与任务半数以上			4	5			
		全部参与任务			5				
7	其他项目	发生重大事故（人身和设备安全事故等），严重违反工艺原则和情节严重的野蛮操作等，由指导教师停止其设备操作							

记录员		指导教师		检验员		小组长	

教师评价意见：

教师签名：

评定成绩			日期	

五、拓展知识：点图法分析加工质量

（一）点图的形式

1. 个值点图

如果按加工顺序逐个地测量一批工件的尺寸，并以横坐标代表工件的加工顺序，以纵坐标代表工件的尺寸（或误差），就可作出图 7-30a 所示的点图。为缩短点图长度，可将顺次加工出的 m 个工件编成一组，以组序为横坐标，以工件尺寸（或误差）为纵坐标，同组尺寸分别点在同一组号的垂线上，就可得到图 7-30b 所示的点图。

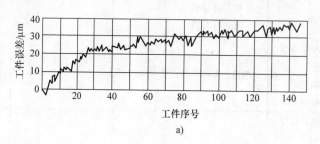
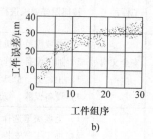

图 7-30　个值点图

假设把点图的上下极限点包络在两根平滑曲线内，并作出其平均值的曲线，如图 7-31 所示，就能较清楚地揭示加工过程中各种误差的性质及其变化趋势。平均值曲线 OO' 表示每一瞬时分散中心的变化情况，反映了变值系统性误差的变化规律，其始点 O 则可看出是常值系统性误差的影响，上下极限曲线 AA' 和 BB' 间的宽度表示尺寸分散范围，也就是反映了随机性误差的大小。

2. $\bar{X} - R$ 点图

为了能直接反映出变值系统性误差和随机性误差随时间变化的趋势，实际生产中常采用样组点图代替个值点图，最常用的是 $\bar{X} - R$ 点图（平均值 - 极差点图），它是将每 m 个工件误差的平均值标在点图上（$\bar{X}$ 图），同时把每一组的极差（最大与最小之差）画在另一张点图 R 上。由此可清楚地了解到尺寸分散及变化情况。如图 7-32 所示，两者合称 $\bar{X} - R$ 点图。由于 $\bar{X}$ 在一定程度上代表了瞬时分散中心，$\bar{X}$ 点图主要反映系统性误差及其变化趋势。R 点代表了瞬

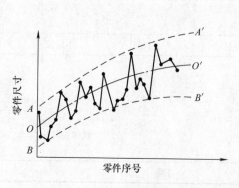
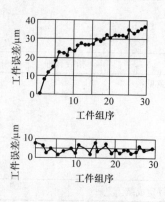

图 7-31　个值点图上反映的误差变化趋势　　　　　　图 7-32　$\bar{X} - R$ 点图

时尺寸分散范围，故 R 点图反映的是随机性误差及其变化趋势。故单独的 $\overline{X}$ 和 R 点图均不能全面反映加工误差的情况，必须结合起来应用。

在 $\overline{X} - R$ 图上画出中心线（平均线）和控制线。控制线是用来判断工艺是否稳定的界线。工艺稳定是指一个过程（工序）的质量参数总体分布的平均值 $\overline{X}$ 和均方根误差 σ 在整个过程（工序）中能保持不变。中心线在图上用实线表示，界线用虚线表示，它们的位置可按下式计算：

$\overline{X}$ 图中心线：
$$\overline{\overline{X}} = \frac{1}{K} \sum_{i=1}^{K} \overline{X}_i$$

R 图中心线：
$$\overline{R} = \frac{1}{K} \sum_{i=1}^{K} R_i$$

式中　　K——组数；

　　　　$\overline{X}_i$——第 i 组的平均值；

　　　　R_i——第 i 组的极差。

$\overline{X}$ 图的上控制线：
$$\overline{X}_\text{s} = \overline{\overline{X}} + A\overline{R}$$

$\overline{X}$ 图的下控制线：
$$\overline{X}_\text{x} = \overline{\overline{X}} + A\overline{R}$$

R 图的上控制线：
$$R_\text{s} = D_1 \overline{R}$$

R 图的下控制线：
$$R_\text{x} = D_2 \overline{R}$$

式中 A 与 D_1 按表 7-6 选取。

表 7-6　A 与 D_1 系数表

每组个数 m	4	5	6	7	8	9	10
A	0.729	0.577	0.463	0.419	0.373	0.337	0.303
D_1	2.23	2.10	1.98	1.90	1.85	1.80	1.76

（二）点图法的应用

点图法是全面质量管理中用以控制产品质量的主要方法之一，在实际生产中应用广泛，它主要用于工艺验证和分析加工过程的质量。工艺验证的目的是确定现行工艺或准备投产的新工艺能否稳定地满足产品质量的加工要求。办法是通过抽样检查，确定工艺能力及其系数，从而判断工艺稳定与否。

在 $\overline{X} - R$ 图上作出平均线和控制线后就可根据图中点的情况判断工艺过程是否稳定，判别的标志见表 7-7。

下面以验证在球面磨床上磨削挺杆的球面工序为例（图 7-33），说明工艺验证的方法和步骤。

（1）抽样并测量　样本容量一般应不小于 50～100 件，现取 100 件。挺杆初磨球面工序测定值技术要求为：球面轴向圆跳动误差不大于 0.05mm，采用最小分度值为 0.01mm 的百分表，用目测可估计的值为 0.005mm。依加工顺序分为 25 组，每组件数取 4，记录观测数据并列入表 7-8 中。

表 7-7　正常波动与异常波动的标志

正常波动	异常波动
1）没有点子超出控制线	1）有点子超出控制线
2）大部分点子在平均线上波动，小部分在控制线附近	2）点子密集分布在平均线上下附近
3）点子没有明显规律性	3）点子密集分布在控制线附近
	4）连续 7 点以上出现在平均线一侧
	5）连续 11 点中有 10 点出现在平均线一侧
	6）连续 14 点中有 12 点以上出现在平均线一侧
	7）连续 17 点中有 14 点以上出现在平均线一侧
	8）连续 20 点中有 16 点以上出现在平均线一侧
	9）点子有上升或下降趋势
	10）点子有周期性波动

（2）计算 $\overline{X}$ 和 σ　本例按组距 0.005mm 分组，分组统计后得：

$$\overline{X} = \frac{1}{n} \sum_{i=1}^{n} X_i = 20.45$$

$$\sigma = \sqrt{\frac{1}{n} \sum_{i=1}^{n} (x_i - \overline{x})^2} = 8.96$$

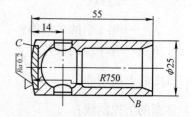

图 7-33　球面 C 沿边缘检查时
B 面的轴向圆跳动误差不大于 0.05mm

表 7-8　$\overline{X} - R$ 记录表　　　　　　　　　　　（单位：μm）

组号	测定值				总计 $\sum X$	平均值 $\overline{X}$	极差 R
	X_1	X_2	X_3	X_4			
1	30	18	20	20	88	22	12
2	15	22	25	20	82	20.5	10
3	15	20	10	10	55	13.75	10
4	30	10	15	15	70	17.5	20
5	25	20	20	30	95	23.75	10
6	20	35	25	20	100	25	15
7	20	20	30	30	100	25	10
8	10	30	20	20	80	20	20
9	25	20	25	15	85	21.25	10
10	20	30	10	15	75	18.75	20
11	10	10	20	25	65	16.25	15
12	10	10	10	30	60	15	20
13	10	50	30	20	110	27.5	40
14	30	10	10	30	80	20	20
15	30	30	20	10	90	22.5	20
16	30	10	15	25	80	20	20
17	15	10	35	20	80	20	25

（续）

组号	测定值				总计 $\sum X$	平均值 $\overline{X}$	极差 R
	X_1	X_2	X_3	X_4			
18	30	40	20	30	120	30	20
19	20	30	10	20	80	20	20
20	10	35	10	40	95	23.75	30
21	10	10	20	20	60	15	10
22	10	10	10	30	60	15	20
23	15	20	45	20	100	25	30
24	10	20	20	30	80	20	20
25	15	10	15	20	60	15	10
$\overline{X}$ 控制图			R 控制图		总和	512.50	457
$\overline{X}_s = \overline{\overline{X}} + A\overline{R} = 33.8$							
$\overline{X}_x = \overline{\overline{X}} - A\overline{R} = 7.2$			$R_s = D\overline{R} = 41.7$		$\overline{\overline{X}} = 20.5$		$\overline{R} = 18.3$

（3）画 $\overline{X} - R$ 图　先计算出各样组的平均值 $\overline{X}$ 和极差 R，然后算出 $\overline{X}$ 的平均值 $\overline{\overline{X}}$ 和 R 的平均值 $\overline{R}$，$\overline{X}$ 点图的上、下控制线位置 $\overline{X}_s$ 和 $\overline{X}_x$，R 点图的上、下控制线位置 R_s 和 R_x。将上述计算数据填入 $\overline{X} - R$ 点图记录表内，并据此作出图7-34所示的 $\overline{X} - R$ 点图。

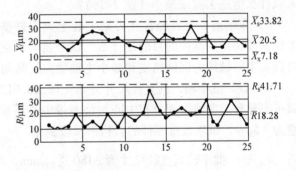

图7-34　磨挺杆球面工序轴向圆跳动误差的 $\overline{X} - R$ 图

（4）计算工艺能力系数，确定工艺等级

$$\sigma = 8.96 \text{mm}$$

$$C_p = \frac{T}{6\sigma} = \frac{0.05 \text{mm}}{6 \times 0.00896 \text{mm}} = 0.93$$

查表可知属于三级工艺。

（5）分析总结　从 $\overline{X} - R$ 图上可看出没有点子超出控制线，$\overline{X}$ 点图还表明无明显的变值系统性误差，但在 R 点图上连续8个点出现在平均线上侧，同时还有逐渐上升趋势，说明随机性误差在逐渐增加，虽影响尚不严重，但也不能认为本工序是非常稳定的。

六、回顾与练习

1）选用切削液时应考虑哪些因素？何种情况下不宜用切削液？为什么？

2）为什么一般精加工时，刀具都采用较大的后角，而铰刀等定尺寸刀具则采用较小的后角？

3）切削用量为什么要按一定的顺序选取？

4）回答下列问题：

① 在车床自定心卡盘上镗孔时，引起内孔与外圆同轴度误差、端面与外圆的垂直度误差

的原因是什么（图7-35）？

② 在车床上镗孔时，引起被加工孔圆度误差的原因是什么（图7-36）？

③ 在车床上镗孔时，引起圆柱度误差的原因是什么（图7-37）？

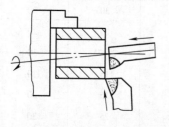 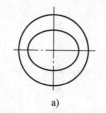 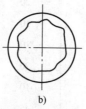 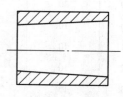

图7-35　同轴度误差与垂直度误差　　　图7-36　圆度误差　　　图7-37　圆柱度误差

④ 在车床上镗锥孔或车外锥体时，由于刀尖高于或低于工件轴线，将会引起什么样的误差？

⑤ 在车床上用顶尖安装车削外圆和轴肩时，产生外圆不同轴及两轴肩端面不平行的原因是什么？此项误差应采取什么措施去除或减小（图7-38）？

5）车削前，工人经常在刀架上装上镗刀修整三爪的工作面或花盘的端面的目的是什么？试分析采取此措施能否提高主轴轴线的回转精度和减小主轴轴向圆跳动。

6）有一批小轴，其直径尺寸为 $\phi(18 \pm 0.012)$ mm，属正态分布。实测发现分布中心与公差带中心不重合，相差为 $+5\mu m$。试求该批零件的合格率及废品率。

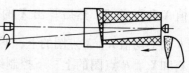

图7-38　用顶尖安装车削外圆和轴肩

7）有一批小轴其直径尺寸为 $\phi 180_{-0.035}^{0}$ mm，测量后得 $\overline{X} = 17.975$ mm，$\sigma = 0.01$ mm，属正态分布。求合格率 Q_H 和废品率 Q_F，并分析废品特性及减小废品率的可能性。

8）机械加工表面质量包括哪些具体内容？它们对机器的使用性能有哪些影响？

9）试述影响零件表面粗糙度的几何因素。

10）采用粒度为30#的砂轮磨削钢件外圆，其表面粗糙度值为 $Ra1.6\mu m$；在相同条件下，采用粒度为60#的砂轮可使表面粗糙度值降低为 $Ra0.2\mu m$，这是为什么？

11）什么是加工硬化？影响加工硬化的因素有哪些？

12）为什么磨削高合金钢比普通碳钢更容易产生烧伤现象？

13）为什么表面层金相组织的变化会引起残留应力？

14）试述加工表面产生残留断裂应力和残留压应力的原因。

参 考 文 献

[1] 郑光华，周巍．机械制造实践［M］．合肥：中国科学技术大学出版社，2004.
[2] 周巍，何七荣．机械制造基础与实训［M］．合肥：中国科学技术大学出版社，2008.
[3] 刘越．机械制造技术［M］．北京：化学工业出版社，2003.
[4] 袁梁梁，张晓松．机械加工技能实训［M］．北京：北京理工大学出版社，2007.
[5] 黄曙．机械加工技术基础［M］．长沙：中南大学出版社，2006.
[6] 高朝祥．金属材料及热处理［M］．北京：化学工业出版社，2007.
[7] 夏德荣，贺锡生．金工实习［M］．南京：东南大学出版社，1999.
[8] 何七荣．机械制造方法与设备［M］．北京：中国人民大学出版社，2000.
[9] 何七荣．机械制造工艺与工装［M］．北京：高等教育出版社，2003.
[10] 李益民．机械制造工艺设计简明手册［M］．北京：机械工业出版社，2005.
[11] 王先逵．机械制造工艺学［M］．北京：机械工业出版社，2006.
[12] 崇凯．机械基础课程设计指南［M］．北京：化学工业出版社，2006.
[13] 邹青．机械制造技术基础课程设计［M］．北京：机械工业出版社，2004.
[14] 孙丽媛．机械制造工艺［M］．北京：冶金工业出版社，2007.
[15] 徐学林．互换性与测量技术基础［M］．长沙：湖南大学出版社，2007.
[16] 吴宗泽，罗圣国．机械设计课程设计手册［M］．北京：高等教育出版社，2006.
[17] 余光国，马俊．机床夹具设计［M］．重庆：重庆大学出版社，2005.
[18] 彭晓兰．机械制图与 CAD 绘图［M］．北京：高等教育出版社，2013.
[19] 杨叔子．机械加工工艺师手册［M］．北京：机械工业出版社，2001.
[20] 邓文英．金属工艺学下册［M］．北京：高等教育出版社，2010.
[21] 傅水根．机械制造工艺学基础［M］．北京：清华大学出版社，2011.
[22] 范崇洛．机械加工工艺学［M］．南京：东南大学出版社，2009.